Dockerの基本から現場で使える
実践的なテクニックまで

Dockerによる
アプリケーション
開発環境構築ガイド

櫻井 洋一郎、村崎 大輔 [著]

JN203380

本書のサポートサイト

本書のサンプルデータ、補足情報、訂正情報などを掲載します。適宜ご参照ください。
https://book.mynavi.jp/supportsite/detail/9784839964580.html

●本書は2018年3月段階での情報に基づいて執筆されています。
　本書に登場する製品やソフトウェア、サービスのバージョン、画面、機能、URL、製品のスペックなどの情報は、
　すべてその原稿執筆時点でのものです。
　執筆以降に変更されている可能性がありますので、ご了承ください。

●本書に記載された内容は、情報の提供のみを目的としております。
　したがって、本書を用いての運用はすべてお客様自身の責任と判断において行ってください。

●本書の制作にあたっては正確な記述につとめましたが、
　著者や出版社のいずれも、本書の内容に関してなんらかの保証をするものではなく、
　内容に関するいかなる運用結果についてもいっさいの責任を負いません。あらかじめご了承ください。

●本書中の会社名や商品名は、該当する各社の商標または登録商標です。
　本書中ではTMおよび®マークは省略させていただいております。

はじめに

このたびは本書を手にとってご購入いただきありがとうございます。

本書は主にDocker初心者〜中級者の方に向けて、Dockerの概念やコマンドについてはわかってきたんだけど、じゃあ実際にどういうふうに現場で使えるの？といった疑問にお答えするための書籍となっております。そのため2章まではDockerの概念やコマンドについてのおさらい、3章以降では実際に読者の方が使っていそうな環境を想定し、そこに対してDockerをどのように使っていけるのかを例とともに示す構成となっています。

本書をもとに一人でも多くの読者の方にDockerの概念と利用法が伝わり実際の業務などに役立ててもらえれば幸いです。

最後に共著者として1章と3章の執筆をしていただいた村崎さん、査読を快く引き受けていただいた九岡さんと名雪さんに深く感謝をいたします。

櫻井 洋一郎

私が本書の企画に加わったのは去年の2017年、初夏を過ぎた五反田の喫茶店で初回の打ち合わせがあったのをよく覚えています。あれから一年弱、執筆作業を尻目にDockerをめぐる環境はめまぐるしく変化していきました。

2018年になってからはKubernetesによるオーケストレーション、すなわち運用の側面が注目されているように見受けられます。換言すれば、Dockerによって広まったコンテナ型仮想化は、もはや本番環境も含めて当たり前の技術となりつつあるとも言えるでしょう。

私が担当した3章は「他書ではこんな内容を書かないだろうな」というスタンスをとりました。多くのDockerfileはノウハウとベストプラクティスの塊になっていて、勉強にはなるのですが初見ではとっつきにくさがあるようにも感じます。私が現場で使い始めたときの「ちょうどPHPで開発中のサービスをとりあえずDockerで動かしてみたい」という感覚を思い出しながら執筆してみました。

この場を借りて、執筆にお声かけいただいた櫻井さんをはじめ、査読や出版に関わった関係者の皆様に改めてお礼申し上げます。

村崎 大輔

CONTENTS

Chapter 1　Dockerとは　001

1-1	**本書の目的**	002
1-1-1	本書で想定しているユーザー	002
1-2	**Dockerとは**	004
1-2-1	コンテナ型の仮想化	005
1-2-2	イメージを用いたimmutable infrastructure	006
1-2-3	Dockerと関連したサービスやアプリケーション	007
1-3	**Kubernetesとは**	011
1-3-1	オーケストレーション	012
1-3-2	Kubernetesを使うメリット	013
1-4	**Dockerイメージをビルドしてみよう**	014
1-4-1	イメージのビルドで得られるメリット	014
1-4-2	現場で想定される課題	015
1-5	**2章以降を読み進めるにあたって**	018
1-5-1	想定しているPC環境	018
1-5-2	周辺知識について	020

Chapter 2　Dockerの基本的な使い方　021

2-1	**Dockerのインストール**	022
2-1-1	Dockerのインストール（Linux）	022
2-1-2	Dockerのインストール（Windows）	029
2-1-3	Dockerのインストール（Mac）	038
2-2	**Dockerの基本的なコマンド**	044
2-2-1	Dockerのコマンド一覧とその意味	044
2-2-2	Dockerコマンドのシーンごとの利用例	045
2-3	**DockerfileでオリジナルのDockerイメージを作成する**	053
2-3-1	Dockerfileとは	053
2-3-2	Dockerfileで使えるコマンド	054
2-3-3	Dockerfileで使えるコマンドの詳細	055
2-3-4	Dockerfileからイメージを作成する	102
2-3-5	Dockerイメージのレイヤーとキャッシュについて	104

2-4	作成したDockerイメージをレジストリで共有する	110
	2-4-1 Docker Hub	110
2-5	Docker Composeで複数コンテナをまとめて管理する	117
	2-5-1 docker-composeとは	117
	2-5-2 docker-composeのインストール	117
	2-5-3 docker-composeコマンド一覧とその意味	118
	2-5-4 docker-composeでWordPress環境を構築する	119

Chapter 3　オンプレの構成をコピーしたDocker環境を作成する　121

3-1	サーバーの環境一式を全部入りコンテナに移行する	122
	3-1-1 コンテナで複数のプロセスを動かす場合の注意	122
	3-1-2 Baseimage-dockerについて	123
3-2	Baseimage-dockerを使ってみる	124
	3-2-1 イメージをpullする	124
	3-2-2 コンテナを実行する	126
	3-2-3 コンテナ内部で動作しているサービスを制御する	128
	3-2-4 コンテナ内部で新しいサービスを動かしてみる	130
3-3	Dockerイメージを構築する	132
	3-3-1 イメージのビルドに必要なリソースやスクリプトを用意する	132
	3-3-2 必要なパッケージがインストールされるようにする（プロビジョニング）	135
	3-3-3 インストールしたサービスの動作確認	141
	3-3-4 必要なサービスが自動で立ち上がるようにする	143
	3-3-5 アプリケーションがデプロイされた状態にする	150
	3-3-6 データベースと設定ファイルを用意する	155
	3-3-7 コンテナへSSHログインできるようにする	161

V

CONTENTS

Chapter 4　本番環境からローカルのDocker環境にポーティングする　163

4-1　AWSを利用したサービスをローカル環境上にDockerで構築する　164

4-1-1　機能要件およびデータ構造、システム要件、構成図　164

4-1-2　AWSアカウントを新規作成する　165

4-1-3　Webアプリケーションサーバーの作成　170

4-1-4　データベースサーバーの作成　177

4-1-5　セキュリティグループの設定　186

4-1-6　キャッシュサーバーの作成　190

4-1-7　ファイルストレージの作成　196

4-1-8　アプリケーションコードの作成　201

4-2　クラウドに構築した環境をローカルの開発環境にポーティングする　247

4-2-1　Dockerによるデータベースサーバーの構築　247

4-2-2　Dockerによるキャッシュサーバーの構築　250

4-2-3　Dockerによるファイルサーバーの構築　252

4-2-4　Dockerによるアプリケーションサーバーの構築　255

Chapter 5　ローカルのDocker環境を本番環境にデプロイする　281

5-1　Kubernetesとは　282

5-2　Kubernetesの概念　283

5-2-1　Pod　283

5-2-2　Deployment　283

5-2-3　Service　284

5-2-4　Volume　284

5-2-5　ConfigMap　285

5-2-6　Secret　285

5-2-7　Ingress　285

5-2-8　Namespace　286

5-3　minikubeで始めるKubernetes　287

5-3-1　minikubeのインストールとQuick Start　287

5-3-2　minikubeで4章で作成した環境をローカルに作成　293

5-4	Google Cloud Platform（GCP）を使う	323
	5-4-1　GCPとは？	323
	5-4-2　Googleアカウントの作成と GCPアカウントの作成	324
	5-4-3　Google Container Engine（G KE）の環境を作ろう	328
5-5	GCP上に4章で作ったアプリケーションをデプロイしよう	332
	5-5-1　Single Node File Serverの環境を作成する	332
	5-5-2　GKEのKubernetesにアプリケーションをデプロイする	337

Chapter 6　Appendix　381

6-1	ログ機能	382
	6-1-1　volumeマウント機能で外部ストレージに保存する	382
	6-1-2　外部サービスにログを送信する	384
6-2	複数コンテナがある場合のkubectl execについて	394
6-3	Dockerfileのデバッグ方法	397
6 4	継続的インテグレーションサービスによるイメージの自動ビルド	401
	6-4-1　CircleCI	401
6-5	Docker in Docker	418
6-5	Dockerホストの容量が少なくなってきたとき	421
	6-6-1　TAGがnoneのものを全て削除	421
	6-6-2　リンク切れボリュームの一括削除	422
	6-6-3　終了済みコンテナの一括削除	423
6-7	プロキシの設定について	424
	6-7-1　Dockerデーモン側の設定	424
	6-7-2　コンテナ環境のプロキシ設定	428

索引	434

Chapter 1

Dockerとは

この本は仮想化技術の一つであるDockerの使い方に関する解説書です。

特にイメージのビルド（作成）に重点を置き、そのイメージのデプロイ（展開）、そして仮想環境であるコンテナのオーケストレーション（ライフサイクルの管理）までの流れに関する部分について解説しています。

2章以降では手元のPC環境に立ち上げたDocker環境でイメージをビルドし、クラウド上のDocker環境にデプロイしてコンテナを動作させるまでの手順をチュートリアル形式で紹介しています。代表的なクラウドサービスとしてAWS (Amazon Web Services)やGCP (Google Cloud Platform)の使い方もアカウント作成から解説していますので、ただ読んでみるだけではなく、ぜひ自分の手で試してDockerの世界観を体験してみてください。

Chapter 1 | Dockerとは

1-1

本書の目的

本書では、自分たちで開発したアプリケーションが動作する環境をDockerのイメージとしてビルドできるようになり、ビルドしたイメージを使ったコンテナをローカル環境やクラウド環境といったさまざまなDocker環境の上で動かせるようになることを目的としています。

1-1-1 本書で想定しているユーザー

本書はコンピュータソフトウェアの開発者や運用者のうち、LinuxやMacといったUNIXライクな環境を対象としたソフトウェア、特にWebアプリケーションの開発運用者に携わる技術者（エンジニア）を対象にしています。
後述するように、Dockerは仮想化技術、すなわちアプリケーションの運用に関するソフトウェア技術の一つです。しかしながら、いわゆるDevOpsと呼ばれている、運用（Ops, Operations）と開発（Dev, Development）を高度に連携させて双方の境界をあいまいにするための手段としてDockerが用いられるようにもなっています。
これまでの開発運用の場面では、各々の開発者や運用者が手順書に従ってコマンドを手作業で実行する必要があり、環境によっては手順書通りにいかなくてトラブルシュートに苦労した場合もあったのではないでしょうか？ Dockerでは手順がスクリプト化されており、仮想化された同じ環境で実行されるのでトラブルシュートが容易になります。
また、開発環境の構築手順と運用環境の構築手順が別々になっている場合もあるのではないでしょうか？ Dockerを使うと、適切なイメージ（構築後の環境）を作ることで、環境構築の手順も「イメージを取得してコンテナ（インスタンス）を立ち上げる」という単純なステップに統一することができます。
Linux環境のプロビジョニングやデプロイまでを自分でこなせるスキルの開発者であれば、これまでは運用者の担当であった運用環境の構築や本番運用のフローにも踏み込めるようになるでしょう。DockerをDevOpsツールとして用いる例として、下記のようなユースケースを想定しています。

- 自前で管理しているサーバー（いわゆるオンプレミス環境）で運用しているアプリケーションの開発者：
  現状のオンプレミス環境と同様の環境をDocker環境で構築することで、ローカル環境でも手軽に動かせるようにする。
- 本番運用しているクラウド環境があるもののローカル環境で開発している開発者：
  クラウド環境で依存しているサービスと同様のサービス・スタブをDockerでパッケージ化することで、簡単に開発環境を構築できるようにする。

002

- クラウド環境で運用する予定のサービスを開発している開発者：
  ローカル環境にもクラウド環境と同様のDocker環境を構築することで、ローカル環境でもデプロイのフローを含めて検証できるようにする。

サービスの運用者にとっても、環境構築の手順をDockerのビルドスクリプトとしてコード化（いわゆるInfrastructure as Code, IaC）することで、運用者が開発者に近い形で参加することができるようになります。特に手作業では発生しがちだったエラーやトラブルシュートの手間を減らすことができ、環境に手を加えた場合もコードの差分として変更を管理することができます。環境の管理と作成を効率的にすることで、開発運用フロー全体の改善にも繋げることができるでしょう。

加えて、サービスを立ち上げる手順がコンテナを立ち上げるという手順に標準化されることにより、コンテナの運用を前提としたオーケストレーションツールが提供するメリットを最大限に享受することができます。大規模なサービスの運用では複数台のサーバーで動的に構成されるクラスタ環境が一般的で、サービスを一体的に動かしつつ新しいサービスを継続的にデプロイ（リリース）していくためには高度なオペレーションが求められます。Dockerに加えて（事実上の標準となりつつある）オーケストレーションツールであるKubernetesを用いてコンテナを運用することで、クラスタ全体にまたがったサービス運用のオペレーションを自動化できるようになります。

1-2 Dockerとは

Dockerは仮想環境を提供するためのソフトウェアで、Docker, Inc.（https://www.docker.com/）によって開発されています。Dockerではアプリケーションが動作する環境をコンテナと呼ばれる単位で仮想化しています。このコンテナ型の仮想化だけでなく、コンテナの元になるイメージを効率よく作成（ビルド）するための機能や、そのイメージを配布するための仕組み（Docker Hubといったリポジトリサービス）も整っているのが特徴です。

ここではDockerの仕組みについて、特にコンテナ型の仮想化とイメージに関する部分について簡単に解説します。

図1-2-0-1:Docker, Inc.公式ページ

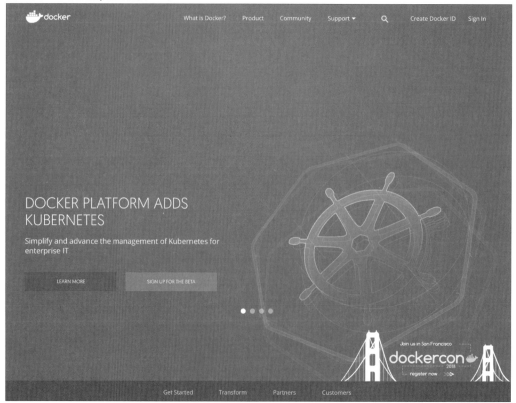

1-2-1 コンテナ型の仮想化

Dockerが提供する仮想化の利点の一つに効率の良さがあります。この効率の良さはコンテナ型の仮想化と呼ばれる手法によって実現されています。

これまで仮想化の主流であったハイパーバイザー型と呼ばれる手法では、仮想化する環境の単位が仮想マシン（Virtual Machine、VM）と呼ばれるハードウェア全体（VirtualBoxやVMware Fusionなど）やOS全体（XenやHyper-Vなど）になっていました。これらの手法ではWindowsやmacOSやLinuxといったさまざまなOSをそのまま動かすことができる反面、ハイパーバイザーと呼ばれるプログラムが仮想化のために介入する必要がありました。その結果として性能低下が発生したり、メモリやディスクといったリソースも仮想環境ごとに確保する必要があって消費量が多くなるデメリットがありました。

これに対してDockerではコンテナと呼ばれる単位で環境を仮想化しています。コンテナの実体はホストOS上のプロセス群で、各々のコンテナで隔離された状態で動いています。隔離されているコンテナのプロセスからは、他のコンテナやホスト環境のプロセスにアクセスすることはできません。プロセスからアクセスできるホスト環境のリソースも隔離されており、コンテナごとに別々のルートディレクトリ（すなわちアクセス可能なファイル群）が割り当てられ、ホスト環境とは別々のネットワークやIPアドレスが割り当てられるようになっています。

また、各々のコンテナで動作するプロセスに対してホスト環境のCPUやメモリのリソースを利用できる上限を設定することができます。

図1-2-1-1:コンテナ型の仮想化（左）とハイパーバイザー型の仮想化（右）の違い

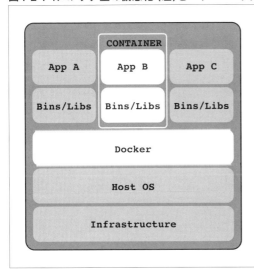 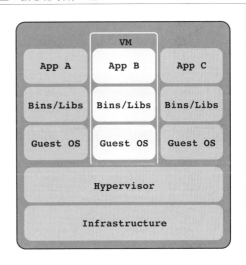

プロセスの隔離にはホストOSで動作しているカーネルの機能が使われ、プロセスの実行に伴ってハイパーバイザーといったプログラムが介入することはありません。また、コンテナの内部で動作しているのはアプリケーションのプロセスのみで、各々のコンテナに対してカーネルといったOSの機能が別々に動作することもありません。Linuxで動作しているDockerの場合、プロセスを隔離するためにLinuxカーネルが提供しているNamespace機能やcgroups (control groups)が用いられ、ルートディレクトリを分離するためにchrootが使われています。

Dockerではコンテナ内から見えるファイルはイメージという形で扱われており、実際にはホスト環境のファイルシステム上のファイルとして展開されています。ファイルシステムの機能（LinuxではAufsやOverlayFSやDevice Mapper）を用いることで、同じイメージを使って実行しているコンテナは書き込みがない限り同じファイルを参照するようになっています。

これらの理由により、Dockerが用いているコンテナ型の仮想化はハイパーバイザー型の仮想化よりも性能低下が少なく消費リソースも少ないといった利点を持っています。

1-2-2 イメージを用いたimmutable infrastructure

Dockerではimmutable infrastructure（不変なインフラ）という考え方が取り入れられています。具体的にはいったんイメージとして作成された環境を変更しないという考え方で、コンテナが動作している間にファイルを変更しても元となっているイメージが書き換わることがありません。

通常のサーバー管理で行われているアプリケーションやパッケージのアップデートも、Dockerではそれらが適用済みのイメージを作り直し、コンテナを立ち上げ直すことで新しいイメージを実現しています。このようにすることでコンテナ内の構成を固定化することができます。また、通常の環境ではサービスが動作している状態でパッケージのインストールなどが実行されますが、Dockerでイメージをビルドする際はサービスが動作していない状態でコマンド単体が実行されます。そのため、Dockerイメージのビルドに必要な処理は単純なもので済ませられるようになっています。

たとえばパッケージのバージョンを新しいものにアップデートする場合を考えてみましょう。既にサービスが動いているような通常の環境では、アップデートの際に古いパッケージが既にインストールされているか考慮したり、既存の設定ファイルを下手に書き換えたりしないように配慮する必要がありました。Dockerイメージのビルドは常に前のステップのイメージから変更を積み上げる形で実行されるため、常にまっさらな環境から新しくパッケージを入れ直しているような形で実行されます。また、サービスが立ち上がるのはビルド時ではなくコンテナの立ち上げ時なので、ビルドに伴って変更された設定を再読込させるような再起動といった手順も不要です。

1-2-3 Dockerと関連したサービスやアプリケーション

Dockerの提供する仮想環境やイメージを管理するサービスはDocker Engineと呼ばれています。このコアとなるDocker Engineのみを対象にして狭義の意味でDockerと呼ばれることもあります。

Docker Engineが単体で使われることはほとんどなく、実際には他のサービスやアプリケーションと組み合わせて利用されていることがほとんどです。たとえばビルドで用いられるイメージは外部のレジストリサービスと呼ばれる場所から自動的に取得されるようになっています。また、本番の運用環境ではコンテナの立ち上げや破棄といった処理（ライフサイクル）を高度に管理する必要が出てきます。

一般的にDockerと呼ぶ場合、これらの外部サービスやアプリケーション全体を含めて広義の意味で用いられることが多いです。ここでは代表的なものを紹介します。

図1-2-3-1:DockerイメージとDockerコンテナのファイルシステム

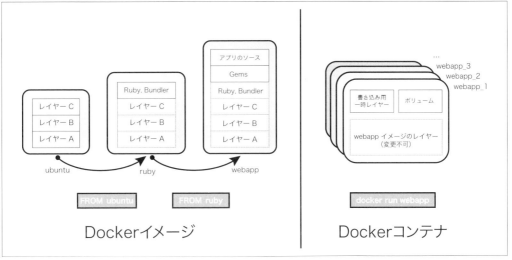

レジストリサービスとDocker Hub

レジストリサービスはDocker Engineが用いるイメージの置き場となるサービスです。

Dockerはビルドされたイメージをネットワーク越しのレジストリサービスに送信（push）したり受信（pull）するための機能を持っています。その際にイメージにはイメージ名とタグを用いた人間が識別しやすい文字列を指定することができますが、レジストリサービスはそのイメージ名やタグと実際のイメージを紐付けて管理する機能も持っています。

レジストリサービスそのものは**Dockerの公式イメージ**（https://hub.docker.com/_/registry/）として提供されており、これを使って自分のネットワーク内でレジストリサービスを動かすことができます。

Docker HubはDocker Inc.がクラウド上で提供しているレジストリサービスです。イメージはパブリックに提供することもでき、非公開にしたければプライベートなリポジトリを作ることもできます（ただし作成可能なプライベートリポジトリを増やすためには課金が必要です）。

図1-2-3-2:Docker Hubで提供されている公式リポジトリ

Docker Hubはオフィシャルのサービスなこともあり、Docker Engineからの使い勝手は良いものとなっています。たとえばDockerでレジストリのURLを指定していない（イメージ名のみの）イメージを取得する際、Docker Hubのレジストリからイメージを取得するようになっています。

また、Docker Hubでは多くの公式リポジトリ（https://hub.docker.com/explore/）が提供されており、サービスを簡単に立ち上げることができたり、そのイメージを元に自分のイメージを簡単にビルドできるようになっています。Docker Hubではイメージの置き場となるレジストリサービスだけでなく、GitHubやBitbucketのリポジトリと連携して、Dockerfileが変更されたら自動的にイメージをビルド（してレジストリに登録）することもできます。

他にもクラウドサービスとして提供されているレジストリサービスがあります。たとえば大手のクラウドサービスが提供しているものとして下記のようなサービスがあります。

- Amazon EC2 Container Registry（AWSが提供しているレジストリサービス）
- Google Container Registry（GCPが提供しているレジストリサービス）
- Azure Container Registry（Azureが提供しているレジストリサービス）

クラウドサービスの上でコンテナを動かしている場合、Docker Hubに格納されているイメージを使うようにしていると可用性がDocker Hubの可用性に縛られてしまう問題があります。たとえばDocker Hubが障害などで利用できない状態では、新しいコンテナを立ち上げようとした場合にイメージがpullできなくて失敗するリスクがあります。クラウドサービスが提供するレジストリサービスを使うことで、そのような障害のリスクを低減したり、ネットワークに近い場所へアクセスするようにすることでイメージ転送のパフォーマンスを向上させることができます。

オーケストレーションとKubernetes

Docker Engineではコンテナの作成破棄や起動停止といった基本的な操作は提供されているものの、これを本番の運用環境で動作するサービスとして管理するには不十分で、追加のサポートが必要でした。

Dockerでは基本的に一つのコンテナに一つのサービスのみを動かすのが望ましいとされています。たとえばこれをWebサービスに適用した場合、Webサーバーだけでなく、リバースプロキシ、データベースサーバー。キャッシュサーバー、非同期処理のためのサーバー、スケジューラ、監視サーバー、ログ管理サーバーなど、他のサービス（コンテナ）どうしが依存した構成になっていることが一般的です。別のコンテナに依存したコンテナがある場合、これらを正しい順序で立ち上げていく必要があります。

また、複数のホスト環境をクラスタ化して運用している場合にも新しい問題が出てきます。たとえば全てのホストに対して同じイメージを使ったコンテナが作成（デプロイ）されるようにしたり、一つの環境で問題があった場合に全体を元のイメージにロールバックする必要があります。コンテナが異常停止したりホスト環境の追加削除があった場合は自動的にコンテナを立ち上げたり、正しく動作していないコンテナへのリクエストを他の健全なコンテナへ迂回させる必要が出てきます。

このような、複数コンテナをデプロイする際のスケジューリングを自動化したり、ネットワーク接続されたクラスタ全体の構成管理を自動化する機能はオーケストレーションと呼ばれています。

Dockerでオーケストレーションを提供するツールやサービスはいくつか作られてきましたが、本書の執筆時点である2018年になってからは、後述する**Kubernetes**（https://kubernetes.io/）と呼ばれるシステムがデファクトスタンダードになりつつあります。

他にDockerが提供している複数コンテナの管理ツールとして**Docker Compose**（https://docs.docker.com/compose/）があり、これを用いると依存関係のある複数のコンテナを簡単に管理することができます。Docker Composeは一つのツールとして提供されているので、クラスタ化されていない単一の環境でコンテナ群を管理するツールとしては使い勝手の良いものになっています。

また、Docker Engine本体にはクラスタ上で連携する機能が**Swarmモード**（https://docs.docker.com/engine/swarm/）と呼ばれる形で提供されています。SwarmモードのクラスタとDocker Composeを組み合わせることで、Docker単体でコンテナクラスタのオーケストレーションを行うこともできます。

Microsoft Azure Container ServiceではSwarmモードのクラスタを用いたオーケストレーションもサポートしています。

Chapter 1 | Dockerとは

クラウドサービス独自のオーケストレーションサービスが提供されている場合もあり、たとえば**AWS**の**Amazon Elastic Container Service**（ECS：https://aws.amazon.com/jp/ecs/）があります。

Linux以外の環境でDockerを動かすためのツール

当初、DockerはLinux環境を仮想化するサービスとして開発され、Linux環境のみをサポートしていました。現行のバージョンではホスト環境としてWindows環境もサポートするようになっていますが、Windows版のイメージはLinux版のものとは別のものとして扱われています。DockerそのものはOS（特にカーネル）を仮想化しないため、現在でも広く使われているLinux版のイメージをLinux以外の環境で使うためには、何らかの形で仮想化されたLinux環境を動かす必要があります。

Docker Machine（https://docs.docker.com/machine/overview/）はDocker Engineのホスト環境を管理するためのツールです。

元々Docker Engineのサービス（デーモン）は**REST API**のインタフェースを持っており、別のDockerサービスをネットワーク越しに操作することも可能です。Docker Machineを使うことで、別の場所で動作しているDockerホストの環境を管理することができます。

Docker Machineにはハイパーバイザー型の仮想環境（たとえばVirtualBox）にDockerが動作するLinux環境を作成して管理する機能も持っています。この機能は、内部的には**Boot2Docker**（http://boot2docker.io/）と呼ばれるLinuxディストリビューションの仮想環境を用いることで実現されています。

このVirtualBoxを用いた仮想環境とDocker MachineやDocker Composeといった関連ツール群を一つのインストーラーにまとめ、Windows環境やMac環境でも簡単にDockerの環境を構築できるようにしたのが**Docker Toolbox**（http://docs.docker.com/toolbox/overview/#whats-in-the-box）です。

Docker Toolboxをインストールすることで、Windows環境やMac環境でも簡単にLinux版のDocker環境を試すことができるようになりました。

その後、後続としてWindowsのHyper-Vを用いた**Docker for Windows**（https://www.docker.com/docker-windows）やmacOSのハイパーバイザーを使った**Docker for Mac**（https://www.docker.com/docker-mac）がリリースされ、Docker Toolboxはレガシーなものとされています。

本書で紹介するチュートリアルでは、Mac環境についてはDocker for Macを使っているものの、Windows環境についてはDocker for Windowsの動作要件が限られているため、よりサポート範囲の広いDocker Toolboxを使うことにします。

1-3 Kubernetesとは

Kubernetes（https://kubernetes.io/）はDockerをサポートしたオーケストレーションシステムで、2018年になってからはデファクトスタンダードとなりつつあるコンテナクラスタ管理システムです。

図1-3-0-1:Kubernetes（https://kubernetes.io/）

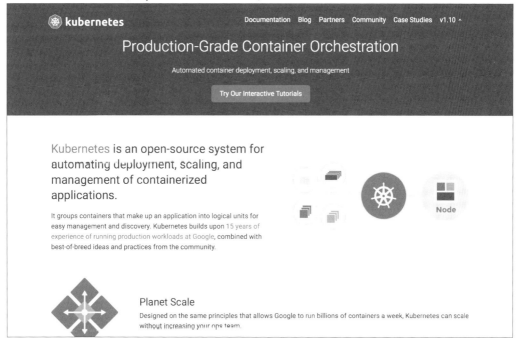

当初、Kubernetesは2014年6月にGoogleのオープンソースプロジェクトとして開発が進められました。そのような経緯もあり、Google内部で開発運用されていたBorgやOmegaと呼ばれるシステムの影響を受けたものになっています（https://queue.acm.org/detail.cfm?id=2898444）。そのため、Kubernetesは「Borgの派生ソフトウェア」と呼ばれたり、「Googleの運用ノウハウをオープンソース化したソフトウェア」と呼ばれることもあります。
2015年7月にKubernetesのバージョン1.0がリリースされ、Linux Foundation傘下のCNCF（Cloud Native Computing Foundation）が管理するオープンソースプロジェクトとなりました。開発にはCoreOSを買収したRed Hatや後述するクラウドベンダーも含めた多くの企業がコミットしており、およそ3ヶ月に1度マイナーリリースを重ねて活発に開発が続けられています。執筆時点の2018年4月ではバージョンがv1.10となっています。

Chapter 1 | Dockerとは

2017年以降にクラウドサービスでのKubernetesサポートが急速に広がり存在感が増してきました。当初は
GoogleのGCPでのみサポートされていたものの、その後MicrosoftのAzure Container Serviceでサポートさ
れ、AWSでも**Amazon Elastic Container Service for Kubernetes** (Amazon EKS)がプレビュー版とし
て提供されるようになりました（2018年4月現在）。その結果、コンテナの管理システムのデファクトスタンダード
になりつつあります。

1-3-1 オーケストレーション

Kubernetesが提供している機能はオーケストレーション（Orchestration）と呼ばれています。
元々オーケストレーションは音楽の領域で管弦楽法といわれる、オーケストラ用の作曲や編曲に関する技法や
理論のことを指していました。オーケストラでは一つ一つの特性が異なるさまざまな楽器があり、それらのパートに
別々の楽譜と演奏者が割り当てられていますが、全体としてまとまりのある曲が生み出されるようになっています。
Kubernetesが提供しているオーケストレーションも、各々のホスト環境やコンテナを演奏者と考え、これらを全体と
してまとまりがあるように調整する指揮者として考えるとイメージしやすいでしょう。
Kubernetesが動作する対象であるコンテナクラスタについて考えてみましょう。コンテナクラスタとは、コンテナを
動作させるノード（ここではDockerのホスト環境）が複数集まったもの（クラスタ）です。コンテナクラスタでは、各々
のノードに複数のコンテナが実行されます。この際にスケジューリングと呼ばれる、どのノードでどのコンテナをどの
ように立ち上げるか、すなわちコンテナの配置を決める処理が必要になります。
各々のノードが持つリソースが異なっている場合もあるでしょうし、当然ですが各々のコンテナも必要なリソースが異
なるでしょう。コンテナによっては複数のノードで同じコンテナを動かしてスケールアウト（処理を増大）させる必要が
あったり、依存関係にあるコンテナ（たとえば別コンテナのログを収集するコンテナ）は同じノードで動かす必要があ
るでしょう。
いったん立ち上げたコンテナが安定して動作し続けるとは限りません。コンテナが異常終了したりノードがダウンした
場合、そのままではサービスを継続的に提供することができません。コンテナの異常を検知して、そのコンテナを切
り離し、適切なノードに新しいコンテナを立ち上げる必要があります。
加えて、クラスタの外からは各々のコンテナがどのように配置されているかを意識させないことも大事です。たとえば
ネットワーク接続を受けつけるWebサーバーの場合、接続先のノードにコンテナが立ち上がっていない場合にはコ
ンテナが立ち上がっているノードに接続を迂回させることができると、外からはどのノードにアクセスしても同じサービ
スにアクセスできるようになります。
そして、ノードの数が増えてきた場合にはリソースの最適化が大事になってきます。一つのコンテナがノードのリソー
スを全て使い切っていない場合、そこに別のコンテナを立ち上げることでノードのリソースを最大限に活用すること
ができます。
このようにさまざまな特性を持った多数の資源（コンテナ）を適切に配置し、これを自動的ないし自律的に管理して
一体的に動作させることができるような、高度な制御がオーケストレーションと呼ばれるようになってきました。

1-3-2 Kubernetesを使うメリット

KubernetesのWebページでも主張されているように、Kubernetesを使うことには主に次の3つのメリットがあります。

1つ目は地球規模（planet scale）での運用までスケールできることです。Kubernetesは前述の通りGoogleが15年の運用で培ってきた経験が活かされたプロダクトであり、毎週何十億もののコンテナを動かすための仕組みと同じものが使われています。運用チームの規模を増やさずに大規模なサービスにも対応させることができます。

2つ目はサービスの成長にしっかり追いつけることです。複雑な運用環境だと管理手法も複雑になるのが一般的でしたが、Kubernetesはローカルでテストするシステムであってもグローバル企業で運用するシステムであっても、複雑さに関係なく一貫した方法でアプリケーションを提供することができます。

最後の3つ目はどこでも動作する（run anywhere）ということです。Kubernetesはオープンソースのシステムであるため、オンプレミス環境であってもクラウド環境であっても、また、どのようなクラウド環境であっても自由に動かせるため、簡単にサービスの処理を移すことができるようになります。

Chapter 1 | Dockerとは

1-4

Dockerイメージをビルドしてみよう

2章以降の内容からもわかるように、Dockerは単なる仮想環境ではなくアプリケーションのデプロイを意識したプロダクトになっています。Dockerが提供するメリットを十分に享受するためには、コマンドを実行するだけでアプリケーションが動作するような、アプリケーションがデプロイ済みのDockerイメージを準備しておく必要があります。

1-4-1 イメージのビルドで得られるメリット

どのような場面でDockerイメージを自分でビルドする必要が出てくるのでしょうか?

多くのアプリケーションではDocker Hubといったリポジトリからビルド済みの高機能なイメージが提供されており、それを使うだけでアプリケーションを動かすことができるでしょう。

しかしながら自分でアプリケーションを開発している場合、そのアプリケーションをデプロイしたイメージは自分たちで用意しなければなりません。

たとえば「**apt-get install xxx**でXXXパッケージをインストールします」といった手順書が用意されている場合、そのアプリケーションのDockerイメージを作成する意義が出てきます。その手順をDockerイメージのビルドスクリプトとしてコード化することで、環境構築を自動化できるためです。

環境構築の手順がAnsibleといったツールで自動化されている場合にもDockerイメージを作成するメリットがあります。ビルド済みのイメージをリポジトリから配布することができれば、環境構築の手順そのものが省略できるので、簡単にアプリケーションを実行できるようになります。また、前述のimmutable infrastructureの考え方でイメージ化されたアプリケーションでは動作環境を固定化でき、依存ライブラリや設定内容の違いといった動作環境の違いによる不具合が発生しにくくなります。

例としてRailsベースのWebアプリケーションを開発している場合を想定してみましょう。Dockerの公式イメージにはRubyイメージ(https://hub.docker.com/_/ruby/)といった特定の言語用のイメージが提供されており、これを使えば自分のRailsアプリケーションを動かす環境を簡単に立ち上げることができるでしょう。しかしながら、このイメージをベースにして自分のRailsアプリケーションも含めたイメージをビルドして配布できるようになると、環境を固定化するメリットを最大限に得ることができるのです。

1-4-2 現場で想定される課題

自分でDockerイメージをビルドできるようになると、どのようなことが実現できるでしょうか?
ここでは、実際のアプリケーション開発の現場から想定される課題を3つほど取り上げ、Dockerを使うことでどのように解消されるかについて紹介します。

アプリケーションがオンプレミス環境で動作している場合

まず、開発したアプリケーションを自分たちが管理している環境(いわゆるオンプレミス環境)で運用しているケースを取り上げます。オンプレミス環境にはいろいろな形態があり、具体的には下記のような形態が考えられます。

- ベアメタル(bare metal)と呼ばれる、OSもインストールしていない状態のコンピュータからセットアップしている
- VPS(仮想専用サーバー)を契約して、OSまではインストールされている環境からアプリケーションが動作できる環境をセットアップしている
- AWSのAmazon Elastic Compute Cloud (EC2)で動作しているLinuxインスタンスで、インスタンス内の環境はAnsibleやChef(か手作業!)でプロビジョニングしている

このようなケースでは、同じ環境を別の場所に(たとえば開発環境として)再現することが難しく、環境の違いに起因する不具合が発生してくることが考えられます。特にデフォルトでさまざまなパッケージが導入されている環境では、どのパッケージがアプリケーションの実行に必要なのかを見極めるのが難しくなっている場合があります。
Dockerを導入することで、アプリケーションに関係するパッケージだけを含めたイメージをビルドでき、その手順をコード化することができます。この手順やイメージを配布すれば、別の場所でも簡単に同じ環境のコンテナを立ち上げることができます。また、パッケージ管理ツールでインストールする際にパッケージ名だけを指定していると、タイミングによって異なる(更新後の)バージョンがインストールされてしまう可能性も考えられます。
特定のバージョンを強制することは一部のパッケージ管理(Rubyではrbenvやbundler、Pythonではpyenvやvirtualenv)で一般的になっていますが、これらのツールではOSのパッケージまでは管理できず、そもそもOSが異なると全く同じ環境にすることは困難です。随時構築される開発環境ではパッケージのバージョンが新しいものを使っていて、本番環境では初回の構築時に導入した古いバージョンのままだったという場合が考えられます。また、複数人で開発していて複数の開発環境がある場合にも、とある開発環境では古いバージョンのままになっていることもあり得ます。そのような状態では、新しいバージョンになって修正されたバグや新機能を使っていた場合、古いバージョンのソフトウェアを使っている環境では正しく動かなくなる懸念があります。
このような課題に対しても、本番環境でも開発環境でも同じDockerイメージ(パッケージ)を使うことでアプリケーションの動作環境を揃えやすくできます。

イメージをビルドするにあたっては、多くのアプリケーションで複数のサービスが連携していることを考慮しなければなりません。たとえばApache上のPHPで動くWebサービスであっても、ログ処理にSyslogを使い、定期実行にCronを使い、キャッシュとしてMemcachedを使っている場合などが考えられます。構成によってはPHP-FPMを使ってPHPのプロセスが別に動いている場合も考えられます。

2章ではDockerに関する解説と共に、複数のコンテナ（サービス）をDocker Composeでまとめて管理する方法について解説しています。また、3章では一つのコンテナに複数のサービスが動作してSSHでログインもできる、VPSのように使えるようなイメージをビルドする方法について解説しています。

本番用のクラウド環境とローカルの開発環境が存在する場合

これから新しくサービス（特にWebサービス）を開発する場合、ユーザーが実際にアクセスする環境（本番環境）をAWSやGCPといったクラウド環境で動かしていることも多いでしょう。クラウド環境はサーバーのハードウェアを管理する必要がなかったり、データベースといった関連サービスの管理も（完全ではない場合もありますが）自動化することができ、人的な運用コストを軽減することができるメリットがあります。たとえばAWS Elastic BeanstalkやHerokuといったマネージドサービスを使うと、ソースコードをアップロードするだけで環境構築やデプロイまで自動で処理してくれます。

とはいえ、各々の開発者が開発する環境は手元のPC上に構築したもの（たとえばMacの環境にHomebrewでMySQL Serverをインストールしたものなど）を使っている方も多いでしょう。そのようにして開発環境と本番環境の乖離が出てくると、先のオンプレミス環境の例に加えて他にも課題が出てきます。

たとえば、クラウド環境で提供されているサービスに依存したアプリケーションを作ろうとすると、これを（特にローカルの）開発環境でも同じようなサービスを利用可能にする手間が発生してくることが考えられます。

たとえば、AWSではストレージサービスとしてAmazon Simple Storage Service (S3)、データベースサービスとしてAmazon Relational Database Service (RDS)やAmazon DynamoDB、メッセージキューサービスにAmazon Simple Queue Service (SQS)などを提供しています。

これらを使うことでサービスの構築コストを下げることができますが、本番環境と開発環境では別々のリソースが使われるようにしたり、ローカルで完結した開発環境を構築する場合には対応するスタブサービスを立ち上げなければなりません。

スタブサービスをDockerのイメージとしてパッケージ化することで、ローカルでもコンテナ化されたスタブサービスを簡単に立ち上げることができるようになり、開発環境の構築コストを下げることができます。DockerではコンテナにDNSのホスト名を割り当てることができるので、開発環境のアプリケーションからは接続先を切り替えるだけで簡単にスタブサービスを利用することができます。

4章ではこのような開発プロセスを想定し、クラウドサービスのAWS Elastic Beanstalkで動作しているNode.jsアプリケーションをローカルのDocker環境で動くようにしていく方法について解説しています。

また、クラウド環境とローカルの環境でデプロイの手順が異なっていることも課題として考えられます。開発者が本番環境であるクラウド環境と同等の環境でローカル環境を構成でき、依存するライブラリのバージョンなどを厳密に同一にできると、本番のデプロイでのみ不具合が発生するようなリスクを軽減できそうです。

クラウド環境についても、クラウドサービスによってプロビジョニングやデプロイは別々の形で提供されているため、運用者が個別に対応する必要があります。そのため、いったん特定のクラウド環境で運用し始めたサービスを別のクラウド環境に移行することは簡単ではありません。

アプリケーションをコンテナ化することで、各々の環境でアプリケーション固有のセットアップやプロビジョニングの手順を走らせる必要が（ほぼ）なくなります。これらの作業の多くはOS内部のパッケージやファイルを用意することで、既にイメージをビルドする時点で実施済みであるためです。デプロイで必要な手順も新しいイメージを取得してコンテナを立ち上げ直すだけになるので、本番環境の運用手順もシンプルにできます。その結果、別のクラウド環境に対しても同様の手順でデプロイ可能なマルチクラウド対応も実現できます。

5章では、2017年にDockerに公式サポートされてデファクトスタンダードになりつつあるKubernetesの環境をローカル環境とクラウド環境のGCPに構築し、4章で作成したアプリケーションをマルチクラウド対応させてデプロイする方法について解説しています。

Dockerを用いて開発運用フローを改善する

ここまでDockerによって開発環境と本番環境の違いを小さくできるメリットを紹介してきましたが、これを発展させてDockerを開発運用フローを改善するためのソリューションとして用いることもできます。

古いイメージを残しておけば、そのイメージを使ってコンテナを立ち上げ直すだけでデプロイのロールバックができるのもメリットです。

6章ではTIPSの一つとして継続的インテグレーション(Continuous Integration, CI)環境でイメージをビルドできるよっにするための方法について紹介しています。コードに変更があるたびに自動的にイメージがビルドできるようになると、その状態で動作するアプリケーション環境を簡単に立ち上げられるようになります。ビルドされたイメージが自動でプレビュー用の（新しい）環境にデプロイされるようにすれば、アプリケーションの動作確認もすぐにできるようになり、開発効率の向上につながるでしょう。

Chapter 1 | Dockerとは

1-5

2章以降を読み進めるにあたって

2章以降ではチュートリアル形式でDockerの使い方を解説しています。本書の内容をよく理解するためにも、手元でチュートリアルの内容を試しつつ読み進めていただくのが望ましいです。

本書のチュートリアルで想定しているPC環境と、あらかじめ身につけておいたほうがよい周辺知識について解説します。

1-5-1 想定しているPC環境

チュートリアルの内容はLinux版のDocker環境を想定した内容になっています。下記の環境については、PC環境でLinux版のDocker環境を使えるようにするための導入手順も含めて解説しています。

- Linux環境（本書ではDebianベースのUbuntu 16.04 LTSを対象に解説しています）
- Windows 7以降の64bit版Windowsがインストールされた、ハードウェア仮想化をサポートしている環境（本書で解説しているDocker Toolbox on Windowsのサポート対象）
- OS X El Capitan 10.11以降のmacOSがインストールされた、2010年以降モデルのMac環境（本書で解説しているDocker for Macのサポート対象）

チュートリアルにはソフトウェアをインストールする手順がありますが、ここでは管理者権限が必要なことに注意してください。また、ソフトウェアのダウンロードにはインターネットへの接続が必要です。

Dockerを実行する際にもイメージの取得などでインターネットにアクセスする場合があり、クラウドサービスを使った手順についても原則インターネットへの接続が必要であることに注意してください。

Windows環境の確認

Windows環境でハードウェア仮想化をサポートしているかどうかは、Windows 8以降ではタスクマネージャの「パフォーマンス」タブのCPU項目から確認することができます。右下の「仮想化」項目が「有効」になっていればハードウェア仮想化がサポートされています。タスク名のみの簡易表示になっている場合は、下側にある「詳細」をクリックして詳細表示に切り替えてください。PCによってはハードウェア仮想化を無効するように設定されている場合もあるので注意してください。

図1-5-1-1:Windowsのタスクマネージャーで仮想化サポートを確認する

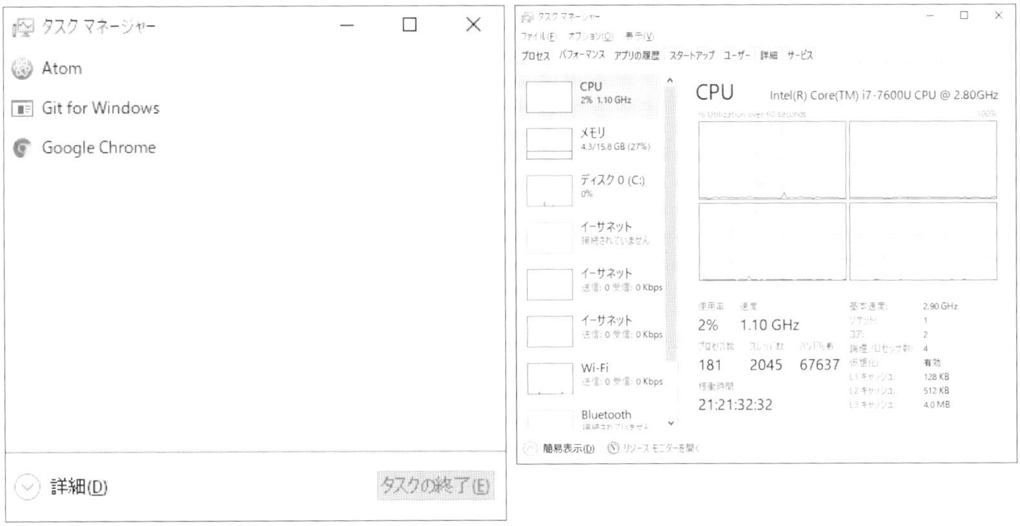

Mac環境の確認

Mac環境ではデフォルトでハードウェア仮想化が有効になっています。ターミナルから下記のコマンドを実行することで確認できます。

コマンド1-5-1-1

```
$ sysctl kern.hv_support
kern.hv_support: 1
```

このように、ハードウェア仮想化がサポートされている場合は**kern.hv_support: 1**と出力されます。

Chapter 1 | Dockerとは

1-5-2 周辺知識について

チュートリアルには具体的な操作手順を記載するようにしていますが、多くのWebアプリケーション開発者が持っているであろう基本的な知識は習得済みであることを想定しています。そのため、下記の知識については説明を省略しています。

- PC環境、特にWebブラウザの操作方法（URLから対象のページにアクセスする方法など）
- インターネット接続に関する設定方法
- コマンドラインベースの操作方法、たとえばシェル（特にBash）やターミナルの操作方法
- エディタの操作方法（ファイルを作成編集する必要があるため）

これらの周辺知識については、別途書籍やWebサイトのリソースを参照してください。

コマンドライン操作について

本書ではDockerをコマンドライン（**docker**コマンドなど）で操作することを前提に解説しています。何度も同じようなコマンドを実行することになるため、下記のようなキー操作が使えるようになっているのが望ましいです。

- コマンド履歴の呼び出し（Bashの場合は上下矢印キー「↑↓」や**Ctrl+P**、**Ctrl+N**、**Ctrl+R**など）
- 実行しようとしているコマンドの編集（Bashの場合は左右矢印キー「←→」、**Ctrl+B**、**Ctrl+F**、**Meta+B**、**Meta+F**、Backspaceキーや Deleteキーなど）

Windowsのコンソールや Macのターミナルでは、CtrlやMetaと組み合わせたキー操作が他の操作に割り当てられている場合もありますので注意してください。

プロキシサーバーの設定について

Dockerの仮想環境そのものは単体で動作しますが、一部の動作ではインターネット接続が必要な場合があります。たとえばイメージを取得する際にはDockerのプロセスがインターネット上のDocker Hubにアクセスし、イメージをビルドする際はコンテナ内部のプロセスがパッケージのリポジトリにアクセスする必要があります。
インターネット接続にあたってプロキシサーバーの設定が必要な場合は、Dockerのドキュメントや6章にあるTIPS（6-7）を参考にしてください。

Chapter 2

Dockerの基本的な使い方

本章ではDockerとはそもそもどういったものなのか、実際に使い始めるための環境を整える方法、基本的なDockerコマンドの使い方に始まり、公開済のDockerイメージを動作させる方法や自分でDockerイメージを作成してそれを動かす方法などを学んでいきます。また、作成したDockerイメージを管理できるDocker Registryについて、Docker社が公式に提供しているDockerHubの紹介をします。

最後に複数のDockerイメージを使ってサービスを構成するDocker Composeについて説明します。
今回はMySQLとWordPressのイメージを使ってDockerだけでブログサービスを動作させる方法を例にとって勉強してみましょう。

Chapter 2 | Dockerの基本的な使い方

2-1

Dockerのインストール

Dockerは軽量コンテナ技術のひとつで、「**私の環境なら動くが他の人の環境では動かない**」という問題を解決するポータビリティといった特徴や、仮想マシン（Vartual Machine）と異なりOSをバンドルせずに動作する軽量性といった特徴を持っています。
本節ではLinux(Ubuntu)、Windows、macOSにおけるDockerのインストールについて説明します。

2-1-1　Dockerのインストール（Linux）

ubuntu 16.04を使って説明します。
Dockerには**Enterprise Edition（Docker EE）**と**Community Edition（Docker CE）**がありますが、今回はDocker CEの説明をします。

最新の手順に関してはこちらを参照してください。

https://docs.docker.com/engine/installation/linux/docker-ce/ubuntu/

まずは使用しているLinuxのパッケージ情報を更新します。
apt-getコマンドはDebian系Linuxのパッケージ管理システムですので、RedHat系のLinuxを使用している場合は、**rpm**コマンドを使用して更新してください。

コマンド2-1-1-1

```
$ sudo apt-get update
Hit:1 http://jp.archive.ubuntu.com/ubuntu xenial InRelease
Hit:2 http://jp.archive.ubuntu.com/ubuntu xenial-updates InRelease
Hit:3 http://jp.archive.ubuntu.com/ubuntu xenial-backports InRelease
Hit:4 http://security.ubuntu.com/ubuntu xenial-security InRelease
Reading package lists... Done
```

02 次に既存のDockerが入っていれば削除します。

コマンド2-1-1-2

```
$ sudo apt-get remove docker docker-engine docker.io
Reading package lists... Done
Building dependency tree
Reading state information... Done
Package 'docker-engine' is not installed, so not removed
Package 'docker' is not installed, so not removed
Package 'docker.io' is not installed, so not removed
0 upgraded, 0 newly installed, 0 to remove and 8 not upgraded.
```

03 必要なパッケージを事前にインストールします。

コマンド2-1-1-3

```
$ sudo apt-get install apt-transport-https ca-certificates curl software-properties-
common -y
Reading package lists... Done
Building dependency tree
Reading state information... Done
                        ～ 省略 ～
Updating certificates in /etc/ssl/certs...
17 added, 42 removed; done.
Running hooks in /etc/ca-certificates/update.d...
done.
Processing triggers for libc-bin (2.23-0ubuntu9) ...
```

Dockerのインストールに必要なリポジトリを追加します。

コマンド2-1-1-4

```
$ curl -fsSL https://download.docker.com/linux/ubuntu/gpg | sudo apt-key add -
OK
```

コマンド2-1-1-5

```
$ sudo apt-key fingerprint 0EBFCD88
pub   4096R/0EBFCD88 2017-02-22
Key fingerprint = 9DC8 5822 9FC7 DD38 854A E2D8 8D81 803C 0EBF CD88
uid Docker Release (CE deb) <docker@docker.com>
sub   4096R/F273FCD8 2017-02-22

$ sudo add-apt-repository "deb [arch=amd64] https://download.docker.com/linux/ubuntu
$(lsb_release -cs) stable"
```

改めてパッケージリストを更新します。

コマンド2-1-1-6

```
$ sudo apt-get update
Hit:1 http://security.ubuntu.com/ubuntu xenial-security InRelease
Hit:2 http://jp.archive.ubuntu.com/ubuntu xenial InRelease
Hit:3 http://jp.archive.ubuntu.com/ubuntu xenial-updates InRelease
Hit:4 http://jp.archive.ubuntu.com/ubuntu xenial-backports InRelease
Get:5 https://download.docker.com/linux/ubuntu xenial InRelease [38.9 kB]
Get:6 https://download.docker.com/linux/ubuntu xenial/stable amd64 Packages [1,966 B]
Fetched 40.9 kB in 25s (1,574 B/s)
Reading package lists... Done
```

06 Docker CEをインストールします。

■ コマンド 2-1-1-7

```
$ sudo apt-get install docker-ce -y
Reading package lists... Done
Building dependency tree
Reading state information... Done

            ～ 省略 ～

Processing triggers for libc-bin (2.23-0ubuntu9) ...
Processing triggers for systemd (229-4ubuntu19) ...
Processing triggers for ureadahead (0.100.0-19) ...
```

07 Dockerがインストールできたことを確認します。

■ コマンド 2-1-1-8

```
$ sudo docker version
Client:
 Version:      17.09.1-ce
 API version:  1.32
 Go version:   go1.8.3
 Git commit:   19e2cf6
 Built:        Thu Dec  7 22:24:23 2017
 OS/Arch:      linux/amd64

Server:
 Version:      17.09.1-ce
 API version:  1.32 (minimum version 1.12)
 Go version:   go1.8.3
 Git commit:   19e2cf6
 Built:        Thu Dec  7 22:23:00 2017
 OS/Arch:      linux/amd64
 Experimental: false
```

Chapter 2 | **Dockerの基本的な使い方**

コマンド2-1-1-9

```
$ sudo docker ps
CONTAINER ID IMAGE COMMAND CREATED STATUS PORTS NAMES
```

ここで、hello-worldを実行し、imageの取得とrunのテストを行います。

コマンド2-1-1-10

```
$ sudo docker run hello-world
Unable to find image 'hello-world:latest' locally
latest: Pulling from library/hello-world
b04784fba78d: Pull complete
Digest: sha256:f3b3b28a45160805bb16542c9531888519430e9e6d6ffc09d72261b0d26ff74f
Status: Downloaded newer image for hello-world:latest

Hello from Docker!
This message shows that your installation appears to be working correctly.

To generate this message, Docker took the following steps:
1. The Docker client contacted the Docker daemon.
2. The Docker daemon pulled the "hello-world" image from the Docker Hub.
3. The Docker daemon created a new container from that image which runs the
executable that produces the output you are currently reading.
4. The Docker daemon streamed that output to the Docker client, which sent it
to your terminal.

To try something more ambitious, you can run an Ubuntu container with:
$ docker run -it ubuntu bash

Share images, automate workflows, and more with a free Docker ID:
https://cloud.docker.com/

For more examples and ideas, visit:
https://docs.docker.com/engine/userguide/
```

Dockerコマンドをsudoなしでも実行できるようにdockerグループに現在のユーザを追加します。

コマンド 2-1-1-11

```
$ docker ps
Got permission denied while trying to connect to the Docker daemon socket at unix:///
var/run/docker.sock: Get http://%2Fvar%2Frun%2Fdocker.sock/v1.30/containers/json: dial
unix /var/run/docker.sock: connect: permission denied
```

コマンド 2-1-1-12

```
$ sudo usermod -aG docker $USER
```

一度ログアウトしてからログインし直し、**group**に追加されたことを確認します。

コマンド 2-1-1-13

```
$ cat /etc/group
root:x:0:
daemon:x:1:
            ～ 省略 ～
saku:x:1000:
sambashare:x:128:saku
docker:x:999:saku
```

sudoなしで実行できることを確認します。

コマンド 2-1-1-14

```
$ docker ps
CONTAINER ID IMAGE COMMAND CREATED STATUS PORTS NAMES
```

次にdocker-composeのインストールを行います。
最新の手順に関してはこちらを参照してください。

https://docs.docker.com/compose/install/

Chapter 2 | **Docker の基本的な使い方**

01　コマンド実行ファイルをダウンロードします。

コマンド 2-1-1-15

```
$ sudo curl -L https://github.com/docker/compose/releases/download/1.20.1/docker-
compose-`uname -s`-`uname -m` -o /usr/local/bin/docker-compose
  % Total    % Received % Xferd  Average Speed   Time    Time     Time  Current
                                 Dload  Upload   Total   Spent    Left  Speed
100   617    0   617    0     0    580      0 --:--:--  0:00:01 --:--:--   580
100 10.3M  100 10.3M    0     0    680k     0  0:00:15  0:00:15 --:--:--  925k
```

02　実行ファイルに実行権限を付与します。

コマンド 2-1-1-16

```
$ sudo chmod +x /usr/local/bin/docker-compose
```

03　docker-composeがインストールできたことを確認します。

コマンド 2-1-1-17

```
$ docker-compose version
docker-compose version 1.20.1, build 5d8c71b
docker-py version: 3.1.4
CPython version: 3.6.4
OpenSSL version: OpenSSL 1.0.1t  3 May 2016
```

以上でLinuxにおけるDockerおよびのdocker-composeのインストールは完了です。

2-1-2 Dockerのインストール（Windows）

Docker Toolbox for Windowsをダウンロードしてインストールしましょう。
下記のURLよりインストールファイルをダウンロードできます。

https://www.docker.com/products/docker-toolbox

図2-1-2-1:Docker Toolboxダウンロードページ

01 ダウンロードしたDocker Toolboxを実行します。

図2-1-2-2:Docker Toolboxインストーラの実行

02 デバイス変更の許可を求めるダイアログが表示されるので、「はい」を選択します。

図2-1-2-3:デバイス変更の許可ダイアログ

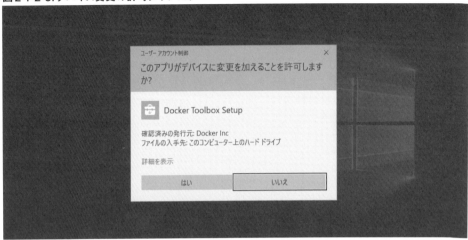

03 インストールウィザードを開いたら「Next」をクリックします。

図2-1-2-4:Docker Toolbox インストーラ

インストール先を確認されますが、特に問題なければデフォルトのまま「Next」をクリックします。
インストール先を変更したい場合には「Browse」からインストール先を選び、「Next」をクリックします。

図2-1-2-5: インストール先の選択

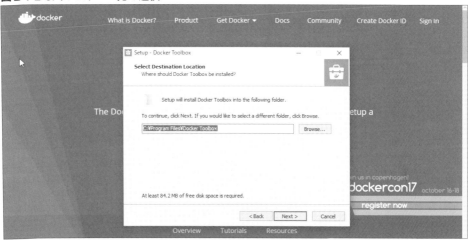

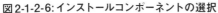 インストールするコンポーネントを選択します。
特に問題なければデフォルトのまま「Next」をクリックします。

図2-1-2-6: インストールコンポーネントの選択

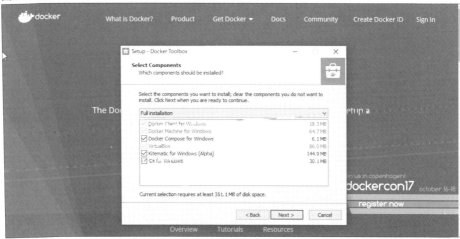

06 追加タスクで必要なものを選択します。
特に問題なければデフォルトのまま「Next」をクリックします。

図2-1-2-7: 追加タスクの確認

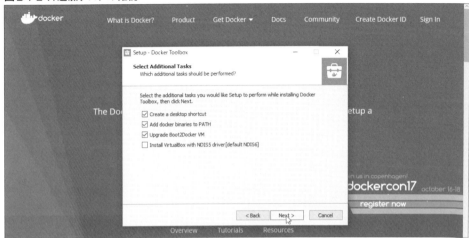

07 インストール確認画面が表示されます。今まで選択した内容が表示されています。確認して問題なければ「Install」をクリックしましょう。

図2-1-2-8: インストール内容確認

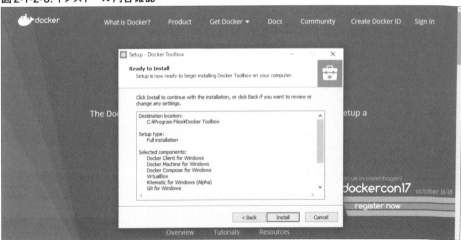

08 インストールが始まります。
完了するまで待ちましょう。

図2-1-2-9:Docker Toolboxインストール中

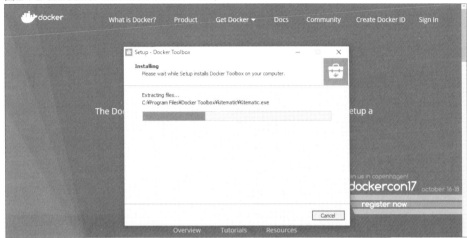

09 インストール途中でデバイスソフトウェアのインストール確認が入りますが「インストール」を選び進めます。

図2-1-2-10:デバイスソフトウェアのインストール確認

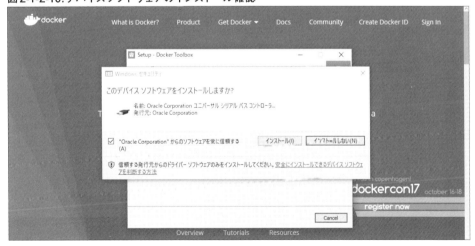

10 インストールが完了したら「Finish」をクリックします（View Shortcuts in File Explorerのチェックは入れたままクリックします）。

図2-1-2-11: インストール完了

11 Docker Quickstart Terminalを開きます。

図2-1-2-12: Docker Quickstart Terminalの実行

12 Docker Quickstart Terminalの初回実行時は**docker-machine**コマンドによりdefaultという名前のDocker実行用の仮想マシンがVirtualBox上に作成されます。

図2-1-2-13:Docker Quickstart Terminalの起動

13 途中VirtualBoxのデバイスの変更許可のダイアログが表示されますが「はい」を選択して進めてください。

図2-1-2-14:VirtualBoxによるデバイス変更許可の確認

Chapter 2 | Dockerの基本的な使い方

14 docker-machineの実行が完了したらDockerの実行が可能なプロンプトが表示されます。

図2-1-2-15:Docker実行のターミナル画面

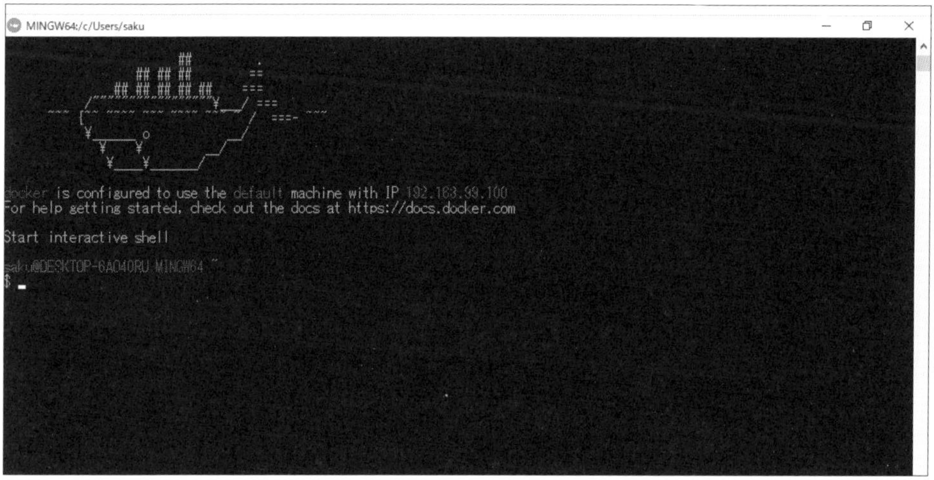

15 docker versionコマンドによりインストールが正常に完了したことを確認します。

コマンド2-1-2-1

```
saku@DESKTOP-6AO40RU MINGW64 ~
$ docker version
Client:
Version: 17.06.0-ce
API version: 1.30
Go version: go1.8.3
Git commit: 02c1d87
Built: Fri Jun 23 21:30:30 2017
OS/Arch: windows/amd64

Server:
Version: 17.06.0-ce
API version: 1.30 (minimum version 1.12)
Go version: go1.8.3
Git commit: 02c1d87
Built: Fri Jun 23 21:51:55 2017
OS/Arch: linux/amd64
Experimental: false
```

036

16 hello-worldのDockerイメージを実行し実際にコンテナを動作させることができるかを確認します。

コマンド 2-1-2-2

```
saku@DESKTOP-6AO40RU MINGW64 ~
$ docker run hello-world
Unable to find image 'hello-world:latest' locally
latest: Pulling from library/hello-world
b04784fba78d: Pull complete
Digest: sha256:f3b3b28a45160805bb16542c9531888519430e9e6d6ffc09d72261b0d26ff74f
Status: Downloaded newer image for hello-world:latest

Hello from Docker!
This message shows that your installation appears to be working correctly.

To generate this message, Docker took the following steps:
1. The Docker client contacted the Docker daemon.
2. The Docker daemon pulled the "hello-world" image from the Docker Hub.
3. The Docker daemon created a new container from that image which runs the
executable that produces the output you are currently reading.
4. The Docker daemon streamed that output to the Docker client, which sent it
to your terminal.

To try something more ambitious, you can run an Ubuntu container with:
$ docker run -it ubuntu bash

Share images, automate workflows, and more with a free Docker ID:
https://cloud.docker.com/

For more examples and ideas, visit:
https://docs.docker.com/engine/userguide/
```

以上でWindowsにおけるDockerおよびDocker Toolboxのインストールは完了です。

2-1-3 Dockerのインストール（Mac）

macOSの場合は**Docker for Mac**をインストールすることでDockerとdocker-composeが使えるようになります。
Docker for Macのダウンロードは下記のURLからできます。

https://store.docker.com/editions/community/docker-ce-desktop-mac

01 画面右側にある「Get Docker」のボタンをクリックしてインストールファイルをダウンロードします。

図2-1-3-1:Docker for Mac インストールファイルのダウンロード

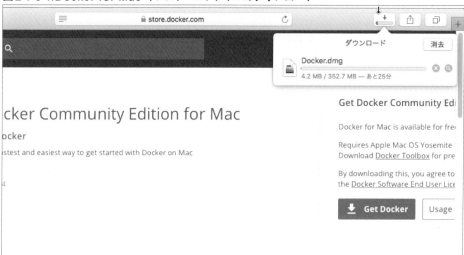

次にダウンロードした**dmg**ファイルを開きます。
dmgファイルを開くと下図のように表示されるので、Docker for MacのアイコンをApplicationフォルダにドラッグ&ドロップします。

図 2-1-3-2:Docker for Mac インストールファイルの実行

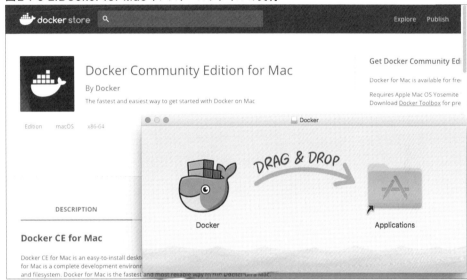

Applicationフォルダの中にあるDocker for Macをさらにダブルクリックします。ダブルクリックするとインターネット経由でダウンロードしたアプリケーションのため、初回起動時には警告ダイアログが表示されますが、「開く」をクリックして続けましょう。

図 2-1-3-3:Docker.app の実行

[04] アプリケーションを開くとWelcomeメッセージが表示されます。

図2-1-3-4:Docker for Macの起動

[05] その次にはprivileged（特権）アクセスが必要な旨を伝えるダイアログが表示されますので「OK」をクリックします。

図2-1-3-5:privilegedアクセスの許可

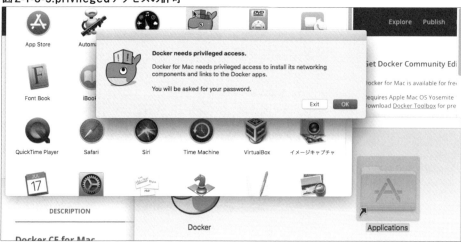

06 privileged（特権）アクセスを承認するために管理者権限を持つアカウントのパスワードを求められます。
パスワードを入力し、「ヘルパーを追加」をクリックします。

図2-1-3-6:管理者権限のパスワード確認

07 ここまで完了するとDocker for Macが起動し、ステータスバーにDockerアイコンが表示され、ポップアップが同時に表示されます。
起動直後は下図のように「Docker is starting...」というメッセージと共に表示されます。

図2-1-3-7:Docker for Macの起動中

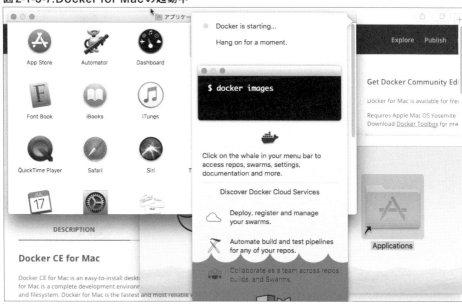

08 時間が経つと、黄色で表示されていたものが緑色に変わり、メッセージも「Docker is now up and running!」と表示されます。

図2-1-3-8:Docker for Macの起動完了

09 インストールとDockerの起動が完了したことを確認するためにターミナルを開き、**docker version**コマンドを実行します。

下図のようにClientとServerの両方のバージョンが表示されたら成功です。

図2-1-3-9:Dockerバージョンの確認

10 同様にdocker-composeのバージョンを確認します。
docker-compose versionコマンドを実行してバージョンの確認をします。

図2-1-3-10:docker-composeのバージョン確認

以上でmacOSにおけるDockerのインストールは完了です。

Chapter 2 | Dockerの基本的な使い方

2-2

Dockerの基本的なコマンド

本節では前節でインストールしたDockerの基本的なコマンドについて説明します。

2-2-1 Dockerのコマンド一覧とその意味

Dockerにはさまざまなコマンドがあります。

まずはそのコマンドについて簡単に紹介します。

コマンド	意味
pull	Dockerイメージを取得する
run	DockerイメージからDockerコンテナを作成する
exec	Dockerコンテナ上のコマンドを実行する
push	DockerイメージをDockerレジストリに送る
images	Dockerホスト上のDockerイメージの一覧を表示する
build	DockerイメージをDockerfileに基づいて作成する
start	停止中のDockerコンテナを起動する
stop	起動中のDockerコンテナを停止する
rm	停止中のDockerコンテナを削除する
rmi	Dockerホスト上のDockerイメージを削除する
kill	起動中のDockerコンテナを強制停止する（オプションで任意のSIGNALをPID 1のプロセスに送信する）
ps	Dockerホスト上のDockerコンテナ一覧を表示する
login	Dockerレジストリにログインする
logout	Dockerレジストリからログアウトする
commit	Dockerコンテナの変更状態から新しいDockerイメージを作成する
cp	Dockerコンテナとローカルファイルシステム間のファイル／ディレクトリコピーを行う
logs	Dockerコンテナのログを取得する
save	Dockerイメージの内容をtarアーカイブとして出力する デフォルトでは標準出力に出力される
load	tarアーカイブからDockerイメージを読み込む
tag	既存のDockerイメージから新しいDockerイメージ名を作成する
history	Dockerイメージの生成履歴を表示する

2-2-2 Dockerコマンドのシーンごとの利用例

本節では前節で紹介したDockerの各コマンドについて、ユースケースを交えながらどのように使っていくかの例を示します。

docker buildコマンドに関しては**Dockerfile**というDockerイメージを作成するためのファイルの説明と合わせて次の節にて説明を行います。

それではユースケースを順番に見ていきましょう。

ubuntu 16.04のコンテナを起動

次の3ステップでこのユースケースを実現します。

01 Dockerイメージを取得する**pull**を実行します。

コマンド2-2-2-1

```
$ docker pull ubuntu:16.04
16.04: Pulling from library/ubuntu
1be7f2b886e8: Pull complete
6fbc4a21b806: Pull complete
c71a6f8e1378: Pull complete
4be3072e5a37: Pull complete
06c6d2f59700: Pull complete
Digest: sha256:e27e9d7f7f28d67aa9e2d7540bdc2b33254b452ee8e60f388875e5b7d9b2b696
Status: Downloaded newer image for ubuntu:16.04
```

02 DockerイメージからDockerコンテナを作成する**run**を実行します。

コマンド2-2-2-2

```
$ docker run -d -it ubuntu:16.04 bash
bc7a012a9726f953f7d8563a8f99bfb8417bce9r6a0133ca35514be7a8eb358b5
```

03 Dockerコンテナが起動したことを確認する**ps**を実行します。

コマンド2-2-2-3

```
$ docker ps
CONTAINER ID    IMAGE           COMMAND         CREATED         STATUS
PORTS           NAMES
bc7a012a9726    ubuntu:16.04    "bash"          2 seconds ago   Up 1 se
cond                            boring_rosalind
```

ターミナルからphpをインストールして、新しいイメージを作成する

次の3つのステップでこのユースケースを実現します。

01 Dockerコンテナ上でコマンドを実行する**exec**を実行して仮想ターミナルを起動します。

コマンド2-2-2-4

```
$ docker exec -it bc7a012a9726 bash
root@bc7a012a9726:/#
```

コマンドで使用している**bc7a012a9726**は、前節のユースケースで最後に表示されたコンテナIDとなります。

Docker内でコンテナ内容を変更します（今回のユースケースではphp7をインストール）。

コマンド2-2-2-5

```
root@bc7a012a9726:/# apt-get update && apt-get install -y php
Get:1 http://security.ubuntu.com/ubuntu xenial-security InRelease [102 kB]
Get:2 http://archive.ubuntu.com/ubuntu xenial InRelease [247 kB]

            ～ 省略 ～

Processing triggers for libc-bin (2.23-0ubuntu10) ...
Processing triggers for sgml-base (1.26+nmu4ubuntu1) ...
Processing triggers for systemd (229-4ubuntu21) ...
```

インストールが終わったら、インストールしたphpのバージョンを確認します。

コマンド2-2-2-6

```
root@bc7a012a9726:/# php --version
PHP 7.0.25-0ubuntu0.16.04.1 (cli) ( NTS )
Copyright (c) 1997-2017 The PHP Group
Zend Engine v3.0.0, Copyright (c) 1998-2017 Zend Technologies
with Zend OPcache v7.0.25-0ubuntu0.16.04.1, Copyright (c) 1999-2017, by Zend
Technologies
```

最後にコンテナから抜けるためにexitをします。

コマンド2-2-2-7

```
root@bc7a012a9726:/# exit
exit
```

03 Dockerコンテナの状態からイメージを作成する**commit**を実行します。

これで**ubuntu 16.04**に**php7**をインストールした新たなイメージが作成されました。コマンドにより出力されるのは新規に作成された新しいDockerイメージのIDです。

コマンド2-2-2-8

```
$ docker commit bc7a012a9726
sha256:h62e90d929cec76ab205ee685563c491c8e45ef593f2fa7e1d49eca2fe0e1f2c
```

04 Dockerのイメージにタグをつけます。

コマンド2-2-2-9

```
$ docker tag b62e90d929ce sampledocker1234/ubuntu_with_php:1_0
```

タグが正常に付与されたことを確認します。

コマンド2-2-2 10

```
$ docker images
REPOSITORY                        TAG      IMAGE ID       CREATED
SIZE
sampledocker1234/ubuntu_with_php  1_0      b62e90d929ce   3 minutes ago
211MB
ubuntu                            16.04    0458a4468cbc   3 weeks ago
112MB
```

作成したイメージをファイルに出力して、一度手元から消した後にファイルを読み込んで復元

次の5つのステップでこのユースケースを実現します。

01 Dockerイメージをファイルに保存するために**save**コマンドを実行します。

コマンド 2-2-2-11

```
$ docker save -o /tmp/ubuntu_with_php_1_0 sampledocker1234/ubuntu_with_php:1_0
```

02 一度Dockerイメージを削除するために**rmi**コマンドを実行します。

コマンド 2-2-2-12

```
$ docker rmi sampledocker1234/ubuntu_with_php:1_0
Untagged: sampledocker1234/ubuntu_with_php:1_0
Untagged: sampledocker1234/ubuntu_with_php@sha256:932770973d1a246eeef13029b8a7793c7121b
be435b7c0257f91ff0af87dff27
Deleted: sha256:b62e90d929cec76ab205ee685563c491c8e45ef593f2fa7e1d49eca2fe0e1f2c
Deleted: sha256:2aa8f37debf0f4e22a28d2b93c67607b7077ee082e46057dbf891c34afc49baa
```

03 Dockerイメージが削除されたことを確認するために**images**コマンドを実行します。

コマンド 2-2-2-13

```
$ docker images
REPOSITORY          TAG         IMAGE ID         CREATED         SIZE
ubuntu              16.04       0458a4468cbc     3 weeks ago     112MB
```

04 Dockerイメージをファイルから読み込むために**load**コマンドを実行します。

コマンド 2-2-2-14

```
$ docker load < /tmp/ubuntu_with_php_1_0
b139c4009c8a: Loading layer  99.39MB/99.39MB
Loaded image: sampledocker1234/ubuntu_with_php:1_0
```

05 Dockerイメージが復元されたことを確認するために**images**コマンドを実行します。

コマンド2-2-2-15

```
$ docker images
REPOSITORY                             TAG          IMAGE ID        CREATED
SIZE
sampledocker1234/ubuntu_with_php       1_0          b62e90d929ce    44 minutes
ago     209MB
ubuntu                                 16.04        0458a4468cbc    3 weeks ago
112MB
```

ローカルのファイルをコンテナにコピー、逆にコンテナのファイルをローカルにコピーする

次の3つのステップでこのユースケースを実現します。

01 ローカルマシンのファイルをDockerコンテナにコピーするために**cp**コマンドを実行します。

コマンド2-2-2-16

```
$ touch samplefile
$ docker cp samplefile bc7a012a9726:/
```

02 ファイルのコピーに成功したかを確認するために**exec**コマンドを実行します。

コマンド2-2-2-17

```
$ docker exec bc7a012a9726 bash -c 'ls -al /'
total 72
drwxr-xr-x  41 root root   4096 Feb 17 05:58 .
drwxr-xr-x  41 root root   4096 Feb 17 05:58 ..
-rwxr-xr-x   1 root root      0 Feb 17 04:55 .dockerenv
drwxr-xr-x   2 root root   4096 Feb 17 05:03 bin
drwxr-xr-x   2 root root   4096 Apr 12  2016 boot
drwxr-xr-x   5 root root    360 Feb 17 04:55 dev
drwxr-xr-x  62 root root   4096 Feb 17 05:03 etc
drwxr-xr-x   2 root root   4096 Apr 12  2016 home
drwxr-xr-x  10 root root   4096 Feb 17 05:03 lib
drwxr-xr-x   2 root root   4096 Jan 23 22:49 lib64
drwxr-xr-x   2 root root   4096 Jan 23 22:49 media
drwxr-xr-x   2 root root   4096 Jan 23 22:49 mnt
drwxr-xr-x   2 root root   4096 Jan 23 22:49 opt
dr-xr-xr-x 152 root root      0 Feb 17 04:55 proc
drwx------   2 root root   4096 Feb 17 04:59 root
```

```
drwxr-xr-x   6 root root   4096 Jan 23 22:49 run
-rw-r--r--   1 501 dialout    0 Feb 17 05:58 samplefile
drwxr-xr-x   2 root root   4096 Jan 25 18:23 sbin
drwxr-xr-x   2 root root   4096 Jan 23 22:49 srv
dr-xr-xr-x  13 root root      0 Feb 17 04:55 sys
drwxrwxrwt   2 root root   4096 Feb 17 05:03 tmp
drwxr-xr-x  16 root root   4096 Feb 17 05:03 usr
drwxr-xr-x  16 root root   4096 Feb 17 05:03 var
```

03 Dockerコンテナのファイルをローカルマシンにコピーするために**cp**コマンドを実行します。

| コマンド2-2-2-18

```
$ docker cp bc7a012a9726:/samplefile /tmp/
(出力無し)
$ ls -al /tmp/
total 0
drwxrwxrwt  8 root   wheel   272   2 17 15:02 .
drwxr-xr-x@ 6 root   wheel   204   7 26  2017 ..
-rw-r--r--  1 saku   wheel     0   2 17 14:58 samplefile
```

コンテナの停止、起動、強制停止、削除

ここでは、コンテナの停止、起動、強制停止、削除のコマンドを説明します。

まず、Dockerコンテナを停止する場合は**stop**コマンドを使用します。

| コマンド2-2-2-19

```
$ docker stop bc7a012a9726
bc7a012a9726
```

停止したかどうかを確認する場合は**ps**コマンドを使用してみます。

その際、**-a**オプションをつけることで停止状態のコンテナも含め全て表示されます。オプションがない場合には起動状態のコンテナだけが表示されます。

コマンド2-2-2-20

```
$ docker ps -a
CONTAINER ID        IMAGE               COMMAND             CREATED             STATUS
PORTS               NAMES
bc7a012a9726        ubuntu:16.04        "bash"              About an hour ago   Exited (0) 23
seconds ago                             boring_rosalind
```

今度は、Dockerコンテナを起動する場合は**start**コマンドを使用します。

コマンド2-2-2-21

```
$ docker start bc7a012a9726
bc7a012a9726
```

先ほどと同様にスタートできたかを確認するために先ほど解説した**ps**コマンドを使用してみます。

コマンド2-2-2-22

```
$ docker ps
CONTAINER ID        IMAGE               COMMAND             CREATED             STATUS
PORTS               NAMES
bc7a012a9726        ubuntu:16.04        "bash"              About an hour ago   Up 11 seconds
boring_rosalind
```

問題なく起動できたことが分かります。

今度はDockerコンテナを強制停止するために**kill**コマンドを使用してみます。

コマンド2-2-2-23

```
$ docker kill bc7a012a9726
bc7a012a9726
```

これも他と同様に**ps**コマンドで確認してみます。

コマンド2-2-2-24

```
$ docker ps -a
CONTAINER ID        IMAGE               COMMAND             CREATED             STATUS
PORTS               NAMES
bc7a012a9726        ubuntu:16.04        "bash"              About an hour ago   Exited (137) 9
seconds ago                             boring_rosalind
```

Chapter 2 | Dockerの基本的な使い方

最後にDockerコンテナを削除するために**rm**コマンドを使用してみます。

コマンド 2-2-2-25

```
$ docker rm bc7a012a9726
bc7a012a9726
```

これも他と同様に**ps**コマンドで確認してみます。

コマンド 2-2-2-26

```
$ docker ps -a
CONTAINER ID      IMAGE           COMMAND         CREATED         STATUS
PORTS             NAMES
```

2-3

Dockerfileでオリジナルの
Dockerイメージを作成する

前節ではDockerコマンドの基本的なユースケースから各コマンドを実行してdockerに触れてもらいました。仮想マシンに比べ遥かに素早くインスタンス（コンテナ）が起動し、動作していることを実感していただいたと思います。

Dockerでは公開されている既存のイメージから自分に必要なカスタマイズを行い拡張したイメージを容易に作成することができます。前節では「ubuntu 16.04のコンテナのターミナルを起動してphpをインストールして、新しいイメージを作成する」の中で**docker commit**によるコンテナのイメージ拡張のユースケースをとりあげましたが、コンテナのセットアップではもっと多くのツールをインストールしたり、条件に応じたコマンド実行など多種多様なことを行いたいといったニーズがありますが**docker commit**でやるには煩雑となってしまいます。

そのためdockerには**docker build**コマンドという、**Dockerfile**というファイルで定義した一連の手続きを実行してコンテナイメージを作成できる仕組みが存在します。

本節では**docker build**コマンドと**Dockerfile**について学んでいきましょう。

2-3-1 Dockerfileとは

Dockerイメージは**Dockerfile**というファイルを作成し、それを**build**コマンドで読み込ませることによりイメージにすることができます（**build**コマンドの-fオプションの指定によって**Dockerfile**以外のファイル名でもDockerfileとして扱うことができます）。

DockerfileにはベースとなるDockerイメージの指定に始まり、必要なパッケージのインストール、ファイルやディレクトリのコンテナ内へのコピー、ユーザアカウントの作成や任意のコマンドの実行などを記述していきます。そのため**Dockerfile**を見ればどんなDockerイメージが作成されるのかが可視化され、さらにGithubなどのバージョン管理ツールと合わせて使うことでどのような改変がされてきたかもわかるため、「このサーバーはどうやって作られたのか?」といった疑問や、「サーバーにはあのツールのバージョンいくつをインストールしているのか?」といった疑問を解消することができます。

Chapter 2 | Dockerの基本的な使い方

2-3-2 Dockerfileで使えるコマンド

まずはDockerfileでどのようなコマンドが使用できるかについて代表的なコマンドを解説します。
より詳細な説明は次節で行います。

本書では**Dockerfile**を書くうえでよく使う命令について取り上げて説明しますが、全てを紹介できてはいません。
ここに記載されていないコマンドおよび最新情報については下記のドキュメントを参照してください。

https://docs.docker.com/engine/reference/builder/

コマンド	意味
FROM	ベースとなるDockerイメージを指定するコマンド
ENV	環境変数を設定するためのコマンド
ARG	buildをする際に利用できる引数を定義するコマンド デフォルト値を持つこともできる buildコマンドからは--build-argsオプションにより利用する
LABEL	Dockerイメージにメタデータを付与するためのコマンド versionやdescriptionなどの記述を入れることもしばしば MAINTAINERコマンドが廃止されてからはこのコマンドが使われるようになった
RUN	shellの実行を行うためのコマンド
SHELL	デフォルトのshellコマンドを設定するためのコマンド
WORKDIR	基点となるディレクトリを変更するためのコマンド この設定を行うと、RUN、CMD、ENTRYPOINT、COPY、ADDのコマンドで相対パスが使われたときにはそのディレクトリを基点として解釈することになる
ADD	ファイルやディレクトリおよび指定されたURLリソースをコンテナの指定されたパスに対してコピーするコマンド 圧縮形式 (tar, gzip, bzip2, xz) のファイルの場合には解凍されてコピーされる
COPY	ファイルやディレクトリおよび指定されたURLリソースをコンテナの指定されたパスに対してコピーするコマンド ADDと異なり圧縮形式のファイルの場合には解凍されずにコピーされる
EXPOSE	コンテナがlistenするポート番号を明示するためのコマンド あくまで明示的に宣言するだけで実際に宣言しないとポートが開かれないわけではない ただし実行時には正しく-pオプションにてdockerホストとのポートを接続する必要はある
ENTRYPOINT	コンテナ起動時に実行するコマンドを指定するコマンド
CMD	ENTRYPOINTと同じくコンテナ起動時に実行するコマンドを指定するコマンド ENTRYPOINTと併用したときにはデフォルトのパラメータの設定としてふるまう

2-3-3 Dockerfileで使えるコマンドの詳細

本節では上記の各種コマンドについてもう少しだけ細かい説明と共に説明をしていきます。より詳細な説明は公式のドキュメントページをご覧ください。

https://docs.docker.com/engine/reference/builder/

また本節の例として登場するDockerfileはサンプルコードの Chapter02/Dockerfile というディレクトリの中に全て入っています。本節のコマンド例は全てその Chapter02/Dockerfile というディレクトリパス上にいるものと仮定して実行していますのでご注意ください。
たとえば、次のFROMの例では下記のように実行する必要があります。

コマンド2-3-3-1

```
$ cd /path/to/Chapter02/Dockerfile
$ docker build -f from/Dockerfile_simple -t build:from_simple .
```

FROM

FROMコマンドはベースとなるDockerイメージを指定します。Dockerfileでは基本的に最初にこのコマンドから始まります。(ARGは例外)

書き方は以下の3通りとなります。

1. FROM <image> [AS <name>]
2. FROM <image>[:<tag>] [AS <name>]
3. FROM <image>[@<digest>] [AS <name>]

imageはDockerイメージを指し、**name**は別の章で説明するマルチステージングDockerにおける一時的な名前となります。2の記述における**tag**はイメージのタグとなり、1のように省略された場合にはlatestのtag名がデフォルトで解釈されます。
3の記述における**digest**はtagともイメージIDとも異なるものです。
Dockerイメージのtagはあくまで開発者自身がつけた名前であって、内容が変わっても気づけないものですがdigestはイメージの内容まで完全に同一であることを保証したい時に使えます。**digest**の値は**docker images --digest**コマンドを実行すると表示され、**この値はDockerレジストリに対してpushされているものにしか付与されていません。**そのため、手元で**build**したばかりのイメージには**digest**は付与されません。
いくつかのユースケースとサンプルと一緒に試していきましょう。

Chapter 2 | Dockerの基本的な使い方

イメージ名だけを指定したFROM

まずはこのようなDockerfileを用意します（Chapter02/Dockerfile/from/Dockerfile_simpleを参照）。

データ2-3-3-1：Dockerfile_simple

```
FROM ubuntu

RUN echo foo
RUN echo bar
```

次にビルドを行います。**docker buildの-f**オプションはDockerfileを別名で指定するオプション、**-t**は**build**完了後に作成されるイメージ名（と**tag**名）を指定するオプションです。

コマンド2-3-3-2

```
$ docker build -f from/Dockerfile_simple -t build:from_simple .
Sending build context to Docker daemon  32.26kB
Step 1/3 : FROM ubuntu
latest: Pulling from library/ubuntu
1be7f2b886e8: Pull complete
6fbc4a21b806: Pull complete
c71a6f8e1378: Pull complete
4be3072e5a37: Pull complete
06c6d2f59700: Pull complete
Digest: sha256:e27e9d7f7f28d67aa9e2d7540bdc2b33254b452ee8e60f388875e5b7d9b2b696
Status: Downloaded newer image for ubuntu:latest
 ---> 0458a4468cbc
Step 2/3 : RUN echo foo
 ---> Running in 04deaba735d5
foo
Removing intermediate container 04deaba735d5
 ---> cb83c634777f
Step 3/3 : RUN echo bar
 ---> Running in cb5240c9af38
bar
Removing intermediate container cb5240c9af38
 ---> 7b19bebf4a71
Successfully built 7b19bebf4a71
Successfully tagged build:from_simple
```

上記の出力にもありますが、**tag**も**digest**も指定しなかった場合には**latest**というタグ名が解決されているのがわかります。**docker images**コマンドでイメージを確認してみましょう。

056

コマンド2-3-3-3

```
$ docker images
REPOSITORY          TAG              IMAGE ID          CREATED            SIZE
build               from_simple      7b19bebf4a71      10 minutes ago     112MB
build               from_tag         7b19bebf4a71      10 minutes ago     112MB
ubuntu              latest           0458a4468cbc      3 weeks ago        112MB
```

build:from_simpleイメージが作成されたのが確認できました。

tag名を指定したFROM

今度は**tag**を指定して**docker build**をします。

下記のような**Dockerfile**を作成します（Chapter02/Dockerfile/from/Dockerfile_tagを参照）。

データ2-3-3-2：Dockerfile_tag

```
FROM ubuntu:latest

RUN echo foo
RUN echo bar
```

先ほどと同様にbuildを実行します。

コマンド2-3-3-4

```
$ docker build -f from/Dockerfile_tag -t build:from_tag .
Sending build context to Docker daemon  32.26kB
Step 1/3 : FROM ubuntu:latest
 ---> 0458a4468cbc
Step 2/3 : RUN echo foo
 ---> Using cache
 ---> cb83c634777f
Step 3/3 : RUN echo bar
 ---> Using cache
 ---> 7b19bebf4a71
Successfully built 7b19bebf4a71
Successfully tagged build:from_tag
```

docker imagesコマンドでイメージを確認してみましょう。

コマンド 2-3-3-5

```
$ docker images
REPOSITORY          TAG                 IMAGE ID            CREATED             SIZE
build               from_simple         7b19bebf4a71        10 minutes ago      112MB
build               from_tag            7b19bebf4a71        10 minutes ago      112MB
ubuntu              latest              0458a4468cbc        3 weeks ago         112MB
```

書き方は違いますが、先ほど作成した**build:from_simple**と全く同じDockerfileの内容だったため同じイメージIDとなり、tag名だけが異なる**build:from_tag**ができたのがわかります。

digest名を指定したFROM

今度は**digest**を指定して**docker build**をします。下記のような**Dockerfile**を作成します（Chapter02/Dockerfile/from/Dockerfile_digestを参照）。

まずは**docker images --digests**コマンドで既存のイメージの**digest**を確認します。

コマンド 2-3-3-6

```
$ docker images --digests
REPOSITORY          TAG                 DIGEST
IMAGE ID            CREATED             SIZE
build               from_simple         <none>
7b19bebf4a71        14 minutes ago      112MB
build               from_tag            <none>
7b19bebf4a71        14 minutes ago      112MB
ubuntu              latest              sha256:e27e9d7f7f28d67aa9e2d7540bdc2b33254b452ee8e60f388
875e5b7d9b2b696     0458a4468cbc        3 weeks ago             112MB
```

まだDockerレジストリにpushされていない**build:from_simple**と**build:from_tag**とイメージは**digest**を持たず、Dockerレジストリから取得した**ubuntu:latest**には**digest**を持っていることがわかります。今回はこの**digest**値を指定していきます。

データ 2-3-3-3：Dockerfile_digest

```
FROM ubuntu@sha256:e27e9d7f7f28d67aa9e2d7540bdc2b33254b452ee8e60f388875e5b7d9b2b696

RUN echo foo
RUN echo bar
```

先ほどと同様にbuildを実行します。

コマンド2-3-3-7

```
$ docker build -f from/Dockerfile_digest -t build:from_digest .
Sending build context to Docker daemon  32.26kB
Step 1/3 : FROM ubuntu@sha256:e27e9d7f7f28d67aa9e2d7540bdc2b33254b452ee8e60f388875e5b7d9b2b696
 ---> 0458a4468cbc
Step 2/3 : RUN echo foo
 ---> Using cache
 ---> cb83c634777f
Step 3/3 : RUN echo bar
 ---> Using cache
 ---> 7b19bebf4a71
Successfully built 7b19bebf4a71
Successfully tagged build:from_digest
```

docker imagesコマンドでイメージを確認してみましょう。

全く同じイメージIDの新しいイメージ**build:from_digest**が作成されているのがわかります。

コマンド2-3-3-8

```
REPOSITORY          TAG                 IMAGE ID            CREATED             SIZE
build               from_digest         7b19bebf4a71        17 minutes ago      112MB
build               from_simple         7b19bebf4a71        17 minutes ago      112MB
build               from_tag            7b19bebf4a71        17 minutes ago      112MB
ubuntu              latest              0458a4468cbc        3 weeks ago         112MB
```

multi stage機能について

multi stage機能はバージョン17.05以降に追加された新機能です。
これは1つのDockerfile内に複数のFROMで指定したDockerイメージのbuildを可能にします。
後述するCOPYコマンドを使うと複数のイメージ間におけるイメージ内のファイルコピーが可能になるため、
たとえばビルド環境と実行環境とで異なる構成で済むDockerイメージの軽量化などを実現することが可能と
なります。たとえば、JavaではビルドにはJDK (Java Development Kit)が必要になりますが、最終的
に実行する環境ではJRE (Java Runtime Edition)があれば問題ないことが多いです。
JREはJDKと比較して必要となる容量が少ないため、multi stage機能を利用することでDockerイメージ
を軽量化することができます。
実際にJDKとJREのダウンロードページを見ると両者のファイルサイズがわかりますが、JREはJDKに比べ
て小さいサイズであることがわかります。

JDKダウンロードページ (リンクはJava SE Development Kit 9.0.4のもの)
http://www.oracle.com/technetwork/java/javase/downloads/jdk9-downloads-3848520.html

JREダウンロードページ (リンクはJava SE Runtime Environment 9.0.4のもの)
http://www.oracle.com/technetwork/java/javase/downloads/jre9-downloads-3848532.html

ENV

ENVはコンテナに環境変数を設定するための命令です。

書き方は以下の2通りとなります。

1. ENV <key> <value>
2. ENV <key>=<value> ...

2番目の書き方にある...は複数同時指定が可能という意味合いです。

それではサンプルと合わせて使い方を見ていきましょう。

1個ずつ指定する方法

Dockerfile_firstを用意します（Chapter02/Dockerfile/env/Dockerfile_firstを参照）。

データ2-3-3-4：Dockerfile_first

```
FROM ubuntu

ENV myName John Doe
ENV myDog Rex The Dog
ENV myCat fluffy

RUN echo "$myName, $myDog, $myCat"
```

それはでbuildしてみましょう。

コマンド2-3-3-9

```
$ docker build -f env/Dockerfile_first -t build:env_first .
Sending build context to Docker daemon  41.98kB
Step 1/5 : FROM ubuntu
 ---> 0458a4468cbc
Step 2/5 : ENV myName John Doe
 ---> Running in 2a22fe8752a3
Removing intermediate container 2a22fe8752a3
 ---> 4182dadad8d6
Step 3/5 : ENV myDog Rex The Dog
 ---> Running in 33e06946ea16
Removing intermediate container 33e06946ea16
 ---> b736987dfe2b
Step 4/5 : ENV myCat fluffy
 ---> Running in 81aa312ab58c
```

```
Removing intermediate container 81aa312ab58c
 ---> 978393b18675
Step 5/5 : RUN echo "$myName, $myDog, $myCat"
 ---> Running in 069487162c12
John Doe, Rex The Dog, fluffy
Removing intermediate container 069487162c12
 ---> bd0aef294e08
Successfully built bd0aef294e08
Successfully tagged build:env_first
```

step 5/5の箇所でechoしていますが、設定した環境変数が正しく表示されています。

まとめて環境変数を設定

Dockerfile_secondを用意します（Chapter02/Dockerfile/env/Dockerfile_secondを参照）。

データ2-3-3-5：Dockerfile_second

```
FROM ubuntu
ENV myName="John Doe" myDog=Rex\ The\ Dog \
    myCat=fluffy

RUN echo "$myName, $myDog, $myCat"
```

先ほどと同じようにbuildしてみます。

コマンド2-3-3-10

```
$ docker build -f env/Dockerfile_second -t build:env_second .
Sending build context to Docker daemon  41.98kB
Step 1/3 : FROM ubuntu
 ---> 0458a4468cbc
Step 2/3 : ENV myName="John Doe" myDog=Rex\ The\ Dog     myCat=fluffy
 ---> Running in e28d44e20e1f
Removing intermediate container e28d44e20e1f
 ---> bfa2e6c27a70
Step 3/3 : RUN echo "$myName, $myDog, $myCat"
 ---> Running in 20b07937921d
John Doe, Rex The Dog, fluffy
Removing intermediate container 20b07937921d
 ---> 8303a239d6cb
Successfully built 8303a239d6cb
Successfully tagged build:env_second
```

step 3/3の箇所でechoしていますが、同じく設定した環境変数が正しく表示されています。

Chapter 2 | Dockerの基本的な使い方

その他の注意点

ENVで設定した値ですが、docker historyコマンドでイメージの履歴を表示することで内容を見ることができます（docker history --no-truncコマンドを使うことで全文表示もできてしまいます）。**そのためパスワードなどの秘密情報は書き込まないよう注意しましょう。**

コマンド2-3-3-11

```
$ docker history build:env_second
IMAGE            CREATED          CREATED BY                                          SIZE
COMMENT
8303a239d6cb     4 minutes ago    /bin/sh -c echo "$myName, $myDog, $myCat"           0B
bfa2e6c27a70     4 minutes ago    /bin/sh -c #(nop)  ENV myName=John Doe myDog…0B
0458a4468cbc     3 weeks ago      /bin/sh -c #(nop)  CMD ["/bin/bash"]                0B
<missing>        3 weeks ago      /bin/sh -c mkdir -p /run/systemd && echo 'do…7B
<missing>        3 weeks ago      /bin/sh -c sed -i 's/^#\s*\(deb.*universe\)$…2.76kB
<missing>        3 weeks ago      /bin/sh -c rm -rf /var/lib/apt/lists/*              0B
<missing>        3 weeks ago      /bin/sh -c set -xe   && echo '#!/bin/sh' > /…745B
<missing>        3 weeks ago      /bin/sh -c #(nop) ADD file:a3344b835ea6fdc56…112MB
```

LABEL

LABELはDockerイメージにメタデータを付与するためのコマンドです。**MAINTAINER**コマンドが廃止されてからこのコマンドが使われるようになりました。会社の開発組織においてDockerイメージを作成する場合には、**MAINTAINER**情報がイメージに存在すると問い合わせ先を明示できるため積極的に活用していくことを推奨します。書き方は以下の通りとなります。

LABEL <key>=<value> <key>=<value> <key>=<value> …

それではさっそく使ってみましょう（Chapter02/Dockerfile/label/Dockerfileを参照）。

データ2-3-3-6：Dockerfile

```
FROM ubuntu:16.04
LABEL maintainer="Image maintainer team <hogehoge@example.com>"
```

062

今までと同様にbuildします。

コマンド2-3-3-12

```
$ docker build -f label/Dockerfile -t build:label .
Sending build context to Docker daemon  49.15kB
Step 1/2 : FROM ubuntu:16.04
 ---> 0458a4468cbc
Step 2/2 : LABEL maintainer="Image maintainer team <hogehoge@example.com>"
 ---> Running in bde2767e5d89
Removing intermediate container bde2767e5d89
 ---> 8f9b00e38f25
Successfully built 8f9b00e38f25
Successfully tagged build:label
```

Step 2/2でLABELが設定されました。LABELが正しくイメージに設定されたかを確認するには**docker inspect**コマンドを使用します。このコマンドはDockerイメージの詳細について調べるためのコマンドです。

コマンド2-3-3-13

```
$ docker inspect build:label
[
    {
        "Id": "sha256:8f9b00e38f25bbcbbfa0adde935271765e09ebd351fb13c4a36c4db83e22ce8a",
        "RepoTags": [
            "build:label"
        ],
        "RepoDigests": [],
        "Parent": "sha256:0458a4468cbceea0c304de953305b059803f67693bad463dcbe7cce2c91ba670",
        "Comment": "",
        "Created": "2018-02-18T07:00:16.126920153Z",
        "Container": "bde2767e5d89567c2f3d8ac1688039ba3c6cfc0287c821a09aaf539bff039165",
        "ContainerConfig": {
            "Hostname": "bde2767e5d89",
            "Domainname": "",
            "User": "",
            "AttachStdin": false,
            "AttachStdout": false,
            "AttachStderr": false,
            "Tty": false,
            "OpenStdin": false,
            "StdinOnce": false,
            "Env": [
                "PATH=/usr/local/sbin:/usr/local/bin:/usr/sbin:/usr/bin:/sbin:/bin"
            ],
            "Cmd": [
                "/bin/sh",
```

```
                "-c",
                "#(nop) ",
                "LABEL maintainer=Image maintainer team <hogehoge@example.com>"
            ],
            "ArgsEscaped": true,
            "Image": "sha256:0458a4468cbceea0c304de953305b059803f67693bad463dcbe7cce2c91ba670",
            "Volumes": null,
            "WorkingDir": "",
            "Entrypoint": null,
            "OnBuild": null,
            "Labels": {
                "maintainer": "Image maintainer team <hogehoge@example.com>"
            }
        },
        "DockerVersion": "18.02.0-ce",
        "Author": "",
        "Config": {
            "Hostname": "",
            "Domainname": "",
            "User": "",
            "AttachStdin": false,
            "AttachStdout": false,
            "AttachStderr": false,
            "Tty": false,
            "OpenStdin": false,
            "StdinOnce": false,
            "Env": [
                "PATH=/usr/local/sbin:/usr/local/bin:/usr/sbin:/usr/bin:/sbin:/bin"
            ],
            "Cmd": [
                "/bin/bash"
            ],
            "ArgsEscaped": true,
            "Image": "sha256:0458a4468cbceea0c304de953305b059803f67693bad463dcbe7cce2c91ba670",
            "Volumes": null,
            "WorkingDir": "",
            "Entrypoint": null,
            "OnBuild": null,
            "Labels": {
                "maintainer": "Image maintainer team <hogehoge@example.com>"
            }
        },
        "Architecture": "amd64",
        "Os": "linux",
        "Size": 111707033,
        "VirtualSize": 111707033,
        "GraphDriver": {
            "Data": null,
            "Name": "aufs"
```

```
        },
        "RootFS": {
            "Type": "layers",
            "Layers": [
                "sha256:ff986b10a018b48074e6d3a68b39aad8ccc002cdad912d4148c0f92b3729323e",
                "sha256:9c7183e0ea88b265d83708dfe5b9189c4e12f9a1d8c3e5bce7f286417653f9b7",
                "sha256:c98ef191df4b42c3fd5155d23385e75ee59707c6a448dfc6c8e4e9c005a3df11",
                "sha256:92914665e7f61f8f19b56bf7983a2b3758cb617bef498b37adb80899e8b86e32",
                "sha256:6f4ce6b888495c7c9bd4a0ac124b039d986a3b18250fa873d11d13b42f6a79f4"
            ]
        },
        "Metadata": {
            "LastTagTime": "2018-02-18T07:00:16.136241827Z"
        }
    }
]
```

Labelsのところに指定した内容が記述されていることがわかります。

RUN

RUNはshellの実行を行うためのコマンドです。 主にこのコマンドによって、コンテナのセットアップをしていくことになります。

書き方は以下の2通りです。

1. RUN <command> (shell form)
2. RUN ["executable", "param1", "param2"] (exec form)

1の**shell form**と呼ばれる記法はその名の通り**SHELL**の値に基づいたコマンドによって実行されます。
具体的には**Linux**の場合には**/bin/sh -c**で実行され、Windowsにおいては**cmd /S /C**として実行されることが多いです。
2の**exec form**と呼ばれる記法はSHELLの値とは無関係に実行可能コマンドを直接実行することを意味します。
shell formと**exec form**の大きな違いは次の2点です。

・shell formはSHELLの設定により実行され、**exec form**は**executable**に指定されたコマンドが実行される
・環境変数の展開について

この説明だけではわかりにくいと思いますので具体例を交えてみましょう。

065

shell formはSHELLの設定により実行され、exec formはexecutableに指定されたコマンドが実行される

下記のようなDockerfileを用意します（Chapter02/Dockerfile/run/shell/Dockerfile_with_errorを参照）。

データ2-3-3-7：Dockerfile_with_error

```
FROM ubuntu:16.04
RUN FOO=(`ls`); echo $FOO
```

上記のDockerfileをもとにbuildを実行します。

コマンド2-3-3-14

```
$ docker build -f run/shell/Dockerfile_with_error -t build:run_shell_with_error .
Sending build context to Docker daemon  51.2kB
Step 1/2 : FROM ubuntu:16.04
 ---> 0458a4468cbc
Step 2/2 : RUN FOO=(`ls`); echo $FOO
 ---> Running in ecaab23b6311
/bin/sh: 1: Syntax error: "(" unexpected
The command '/bin/sh -c FOO=(`ls`); echo $FOO' returned a non-zero code: 2
```

するとStep 2/2の箇所でエラーが発生します。これは**ubuntu**における**/bin/sh**が実際にはdashとなっており（詳細はhttps://wiki.ubuntu.com/DashAsBinSh）、**dash**では**()**という表現を受け付けないためにエラーが発生します。

次に、下記のようなDockerfileを用意します（Chapter02/Dockerfile/run/shell/Dockerfile_successを参照）。

データ2-3-3-8：Dockerfile_success

```
FROM ubuntu:16.04
RUN ["/bin/bash", "-c", "FOO=(`ls`); echo $FOO"]
```

このファイルを使ってbuildしてみます。

コマンド2-3-3-15

```
$ docker build -f run/shell/Dockerfile_success -t build:run_shell_success .
Sending build context to Docker daemon   51.2kB
Step 1/2 : FROM ubuntu:16.04
 ---> 0458a4468cbc
Step 2/2 : RUN ["/bin/bash", "-c", "FOO=(`ls`); echo $FOO"]
 ---> Running in da5ddc6b0805
bin
Removing intermediate container da5ddc6b0805
 ---> 6ade27d889dc
Successfully built 6ade27d889dc
Successfully tagged build:run_success
```

今度はbuildに成功し、FOOに入れた変数が下記のように表示されます。

コマンド2-3-3-16

```
Step 2/2 : RUN ["/bin/bash", "-c", "FOO=(`ls`); echo $FOO"]
 ---> Running in da5ddc6b0805
bin
Removing intermediate container da5ddc6b0805
 ---> 6ade27d889dc
```

shell formとexec formの環境変数の展開

環境変数の展開の仕方がshell formの場合とexec formの場合で異なります。

具体的な例を交えて見ていきましょう(Chapter02/Dockerfile/run/env/Dockerfileを参照)。

データ2-3-3-9：Dockerfile

```
# 1. set environment variable.
ENV HOGE hoge

# 2. echo by "shell form".
RUN echo $HOGE

# 3. echo by "exec form", without shell.
RUN ["echo", "$HOGE"]

# 4. echo by "exec form", with shell.
RUN ["/bin/sh", "-c", "echo $HOGE"]
```

Chapter 2 | Dockerの基本的な使い方

buildして出力を確認してみましょう。

コマンド 2-3-3-17

```
$ docker build -f run/env/Dockerfile -t build:run_env ./run/env/
Sending build context to Docker daemon  2.048kB
Step 1/5 : FROM ubuntu:16.04
 ---> 0458a4468cbc
Step 2/5 : ENV HOGE hoge ─────────────── ①
 ---> Running in c8442a98b97a
Removing intermediate container c8442a98b97a
 ---> 1bba736ab25e
Step 3/5 : RUN echo $HOGE ─────────────── ②
 ---> Running in c920bfbdff90
hoge
Removing intermediate container c920bfbdff90
 ---> b93f9aa1dfff
Step 4/5 : RUN ["echo", "$HOGE"] ─────────────── ③
 ---> Running in 749a4d7c7296
$HOGE
Removing intermediate container 749a4d7c7296
 ---> 5126cd207c7e
Step 5/5 : RUN ["/bin/sh", "-c", "echo $HOGE"] ───────── ④
 ---> Running in 5fa5998d7633
hoge
Removing intermediate container 5fa5998d7633
 ---> 1028269c4679
Successfully built 1028269c4679
Successfully tagged build:run_env
```

Dockerfileと合わせて解説をしていきます。

①のブロック (# 1. set environment variable.) では**ENV**コマンドで環境変数**HOGE**を設定しました。

次の②のブロック (# 2. echo by "shell form".) では**shell form**にて**echo $HOGE**を実行し、環境変数**HOGE**が展開されて下記のように**hoge**が出力されています。

コマンド 2-3-3-18：コマンド 2-3-3-17の一部

```
Step 3/5 : RUN echo $HOGE
 ---> Running in c920bfbdff90
hoge
Removing intermediate container c920bfbdff90
 ---> b93f9aa1dfff
```

次の③のブロック（# 3. echo by "exec form", without shell.）では**exec form**にて**echo $HOGE**が実行されています。

先ほどと異なり環境変数HOGEは展開されずに**$HOGE**と出力されています。

コマンド2-3-3-19：コマンド2-3-3-17の一部

```
Step 4/5 : RUN ["echo", "$HOGE"]
 ---> Running in 749a4d7c7296
$HOGE
Removing intermediate container 749a4d7c7296
 ---> 5126cd207c7e
```

次の④のブロック（# 4. echo by "exec form", with shell.）では**exec form**では**/bin/sh -c**をつけたうえで**echo $HOGE**を実行しています。

先ほどと異なり今後は環境変数が展開されています。

コマンド2-3-3-20：コマンド2-3-3-17の一部

```
Step 5/5 : RUN ["/bin/sh", "-c", "echo $HOGE"]
 ---> Running in 5fa5998d7633
hoge
Removing intermediate container 5fa5998d7633
 ---> 1028269c4679
```

これは公式ドキュメントの詳細にも記載されていますが、**exec form**で記載した場合にはコマンドシェル経由での実行ではなく、実行ファイルを直接実行するためです。

https://docs.docker.com/engine/reference/builder/#run

以下、抜粋した内容です。

データ2-3-3-10：https://docs.docker.com/engine/reference/builder/#run

```
Note: Unlike the shell form, the exec form does not invoke a command shell.
This means that normal shell processing does not happen.
For example, RUN [ "echo", "$HOME" ] will not do variable substitution on $HOME.
If you want shell processing then either use the shell form or execute a shell directly, for
example: RUN [ "sh", "-c", "echo $HOME" ].
When using the exec form and executing a shell directly, as in the case for the shell form, it
is the shell that is doing the environment variable expansion, not docker.
```

Chapter 2 | Dockerの基本的な使い方

これは**docker history**コマンドでどのように解釈されているかを確認するとわかりやすいです。

コマンド2-3-3-21

```
$ docker history build:run_env
IMAGE           CREATED          CREATED BY                                        SIZE
COMMENT
1028269c4679    30 seconds ago   /bin/sh -c echo $HOGE                             0B
5126cd207c7e    30 seconds ago   echo $HOGE                                        0B
b93f9aa1dfff    30 seconds ago   /bin/sh -c echo $HOGE                             0B
1bba736ab25e    31 seconds ago   /bin/sh -c #(nop)  ENV HOGE=hoge                  0B
0458a4468cbc    4 weeks ago      /bin/sh -c #(nop)  CMD ["/bin/bash"]              0B
<missing>       4 weeks ago      /bin/sh -c mkdir -p /run/systemd && echo 'do…7B
<missing>       4 weeks ago      /bin/sh -c sed -i 's/^#\s*\(deb.*universe\)$…2.76kB
<missing>       4 weeks ago      /bin/sh -c rm -rf /var/lib/apt/lists/*            0B
<missing>       4 weeks ago      /bin/sh -c set -xe   && echo '#!/bin/sh' > /…745B
<missing>       4 weeks ago      /bin/sh -c #(nop) ADD file:a3344b835ea6fdc56…112MB
```

上記のイメージID **1028269c4679**はDockerfileの4番ブロック（# 4. echo by "exec form", with shell.）のexec formに該当しますが、**/bin/sh -c**経由で呼び出されています。

それに対してイメージID **5126cd207c7e**はDockerfileの3番ブロック（（# 3. echo by "exec form", without shell.））のexec formに該当しますが、直接**echo $HOGE**が実行されているため環境変数が展開されていない、ということです。

Dockerfileにおける**shell form**と**exec form**ではこの点に気をつけながら書いたほうが良いこともあるため、難解ではありますが覚えておくとよいでしょう。

SHELL

SHELLコマンドは**RUN**や**CMD**、**ENTRYPOINT**などで**shell form**が使われた際に使用されるコマンドを指定することができます。

書き方は次の通りとなります。

SHELL ["executable", "parameters"]

Linuxではデフォルトで**"/bin/sh", "-c"**が、Windowsでは**"cmd", "/S", "/C"**が指定されています。

先ほどの**RUN**の説明の際にエラーとなっていた**Dockerfile**を、**SHELL**コマンドを使って正しく動くように変えてみましょう（Chapter02/Dockerfile/shell/Dockerfileを参照）。

070

データ2-3-3-11：Dockerfile

```
FROM ubuntu:16.04
SHELL ["/bin/bash", "-c"]
RUN FOO=(`ls`); echo $FOO
```

さっそく**build**してみましょう。

コマンド2-3-3-22

```
$ docker build -f shell/Dockerfile -t build:shell .
Sending build context to Docker daemon  52.74kB
Step 1/3 : FROM ubuntu:16.04
 ---> 0458a4468cbc
Step 2/3 : SHELL ["/bin/bash", "-c"]
 ---> Running in 52da5aab91a6
Removing intermediate container 52da5aab91a6
 ---> 76ded71dd5f7
Step 3/3 : RUN FOO=(`ls`); echo $FOO
 ---> Running in 28bc537a3c01
bin
Removing intermediate container 28bc537a3c01
 ---> 9673a8b3d5e1
Successfully built 9673a8b3d5e1
Successfully tagged build:shell
```

今度は成功しましたね。

これは**ubuntu**のデフォルトの**/bin/sh**では**()**の記法がエラーになってしまうため、**SHELL**コマンドで明示的に
RUNの**shell form**で記載した際のコマンドを**/bin/bash -c**に変更したことで成功するようになったということです。

WORKDIR

RUN、**CMD**、**ENTRYPOINT**、**COPY**や**ADD**などの命令で相対パスを指定したときのディレクトリを変えることができます。

複数回記述した場合にはその度にディレクトリが変わり、各命令の直前に記述されたWORKDIRが有効となります。

書き方は以下の通りとなります。

WORKDIR /path/to/workdir

それではサンプルを交えてみていきましょう（Chapter02/Dockerfile/workdir/Dockerfileを参照）。

071

Chapter 2 | Dockerの基本的な使い方

┃ データ2-3-3-12：Dockerfile

```
FROM ubuntu:16.04
WORKDIR /a
WORKDIR b
WORKDIR c
RUN pwd
```

さっそく**build**してみましょう。

┃ コマンド2-3-3-23

```
$ docker build -f workdir/Dockerfile -t build:workdir .
Sending build context to Docker daemon  54.27kB
Step 1/5 : FROM ubuntu:16.04
 ---> 0458a4468cbc
Step 2/5 : WORKDIR /a
Removing intermediate container bde5f5f0b8d4
 ---> 4cf756178f28
Step 3/5 : WORKDIR b
Removing intermediate container abbc19561fd7
 ---> 9005ccba3b73
Step 4/5 : WORKDIR c
Removing intermediate container 4bdc4d158f39
 ---> d33814efa376
Step 5/5 : RUN pwd
 ---> Running in 5a556a8b9daa
/a/b/c
Removing intermediate container 5a556a8b9daa
 ---> dd68df4f8e75
Successfully built dd68df4f8e75
Successfully tagged build:workdir
```

最初の**WORKDIR**で**/a**というディレクトリに移動し、2つ目の**WORKDIR**で相対パスが指定されたため**/a**から新しく階層を掘り**/a/b**に移動します。

そして3つ目の**WORKDIR**でさらに**/a/b/c**のディレクトリに移動し、最終的な**pwd**コマンドの実行で**/a/b/c**が出力されたのです。

072

ADD

ADDコマンドはファイルやディレクトリおよび指定されたURLリソースをコンテナの指定されたパスに対してコピーすることができるコマンドです。

ADDコマンドは**tar**でarchiveしたファイルをunarchiveした状態でコピーします。tarファイルを圧縮しているファイル（gzip、bzip2、xz等の形式）のファイルの場合には解凍されてコピーされます。

追加先は相対パスの場合は直前の**WORKDIR**で指定した箇所を起点とした場所となり、絶対パスの場合は指定した絶対パスに追加されます。

書き方は以下の2通りです。

1. **ADD [--chown=<user>:<group>] <src>... <dest>**
2. **ADD [--chown=<user>:<group>] ["<src>",... "<dest>"]**

上記の--chownのオプションですが、公式ドキュメントにもあるとおり、これはLinuxコンテナのみでサポートされる機能となります。

https://docs.docker.com/engine/reference/builder/#add

サンプルを交えて動作を見ていきましょう。

下記のようなDockerfileを用意します（Chapter02/Dockerfile/add/Dockerfileを参照）。

データ2-3-3-13：Dockerfile

```
FROM ubuntu:16.04

# 1. Make work directory at first.
WORKDIR /add

# 2. Add normal file.
ADD ./files/not_archived_file .
RUN ls -al /add

# 3. Add remote resource to container.
ADD https://github.com/docker/docker-ce/blob/master/README.md .
RUN ls -al /add

# 4. Uncompress and unarchive tar files.
ADD ./files/tar_bzip2_file.tar.bzip2 ./files/tar_file.tar ./files/tar_file.tar ./files/tar_gz_
file.tar.gz ./files/tar_xz_file.tar.xz ./
RUN ls -al /add

# 5. NOT unarchive compressed files.
```

Chapter 2 | Dockerの基本的な使い方

```
ADD ./files/bzip2_file.bz2 ./files/gzip_file.gz ./files/xz_file.xz ./files/zip_file.zip ./
RUN ls -al /add

# 6. Add directory.
ADD ./files ./files
RUN ls -al /add/files
```

それでは**build**してみましょう。

コマンド2-3-3-24

```
$ docker build -f add/Dockerfile -t build:add ./add/
Sending build context to Docker daemon  13.82kB
Step 1/12 : FROM ubuntu:16.04
 ---> 0458a4468cbc
Step 2/12 : WORKDIR /add
 ---> Using cache
 ---> 255975dae366
Step 3/12 : ADD ./files/not_archived_file .
 ---> Using cache
 ---> 03a161dcab2b
Step 4/12 : RUN ls -al /add
 ---> Running in bf57998e1c82
total 8
drwxr-xr-x  2 root root 4096 Feb 24 07:18 .
drwxr-xr-x 36 root root 4096 Feb 24 08:02 ..
-rw-r--r--  1 root root    0 Feb 24 07:10 not_archived_file
Removing intermediate container bf57998e1c82
 ---> 89210a184b3e
Step 5/12 : ADD https://github.com/docker/docker-ce/blob/master/README.md .
Downloading  74.49kB
 ---> cdc0a1e5feee
Step 6/12 : RUN ls -al /add
 ---> Running in d919e6f951cf
total 84
drwxr-xr-x  2 root root  4096 Feb 24 08:02 .
drwxr-xr-x 37 root root  4096 Feb 24 08:02 ..
-rw-------  1 root root 74492 Jan  1  1970 README.md
-rw-r--r--  1 root root     0 Feb 24 07:10 not_archived_file
Removing intermediate container d919e6f951cf
 ---> 9a6cc181fc88
Step 7/12 : ADD ./files/tar_bzip2_file.tar.bzip2 ./files/tar_file.tar ./files/tar_file.tar ./
files/tar_gz_file.tar.gz ./files/tar_xz_file.tar.xz ./
 ---> 87ba19e6f613
Step 8/12 : RUN ls -al /add
 ---> Running in 5d9fbedf788e
total 100
drwxr-xr-x  2 root root     4096 Feb 24 08:02 .
```

```
drwxr-xr-x 38 root root     4096 Feb 24 08:02 ..
-rw-r--r-- 1 501 dialout   239 Feb 18 15:46 ._tar_bzip2_file
-rw-r--r-- 1 501 dialout   239 Feb 18 15:45 ._tar_file
-rw-r--r-- 1 501 dialout   239 Feb 18 15:46 ._tar_gz_file
-rw-r--r-- 1 501 dialout   239 Feb 18 15:46 ._tar_xz_file
-rw------- 1 root root    74492 Jan  1  1970 README.md
-rw-r--r-- 1 root root        0 Feb 24 07:10 not_archived_file
-rw-r--r-- 1 501 dialout     0 Feb 18 15:46 tar_bzip2_file
-rw-r--r-- 1 501 dialout     0 Feb 18 15:45 tar_file
-rw-r--r-- 1 501 dialout     0 Feb 18 15:46 tar_gz_file
-rw-r--r-- 1 501 dialout     0 Feb 18 15:46 tar_xz_file
Removing intermediate container 5d9fbedf788e
 ---> a457888573b4
Step 9/12 : ADD ./files/bzip2_file.bz2 ./files/gzip_file.gz ./files/xz_file.xz ./files/zip_file.
zip ./
 ---> 22beae2b9b46
Step 10/12 : RUN ls -al /add
 ---> Running in 32d4e049a6a7
total 116
drwxr-xr-x  2 root root     4096 Feb 24 08:02 .
drwxr-xr-x 39 root root     4096 Feb 24 08:02 ..
-rw-r--r-- 1 501 dialout   239 Feb 18 15:46 ._tar_bzip2_file
-rw-r--r-- 1 501 dialout   239 Feb 18 15:45 ._tar_file
-rw-r--r-- 1 501 dialout   239 Feb 18 15:46 ._tar_gz_file
-rw-r--r-- 1 501 dialout   239 Feb 18 15:46 ._tar_xz_file
-rw------- 1 root root    74492 Jan  1  1970 README.md
-rw-r--r-- 1 root root       14 Feb 18 15:42 bzip2_file.bz2
-rw-r--r-- 1 root root       30 Feb 18 15:43 gzip_file.gz
-rw-r--r-- 1 root root        0 Feb 24 07:10 not_archived_file
-rw-r--r-- 1 501 dialout     0 Feb 18 15:46 tar_bzip2_file
-rw-r--r-- 1 501 dialout     0 Feb 18 15:45 tar_file
-rw-r--r-- 1 501 dialout     0 Feb 18 15:46 tar_gz_file
-rw-r--r-- 1 501 dialout     0 Feb 18 15:46 tar_xz_file
-rw-r--r-- 1 root root       32 Feb 18 15:42 xz_file.xz
-rw-r--r-- 1 root root      166 Feb 24 07:12 zip_file.zip
Removing intermediate container 32d4e049a6a7
 ---> 37a6d058f876
Step 11/12 : ADD ./files ./files
 ---> dd689337695f
Step 12/12 : RUN ls -al /add/files
 ---> Running in 8c4e27917b10
total 40
drwxr-xr-x 2 root root 4096 Feb 24 08:02 .
drwxr-xr-x 3 root root 4096 Feb 24 08:02 ..
-rw-r--r-- 1 root root   14 Feb 18 15:42 bzip2_file.bz2
-rw-r--r-- 1 root root   30 Feb 18 15:43 gzip_file.gz
-rw-r--r-- 1 root root    0 Feb 24 07:10 not_archived_file
-rw-r--r-- 1 root root  396 Feb 24 07:29 tar_bzip2_file.tar.bzip2
-rw-r--r-- 1 root root 2560 Feb 18 15:45 tar_file.tar
-rw-r--r-- 1 root root  354 Feb 24 07:29 tar_gz_file.tar.gz
```

Chapter 2 | Dockerの基本的な使い方

```
-rw-r--r-- 1 root root  368 Feb 24 07:30 tar_xz_file.tar.xz
-rw-r--r-- 1 root root   32 Feb 18 15:42 xz_file.xz
-rw-r--r-- 1 root root  166 Feb 24 07:12 zip_file.zip
Removing intermediate container 8c4e27917b10
 ---> 69edb53ea4f9
Successfully built 69edb53ea4f9
Successfully tagged build:add
```

Dockerfileの内容をコメントのブロック番号の順番に解説していきます（P.056、Dockerfileを参照）。

まず1番のブロック（# 1. Make work directory at first.）では/addという場所をWORKDIRに設定しています。
以後ADDされるファイルは絶対パスを指定しない場合はこのディレクトリ配下にコピーされます。

次に2番のブロック（# 2. Add normal file.）では通常のファイルをコンテナのcurrent directory、つまりこの
場合はWORKDIRで指定した場所にコピーしています。

想定どおり/add配下にコピーされているのがbuildの出力からわかります。

コマンド2-3-3-25

```
Step 4/12 : RUN ls -al /add
 ---> Running in bf57998e1c82
total 8
drwxr-xr-x  2 root root 4096 Feb 24 07:18 .
drwxr-xr-x 36 root root 4096 Feb 24 08:02 ..
-rw-r--r--  1 root root    0 Feb 24 07:10 not_archived_file
Removing intermediate container bf57998e1c82
 ---> 89210a184b3e
```

次の3番のブロック（# 3. Add remote resource to container.）ではURLで指定したリソースを同様に
WORKDIRに指定した場所にコピーしています。

今回はdocker community editionのGithubページのREADME.mdをコピーしています。

同様にbuildの出力を確認すると正しくコピーされています。

コマンド2-3-3-26

```
Step 6/12 : RUN ls -al /add
 ---> Running in d919e6f951cf
total 84
drwxr-xr-x  2 root root  4096 Feb 24 08:02 .
drwxr-xr-x 37 root root  4096 Feb 24 08:02 ..
-rw-------  1 root root 74492 Jan  1  1970 README.md
-rw-r--r--  1 root root     0 Feb 24 07:10 not_archived_file
Removing intermediate container d919e6f951cf
 ---> 9a6cc181fc88
```

076

次の4番のブロック（# 4. Uncompress and unarchive tar files.）ではtarでarchiveしたファイルをまとめてコピーしています。**ADD**でまとめてファイルをコピーする場合には**<dest>**にあたる部分は/で終わるパスの形式で記載する必要があります。

そのためそれまでとは違った記載となっています。buildの出力を確認すると、archiveされたファイルはgzip、bzip2、xzで圧縮されたものも含め全てunarchiveされています。

unarchiveされたファイルは元々のユーザIDとグループIDを保持しており、この場合には元のファイルはユーザIDが501、グループIDがdialout（実体はグループIDが20）となっていたことがわかります。

コマンド2-3-3-27

```
Step 8/12 : RUN ls -al /add
 ---> Running in 5d9fbedf788e
total 100
drwxr-xr-x  2 root root     4096 Feb 24 08:02 .
drwxr-xr-x 38 root root     4096 Feb 24 08:02 ..
-rw-r--r--  1 501  dialout   239 Feb 18 15:46 ._tar_bzip2_file
-rw-r--r--  1 501  dialout   239 Feb 18 15:45 ._tar_file
-rw-r--r--  1 501  dialout   239 Feb 18 15:46 ._tar_gz_file
-rw-r--r--  1 501  dialout   239 Feb 18 15:46 ._tar_xz_file
-rw-------  1 root root    74492 Jan  1  1970 README.md
-rw-r--r--  1 root root        0 Feb 24 07:10 not_archived_file
-rw-r--r--  1 501  dialout     0 Feb 18 15:46 tar_bzip2_file
-rw-r--r--  1 501  dialout     0 Feb 18 15:45 tar_file
-rw-r--r--  1 501  dialout     0 Feb 18 15:46 tar_gz_file
-rw-r--r--  1 501  dialout     0 Feb 18 15:46 tar_xz_file
Removing intermediate container 5d9fbedf788e
 ---> a457888573b4
```

次の5番のブロック（5. NOT unarchive compressed files.）ではtarでarchiveせずに単純に圧縮しただけのファイルをまとめてコピーしています。

buildの出力を確認すると、圧縮されただけのファイルは解凍されずにそのままコピーされているのがわかります。

コマンド2-3-3-28

```
Step 10/12 : RUN ls -al /add
 ---> Running in 32d4e049a6a7
total 116
drwxr-xr-x  2 root root     4096 Feb 24 08:02 .
drwxr-xr-x 39 root root     4096 Feb 24 08:02 ..
-rw-r--r--  1 501  dialout   239 Feb 18 15:46 ._tar_bzip2_file
-rw-r--r--  1 501  dialout   239 Feb 18 15:45 ._tar_file
-rw-r--r--  1 501  dialout   239 Feb 18 15:46 ._tar_gz_file
-rw-r--r--  1 501  dialout   239 Feb 18 15:46 ._tar_xz_file
-rw-------  1 root root    74492 Jan  1  1970 README.md
-rw-r--r--  1 root root       14 Feb 18 15:42 bzip2_file.bz2
```

Chapter 2 | Dockerの基本的な使い方

```
-rw-r--r--  1 root root       30 Feb 18 15:43 gzip_file.gz
-rw-r--r--  1 root root        0 Feb 24 07:10 not_archived_file
-rw-r--r--  1  501 dialout     0 Feb 18 15:46 tar_bzip2_file
-rw-r--r--  1  501 dialout     0 Feb 18 15:45 tar_file
-rw-r--r--  1  501 dialout     0 Feb 18 15:46 tar_gz_file
-rw-r--r--  1  501 dialout     0 Feb 18 15:46 tar_xz_file
-rw-r--r--  1 root root       32 Feb 18 15:42 xz_file.xz
-rw-r--r--  1 root root      166 Feb 24 07:12 zip_file.zip
Removing intermediate container 32d4e049a6a7
 ---> 37a6d058f876
```

次の6番のブロック（# 6. Add directory.）ではディレクトリをまとめてコピーしています。

ディレクトリをコピーした場合には、tarでarchiveされたファイルはunarchiveされずにそのままコピーされます。

ディレクトリを指定した場合にはADDの特徴であるarchiveされたファイルのunarchiveが行われないことに注意してください。

コマンド2-3-3-29

```
Step 12/12 : RUN ls -al /add/files
 ---> Running in 8c4e27917b10
total 40
drwxr-xr-x 2 root root 4096 Feb 24 08:02 .
drwxr-xr-x 3 root root 4096 Feb 24 08:02 ..
-rw-r--r-- 1 root root   14 Feb 18 15:42 bzip2_file.bz2
-rw-r--r-- 1 root root   30 Feb 18 15:43 gzip_file.gz
-rw-r--r-- 1 root root    0 Feb 24 07:10 not_archived_file
-rw-r--r-- 1 root root  396 Feb 24 07:29 tar_bzip2_file.tar.bzip2
-rw-r--r-- 1 root root 2560 Feb 18 15:45 tar_file.tar
-rw-r--r-- 1 root root  354 Feb 24 07:29 tar_gz_file.tar.gz
-rw-r--r-- 1 root root  368 Feb 24 07:30 tar_xz_file.tar.xz
-rw-r--r-- 1 root root   32 Feb 18 15:42 xz_file.xz
-rw-r--r-- 1 root root  166 Feb 24 07:12 zip_file.zip
Removing intermediate container 8c4e27917b10
```

COPY

COPYコマンドは前節のADDコマンドと同様にファイルやディレクトリをコンテナの指定されたパスに対してコピーすることができるコマンドです。

ADDコマンドとの違いは大きく以下の3つです。

1. **multi staging docker**機能で作成した別のコンテナの中にあるファイルをコピーすること
2. URLリソースを指定できないこと
3. **tar**でarchiveしたファイルをunarchiveすることなくコピーすること

書き方は以下の2通りです。

1. **COPY [--chown=<user>:<group>] <src>... <dest>**
2. **COPY [--chown=<user>:<group>] ["<src>",... "<dest>"]**

それではサンプルを交えて動作を見ていきましょう。

下記のようなDockerfileを用意します（Chapter02/Dockerfile/copy/Dockerfile参照）。

データ2-3-3-14：Dockerfile

```
# Use multi stage docker feature.
FROM busybox AS build_env

# 1. Make work directory at first.
WORKDIR /multistage

# 2. Copy
COPY ./files/multi_stage_docker_file .
RUN ls -al /multistage



# Second docker definition.
FROM ubuntu:16.04

# 3. Make work directory at first.
WORKDIR /copy

# 4. Copy normal file.
COPY ./files/not_archived_file .
RUN ls -al /copy

# 5. Copy normal file.
COPY --from=build_env /multistage/multi_stage_docker_file .
RUN ls -al /copy

# 6. NOT Uncompress and unarchive tar files.
COPY ./files/tar_bzip2_file.tar.bzip2 ./files/tar_file.tar ./files/tar_file.tar ./files/tar_gz_
file.tar.gz ./files/tar_xz_file.tar.xz ./
RUN ls -al /copy

# 7. NOT unarchive compressed files.
COPY ./files/bzip2_file.bz2 ./files/gzip_file.gz ./files/xz_file.xz ./files/zip_file.zip ./
RUN ls -al /copy

# 8. Copy directory.
COPY ./files ./files
RUN ls -al /copy/files
```

Chapter 2 | Dockerの基本的な使い方

それでは**build**してみましょう。

コマンド2-3-3-30

```
$ docker build -f copy/Dockerfile -t build:copy ./copy/
Sending build context to Docker daemon    21.5kB
Step 1/16 : FROM busybox AS build_env
 ---> 5b0d59026729
Step 2/16 : WORKDIR /multistage
Removing intermediate container 7cddf83b0bef
 ---> 71b02dddf942
Step 3/16 : COPY ./files/multi_stage_docker_file .
 ---> b1f24f916110
Step 4/16 : RUN ls -al /multistage
 ---> Running in 7d6a8642c91d
total 8
drwxr-xr-x    2 root     root          4096 Feb 24 09:02 .
drwxr-xr-x   20 root     root          4096 Feb 24 09:02 ..
-rw-r--r--    1 root     root             0 Feb 24 07:10 multi_stage_docker_file
Removing intermediate container 7d6a8642c91d
 ---> bc5391f365d2
Step 5/16 : FROM ubuntu:16.04
 ---> 0458a4468cbc
Step 6/16 : WORKDIR /copy
Removing intermediate container 6469bbaa2db8
 ---> 520e7e6e553b
Step 7/16 : COPY ./files/not_archived_file .
 ---> c7f664144ad8
Step 8/16 : RUN ls -al /copy
 ---> Running in 7311f0075fcc
total 8
drwxr-xr-x  2 root root 4096 Feb 24 09:02 .
drwxr-xr-x 36 root root 4096 Feb 24 09:02 ..
-rw-r--r--  1 root root    0 Feb 24 07:10 not_archived_file
Removing intermediate container 7311f0075fcc
 ---> 285e78db606e
Step 9/16 : COPY --from=build_env /multistage/multi_stage_docker_file .
 ---> 83788816f667
Step 10/16 : RUN ls -al /copy
 ---> Running in 54922cc92047
total 8
drwxr-xr-x  2 root root 4096 Feb 24 09:02 .
drwxr-xr-x 37 root root 4096 Feb 24 09:02 ..
-rw-r--r--  1 root root    0 Feb 24 07:10 multi_stage_docker_file
-rw-r--r--  1 root root    0 Feb 24 07:10 not_archived_file
Removing intermediate container 54922cc92047
 ---> a18a435dd5f9
Step 11/16 : COPY ./files/tar_bzip2_file.tar.bzip2 ./files/tar_file.tar ./files/tar_file.tar ./
files/tar_gz_file.tar.gz ./files/tar_xz_file.tar.xz ./
```

```
 ---> dd44491eeac5
Step 12/16 : RUN ls -al /copy
 ---> Running in 00497b9ee738
total 24
drwxr-xr-x  2 root root 4096 Feb 24 09:02 .
drwxr-xr-x 38 root root 4096 Feb 24 09:02 ..
-rw-r--r--  1 root root    0 Feb 24 07:10 multi_stage_docker_file
-rw-r--r--  1 root root    0 Feb 24 07:10 not_archived_file
-rw-r--r--  1 root root  396 Feb 24 07:29 tar_bzip2_file.tar.bzip2
-rw-r--r--  1 root root 2560 Feb 18 15:45 tar_file.tar
-rw-r--r--  1 root root  354 Feb 24 07:29 tar_gz_file.tar.gz
-rw-r--r--  1 root root  368 Feb 24 07:30 tar_xz_file.tar.xz
Removing intermediate container 00497b9ee738
 ---> 08d91c32184f
Step 13/16 : COPY ./files/bzip2_file.bz2 ./files/gzip_file.gz ./files/xz_file.xz ./files/zip_
file.zip ./
 ---> 61835a49143c
Step 14/16 : RUN ls -al /copy
 ---> Running in 3ce9bf0ebd78
total 40
drwxr-xr-x  2 root root 4096 Feb 24 09:02 .
drwxr-xr-x 39 root root 4096 Feb 24 09:02 ..
-rw-r--r--  1 root root   14 Feb 18 15:42 bzip2_file.bz2
-rw-r--r--  1 root root   30 Feb 18 15:43 gzip_file.gz
-rw-r--r--  1 root root    0 Feb 24 07:10 multi_stage_docker_file
-rw-r--r--  1 root root    0 Feb 24 07:10 not_archived_file
-rw-r--r--  1 root root  396 Feb 24 07:29 tar_bzip2_file.tar.bzip2
-rw-r--r--  1 root root 2560 Feb 18 15:45 tar_file.tar
-rw-r--r--  1 root root  354 Feb 24 07:29 tar_gz_file.tar.gz
-rw-r--r--  1 root root  368 Feb 24 07:30 tar_xz_file.tar.xz
-rw-r--r--  1 root root   32 Feb 18 15:42 xz_file.xz
-rw-r--r--  1 root root  166 Feb 24 07:12 zip_file.zip
Removing intermediate container 3ce9bf0ebd78
 ---> 77d36870e96f
Step 15/16 : COPY ./files ./files
 ---> 58e2382dfd44
Step 16/16 : RUN ls -al /copy/files
 ---> Running in e325bde49aac
total 40
drwxr-xr-x 2 root root 4096 Feb 24 09:02 .
drwxr-xr-x 3 root root 4096 Feb 24 09:02 ..
-rw-r--r-- 1 root root   14 Feb 18 15:42 bzip2_file.bz2
-rw-r--r-- 1 root root   30 Feb 18 15:43 gzip_file.gz
-rw-r--r-- 1 root root    0 Feb 24 07:10 multi_stage_docker_file
-rw-r--r-- 1 root root    0 Feb 24 07:10 not_archived_file
-rw-r--r-- 1 root root  396 Feb 24 07:29 tar_bzip2_file.tar.bzip2
-rw-r--r-- 1 root root 2560 Feb 18 15:45 tar_file.tar
-rw-r--r-- 1 root root  354 Feb 24 07:29 tar_gz_file.tar.gz
-rw-r--r-- 1 root root  368 Feb 24 07:30 tar_xz_file.tar.xz
-rw-r--r-- 1 root root   32 Feb 18 15:42 xz_file.xz
```

```
-rw-r--r-- 1 root root  396 Feb 24 07:29 tar_bzip2_file.tar.bzip2
-rw-r--r-- 1 root root 2560 Feb 18 15:45 tar_file.tar
-rw-r--r-- 1 root root  354 Feb 24 07:29 tar_gz_file.tar.gz
-rw-r--r-- 1 root root  368 Feb 24 07:30 tar_xz_file.tar.xz
-rw-r--r-- 1 root root   32 Feb 18 15:42 xz_file.xz
-rw-r--r-- 1 root root  166 Feb 24 07:12 zip_file.zip
Removing intermediate container e325bde49aac
 ---> 3ecd95a73513
Successfully built 3ecd95a73513
Successfully tagged build:copy
```

Dockerfile（P.62、Dockerfile）の内容を解説していきます。

まずこのDockerfileでは**FROM**コマンドの説明の際にも説明したmulti stage機能を使っています。

1番のブロック（# 1. Make work directory at first.）ではbusyboxから作成するイメージに**build_env**という名前を付けて、**/multistage**という場所をWORKDIRに設定しています。

次に2番のブロック（# 2. Copy）では**multi_stage_docker_file**という通常のファイルを**build_env**のイメージにコピーしています。

想定どおり**/multistage**配下にコピーされているのが、buildの出力からわかります。

コマンド2-3-3-31

```
Step 4/16 : RUN ls -al /multistage
 ---> Running in 7d6a8642c91d
total 8
drwxr-xr-x    2 root     root          4096 Feb 24 09:02 .
drwxr-xr-x   20 root     root          4096 Feb 24 09:02 ..
-rw-r--r--    1 root     root             0 Feb 24 07:10 multi_stage_docker_file
Removing intermediate container 7d6a8642c91d
 ---> bc5391f365d2
```

次のブロックからは**ubuntu:16.04**のイメージをベースに処理が始まっています。

3番のブロック(# 3. Make work directory at first.)では**/copy**という場所をWORKDIRに設定しています。

次の4番のブロック(# 4. Copy normal file.)では通常のファイルをコンテナのcurrent directory、つまりこの場合はWORKDIRで指定した場所にコピーしています。

想定どおり**/copy**配下にコピーされているのがbuildの出力からわかります。

コマンド2-3-3-32

```
Step 8/16 : RUN ls -al /copy
 ---> Running in 7311f0075fcc
total 8
drwxr-xr-x  2 root root 4096 Feb 24 09:02 .
drwxr-xr-x 36 root root 4096 Feb 24 09:02 ..
-rw-r--r--  1 root root    0 Feb 24 07:10 not_archived_file
Removing intermediate container 7311f0075fcc
 ---> 285e78db606e
```

5番のブロック(# 5. Copy normal file.)では先ほどの**build_env**という名前の**busybox**イメージからファイルをコピーしています。

build_envのイメージに先ほどコピーされた**/multistage/multi_stage_docker_file**ファイルを今度は**ubuntu:16.04**に対してイメージを越えてコピーしています。

buildの出力から正しくイメージ間のファイルコピーが動作していることを確認します。

コマンド2-3-3-33

```
Step 10/16 : RUN ls -al /copy
 ---> Running in 54922cc92047
total 8
drwxr-xr-x  2 root root 4096 Feb 24 09:02 .
drwxr-xr-x 37 root root 4096 Feb 24 09:02 ..
-rw-r--r--  1 root root    0 Feb 24 07:10 multi_stage_docker_file
-rw-r--r--  1 root root    0 Feb 24 07:10 not_archived_file
Removing intermediate container 54922cc92047
 ---> a18a435dd5f9
```

6番のブロック(# 6. NOT Uncompress and unarchive tar files.)では**ADD**コマンドではunarchive(ファイルによっては解凍も)されていたファイルをコピーしています。

ADDの場合と異なりtarファイルがunarchiveされていないことがbuildの出力からわかります。

Chapter 2 | Dockerの基本的な使い方

コマンド2-3-3-34

```
Step 12/16 : RUN ls -al /copy
 ---> Running in 00497b9ee738
total 24
drwxr-xr-x  2 root root 4096 Feb 24 09:02 .
drwxr-xr-x 38 root root 4096 Feb 24 09:02 ..
-rw-r--r--  1 root root    0 Feb 24 07:10 multi_stage_docker_file
-rw-r--r--  1 root root    0 Feb 24 07:10 not_archived_file
-rw-r--r--  1 root root  396 Feb 24 07:29 tar_bzip2_file.tar.bzip2
-rw-r--r--  1 root root 2560 Feb 18 15:45 tar_file.tar
-rw-r--r--  1 root root  354 Feb 24 07:29 tar_gz_file.tar.gz
-rw-r--r--  1 root root  368 Feb 24 07:30 tar_xz_file.tar.xz
Removing intermediate container 00497b9ee738
 ---> 08d91c32184f
```

次の7番のブロック（# 7. NOT unarchive compressed files.）では圧縮されたファイルが**ADD**コマンドと同様に解凍されないことを確認しています。

buildの出力を見てみましょう。

コマンド2-3-3-35

```
Step 14/16 : RUN ls -al /copy
 ---> Running in 3ce9bf0ebd78
total 40
drwxr-xr-x  2 root root 4096 Feb 24 09:02 .
drwxr-xr-x 39 root root 4096 Feb 24 09:02 ..
-rw-r--r--  1 root root   14 Feb 18 15:42 bzip2_file.bz2
-rw-r--r--  1 root root   30 Feb 18 15:43 gzip_file.gz
-rw-r--r--  1 root root    0 Feb 24 07:10 multi_stage_docker_file
-rw-r--r--  1 root root    0 Feb 24 07:10 not_archived_file
-rw-r--r--  1 root root  396 Feb 24 07:29 tar_bzip2_file.tar.bzip2
-rw-r--r--  1 root root 2560 Feb 18 15:45 tar_file.tar
-rw-r--r--  1 root root  354 Feb 24 07:29 tar_gz_file.tar.gz
-rw-r--r--  1 root root  368 Feb 24 07:30 tar_xz_file.tar.xz
-rw-r--r--  1 root root   32 Feb 18 15:42 xz_file.xz
-rw-r--r--  1 root root  166 Feb 24 07:12 zip_file.zip
Removing intermediate container 3ce9bf0ebd78
 ---> 77d36870e96f
```

次の8番のブロック（# 8. Copy directory.）ではディレクトリのコピーを検証しています。

ADDと同様にディレクトリの内容がコピーされ、archiveされたファイルも圧縮されたファイルもそのままでコピーされていることがわかります。

コマンド2-3-3-36

```
Step 16/16 : RUN ls -al /copy/files
 ---> Running in e325bde49aac
total 40
drwxr-xr-x 2 root root 4096 Feb 24 09:02 .
drwxr-xr-x 3 root root 4096 Feb 24 09:02 ..
-rw-r--r-- 1 root root   14 Feb 18 15:42 bzip2_file.bz2
-rw-r--r-- 1 root root   30 Feb 18 15:43 gzip_file.gz
-rw-r--r-- 1 root root    0 Feb 24 07:10 multi_stage_docker_file
-rw-r--r-- 1 root root    0 Feb 24 07:10 not_archived_file
-rw-r--r-- 1 root root  396 Feb 24 07:29 tar_bzip2_file.tar.bzip2
-rw-r--r-- 1 root root 2560 Feb 18 15:45 tar_file.tar
-rw-r--r-- 1 root root  354 Feb 24 07:29 tar_gz_file.tar.gz
-rw-r--r-- 1 root root  368 Feb 24 07:30 tar_xz_file.tar.xz
-rw-r--r-- 1 root root   32 Feb 18 15:42 xz_file.xz
-rw-r--r-- 1 root root  166 Feb 24 07:12 zip_file.zip
Removing intermediate container e325bde49aac
 ---> 3ecd95a73513
```

EXPOSE

EXPOSEコマンドはコンテナがポートの利用を宣言するためのコマンドです。

ドキュメントにも記載がありますが、このコマンドはあくまでDockerイメージの利用者向けにわかりやすく宣言をするだけで特に意味を持つわけではありません。

実際にコンテナのポートに外部からアクセスするためにはdocker runコマンドでDockerイメージからDokcerコンテナを作る際に-pオプションを指定して、DockerホストとDockerコンテナのポートを接続することで利用可能にする必要があります。

https://docs.docker.com/engine/reference/builder/#expose

以下、ドキュメントを抜粋します。

データ2-3-3-15：https://docs.docker.com/engine/reference/builder/#expose

```
The EXPOSE instruction does not actually publish the port.
It functions as a type of documentation between the person who builds the image and the person
who runs the container, about which ports are intended to be published.
To actually publish the port when running the container, use the -p flag on docker run to
publish and map one or more ports, or the -P flag to publish all exposed ports and map them to
high-order ports.
```

書き方は以下の通りとなります。

EXPOSE <port> [<port>/<protocol>...]

サンプルを交えてみていきましょう（Chapter02/Dockerfile/expose/Dockerfileを参照）。

データ2-3-3-16：Dockerfile

```
FROM nginx

EXPOSE 443
```

さっそく**build**してみましょう。

コマンド2-3-3-37

```
$ docker build -f expose/Dockerfile -t build:expose .
Sending build context to Docker daemon  90.62kB
Step 1/2 : FROM nginx
 ---> e548f1a579cf
Step 2/2 : EXPOSE 443
 ---> Running in aa9157488d1b
Removing intermediate container aa9157488d1b
 ---> e2766bb6d726
Successfully built e2766bb6d726
Successfully tagged build:expose
```

次にbuildでできたDockerイメージに対して**docker history**コマンドでイメージの生成履歴を確認してみます。

コマンド2-3-3-38

```
$ docker history build:expose
IMAGE              CREATED              CREATED BY                                      SIZE
COMMENT
e2766bb6d726       About a minute ago   /bin/sh -c #(nop)  EXPOSE 443                   0B
e548f1a579cf       3 days ago           /bin/sh -c #(nop)  CMD ["nginx" "-g" "daemon…0B
<missing>          3 days ago           /bin/sh -c #(nop)  STOPSIGNAL [SIGTERM]         0B
<missing>          3 days ago           /bin/sh -c #(nop)  EXPOSE 80/tcp                0B
<missing>          3 days ago           /bin/sh -c ln -sf /dev/stdout /var/log/nginx…22B
<missing>          3 days ago           /bin/sh -c set -x  && apt-get update  && apt…53.4MB
<missing>          3 days ago           /bin/sh -c #(nop)  ENV NJS_VERSION=1.13.9.0.…0B
<missing>          3 days ago           /bin/sh -c #(nop)  ENV NGINX_VERSION=1.13.9-…0B
<missing>          7 days ago           /bin/sh -c #(nop)  LABEL maintainer=NGINX Do…0B
<missing>          9 days ago           /bin/sh -c #(nop)  CMD ["bash"]                 0B
<missing>          9 days ago           /bin/sh -c #(nop) ADD file:27ffb1ef53bfa3b9f…55.3MB
```

nginxのイメージの生成の履歴も含めて表示されています。

historyの出力を見ると、nginxのイメージ内でもTCPの80番ポートを使うことがEXPOSEコマンドで宣言されています。

今回の例では、それにhttpsの443ポートを使用する宣言も追加した例となります。

ENTRYPOINT

ENTRYPOINTコマンドはコンテナ起動時に実行するコマンドを指定するためのコマンドです。

書き方は以下の2通りです。

1. ENTRYPOINT ["executable", "param1", "param2"] (exec form、推奨される記法)
2. ENTRYPOINT command param1 param2 (shell form)

RUNコマンドと同様にexec formとshell formがあります。

ENTRYPOINTの指定されたDockerイメージを起動する際にはdocker run実行時に指定されたコマンドライン引数はENTRYPOINTで指定されたコマンドのコマンドライン引数となります。

また**ENTRYPOINT**を複数記述した場合には最後のENTRYPOINTの記述が有効となります。

それでは例を交えて見ていきましょう。

まず**exec form**の例から試してみます (Chapter02/Dockerfile/entrypoint/exec/Dockerfileを参照)。

Chapter 2 | Dockerの基本的な使い方

データ2-3-3-17：Dockerfile

```
FROM ubuntu:16.04

ENTRYPOINT ["top", "-H"]
```

さっそく**build**してみましょう。

コマンド2-3-3-39

```
$ docker build -f entrypoint/exec/Dockerfile -t build:entrypoint_exec ./entrypoint/exec/
Sending build context to Docker daemon  9.216kB
Step 1/2 : FROM ubuntu:16.04
 ---> 0458a4468cbc
Step 2/2 : ENTRYPOINT ["top", "-H"]
 ---> Running in be95d16e9a84
Removing intermediate container be95d16e9a84
 ---> 7e992caf2436
Successfully built 7e992caf2436
Successfully tagged build:entrypoint_exec
```

buildが成功したので、**docker run**コマンドにて起動してみましょう。

コマンド2-3-3-40

```
$ docker run --rm -it build:entrypoint_exec
top - 04:49:16 up 6:45,  0 users,  load average: 0.00, 0.00, 0.00
Threads:   1 total,   1 running,   0 sleeping,   0 stopped,   0 zombie
%Cpu(s):  0.0 us,  0.0 sy,  0.0 ni,100.0 id,  0.0 wa,  0.0 hi,  0.0 si,  0.0 st
KiB Mem :  4041592 total,  3689204 free,    71732 used,   280656 buff/cache
KiB Swap:  1923444 total,  1923444 free,        0 used.  3624708 avail Mem

  PID USER      PR  NI    VIRT    RES    SHR S %CPU %MEM     TIME+ COMMAND
    1 root      20   0   36664   3028   2604 R  0.0  0.1   0:00.02 top
```

問題なく起動できました。

shell formとの比較のため、PID 1でtopが実行されていることを覚えておいてください。

では次に2の**shell form**での例を試してみます（Chapter02/Dockerfile/entrypoint/shell/Dockerfileを参照）。

データ2-3-3-18：Dockerfile

```
FROM ubuntu:16.04

ENTRYPOINT top -H
```

buildしてみましょう。

コマンド2-3-3-41

```
$ docker build -f entrypoint/shell/Dockerfile -t build:entrypoint_shell ./entrypoint/shell/
Sending build context to Docker daemon  2.048kB
Step 1/2 : FROM ubuntu:16.04
 ---> 0458a4468cbc
Step 2/2 : ENTRYPOINT top -H
 ---> Running in 12131534b30b
Removing intermediate container 12131534b30b
 ---> ebd0a11b909d
Successfully built ebd0a11b909d
Successfully tagged build:entrypoint_shell
```

buildが成功したので、**docker run**コマンドにて起動してみましょう。

コマンド2-3-3-42

```
$ docker run --rm -it build:entrypoint_shell
top - 04:53:56 up  6:50,  0 users,  load average: 0.00, 0.00, 0.00
Threads:   2 total,   1 running,   1 sleeping,   0 stopped,   0 zombie
%Cpu(s):  0.0 us,  0.0 sy,  0.0 ni,100.0 id,  0.0 wa,  0.0 hi,  0.0 si,  0.0 st
KiB Mem :  4041592 total,  3687140 free,    73256 used,   281196 buff/cache
KiB Swap:  1923444 total,  1923444 free,        0 used.  3622916 avail Mem

  PID USER      PR  NI    VIRT    RES    SHR S %CPU %MEM     TIME+ COMMAND
    1 root      20   0    4504    768    700 S  0.0  0.0   0:00.01 sh
    5 root      20   0   36664   3080   2660 R  0.0  0.1   0:00.00 top
```

問題なく起動できました。

ですが、よく見ると先ほどのexec formと違い、PID 1ではshが実行されており、PID 5でtopが起動されています。exec formとshell formでexec formが推奨される理由は、shell formでは通常**/bin/sh -c**により実行されるため、shell formで書かれたコマンドはPID 1のサブプロセスとなってしまうためです。

何故それが困るのかというと、**docker stop**や**docker kill**はPID 1のプロセスに対してSIGTERMやSIGKILL等のSIGNALを送信するのが実体となります。

すなわち、実行するコメントがこれらのSIGNALを受信できないということを意味します。

詳細は次の節で説明します。

Chapter 2 | Dockerの基本的な使い方

SIGNALのハンドリングについて

先ほど説明したとおり、shell formで指定された**ENTRYPOINT**のコマンドはPID 1のサブプロセスとなり**docker stop**や**docker kill**でSIGNALを直接受け取れないことになります。

SIGNALはプロセスを正しく停止するための制御などに利用されることがあるため、場合によっては正しく動作しなくなってしまう恐れがあります。

このSIGNALの送信の仕組みを具体的な例を交えてみていきましょう。

まずは下記のようなSIGNALを受け取るためのサンプルスクリプトを用意します（Chapter02/Dockerfile/entrypoint/signal/sample.shを参照）。

┃ データ2-3-3-19：sample.sh

```sh
#!/bin/sh

trap_term_signal() {
    echo "trapped SIGTERM"
    exit 0
}

trap_some_signal() {
    echo "trapped 1 or 2 or 3 SIGNAL"
}

trap "trap_term_signal" TERM
trap "trap_some_signal" 1 2 3

while :
do
    echo "running..."
    sleep 3
done
```

このスクリプトは下記のような仕様で動作するスクリプトです。

1. 3秒毎に**running...**と表示する
2. **SIGTERM**を受け取ると**trapped SIGTERM**と出力して正常終了する
3. SIGHUP（1）またはSIGINT (2)またはSIGQUIT (3)を受け取った場合には**trapped 1 or 2 or 3 SIGNAL**とだけ表示する

090

では実際にこのスクリプトをENTRYPOINTに指定したイメージを作成して実行してみましょう。

まずは推奨されるexec formでの例から試していきましょう（Chapter02/Dockerfile/entrypoint/signal/Dockerfile_execを参照）。

データ2-3-3-20：Dockerfile_exec

```
FROM ubuntu:16.04

COPY sample.sh /sample.sh
ENTRYPOINT ["/sample.sh"]
```

ではbuildしてみましょう。

コマンド2-3-3-43

```
$ docker build -f entrypoint/signal/Dockerfile_exec -t build:entrypoint_signal_exec ./
entrypoint/signal/
Sending build context to Docker daemon  4.096kB
Step 1/3 : FROM ubuntu:16.04
 ---> 0458a4468cbc
Step 2/3 : COPY sample.sh /sample.sh
 ---> Using cache
 ---> b2df3c095899
Step 3/3 : ENTRYPOINT ["/sample.sh"]
 ---> Running in dfbf61e02c65
Removing intermediate container dfbf61e02c65
 ---> 1d8cbdf249c1
Successfully built 1d8cbdf249c1
Successfully tagged build:entrypoint_signal_exec
```

buildが成功したので次に**docker run**で実行してみます。

するとsample.shの仕様に従って3秒ごとに**running...**と表示されます。

コマンド2-3-3-44

```
$ docker run --name entrypoint_signal_exec --rm -it build:entrypoint_signal_exec
running...
```

それではさっそくSIGNALを送ってみましょう。

docker killコマンドの**-s**オプションを使うと任意のSIGNALをコンテナに対して送信することができます。

先ほど**docker run**を実行したターミナルは起動したコンテナが使っているため新しいターミナルウィンドウを開き下記のコマンドを実行します。

Chapter 2 | Dockerの基本的な使い方

コマンド2-3-3-45

```
$ docker kill -s SIGHUP entrypoint_signal_exec
entrypoint_signal_exec
```

するとdocker runが動作しているターミナルに仕様どおり、**trapped 1 or 2 or 3 SIGNAL**と出力されます。

データ2-3-3-21：trapped 1 or 2 or 3 SIGNAL

```
running...
running...
running...
trapped 1 or 2 or 3 SIGNAL
running...
running...
running...
```

SIGHUPをtrapしたときにはexitでコマンドを終了させていないため、引き続きコンテナは動作し続けます。
次に**docker stop**コマンドでSIGTERMをコンテナに送信します。

コマンド2-3-3-46

```
$ docker stop entrypoint_signal_exec
entrypoint_signal_exec
```

するとdocker runが動作しているターミナルに仕様どおり、**trapped SIGTERM**と出力されコンテナの動作が停止しました。

データ2-3-3-22：trapped SIGTERM

```
running...
running...
running...
trapped SIGTERM
$
```

092

これは**sample.sh**がexec formによりPID 1で動作しているため想定どおり動作しているからです。

次にshell formでの例を見てみましょう（Chapter02/Dockerfile/entrypoint/signal/Dockerfile_shellを参照）。

データ2-3-3-23：Dockerfile_shell

```
FROM ubuntu:16.04

COPY sample.sh /sample.sh
ENTRYPOINT /sample.sh
```

先ほどと同様に**build**します。

コマンド2-3-3-47

```
$ docker build -f entrypoint/signal/Dockerfile_shell -t build:entrypoint_signal_shell ./
entrypoint/signal/
Sending build context to Docker daemon  4.096kB
Step 1/3 : FROM ubuntu:16.04
 ---> 0458a4468cbc
Step 2/3 : COPY sample.sh /sample.sh
 ---> Using cache
 ---> b2df3c095899
Step 3/3 : ENTRYPOINT /sample.sh
 ---> Running in 8cfeeea092dc
Removing intermediate container 8cfeeea092dc
 ---> d2ee7a7c0341
Successfully built d2ee7a7c0341
Successfully tagged build:entrypoint_signal_shell
```

buildが成功したので次にdocker runで実行してみます。

するとsample.shの仕様にしたがって3秒ごとにrunning...と表示されます。

コマンド2-3-3-48

```
$ docker run --name entrypoint_signal_shell  rm -it build:entrypoint_signal_shell
running...
```

Chapter 2 | Dockerの基本的な使い方

次にコンテナにSIGHUPを送信します。

先ほど**docker run**を実行したターミナルと別のターミナルウィンドウで下記のコマンドを実行します。

コマンド2-3-3-49

```
$ docker kill -s SIGHUP entrypoint_signal_shell
entrypoint_signal_shell
```

すると先ほどとは異なり**trapped 1 or 2 or 3 SIGNAL**が表示されずに**running...**が表示され続けます。

これはshell formにより**sample.sh**がPID 1ではなく、サブプロセスで動作しているためSIGNALが届いていないためです。

データ2-3-3-24：trapped 1 or 2 or 3 SIGNAL

```
running...
running...
running...
running...
running...
```

同様に**docker stop**を実行してみましょう。

やはり**trapped SIGTERM**と表示されずに**runnning...**と表示され続けます。

しかし、**docker stop**を実行したほうのターミナルも反応が返ってこない状態となります。

そして10秒ほどたった後、突然コンテナが停止し**docker stop**を実行したほうのターミナルもコマンドが入力できる状態に戻ります。

これは**docker stop**の仕様としてPID 1にSIGTERMを送信し、何秒か待っても反応が返ってこない場合（デフォルトでは10秒、オプションで変更も可能）にはSIGKILLを送信し強制終了させる仕様となっているからです。

詳細は公式ドキュメントをご覧ください。

https://docs.docker.com/engine/reference/commandline/stop/

RUNコマンドとの違いについて

shell formもexec formも使えるためRUNコマンドと混同されるかもしれませんが、両者は全く異なるものです。
RUNはあくまでDockerイメージをbuildするために実際にコンテナでコマンドを実行し、commitを行うことでイメージに変更を加えていきます。

対してENTRYPOINTではdocker runを実行する際に動かすプログラムを指定するだけのためbuildのタイミングではコマンドは実行されません。

つまり実際に動作しないコマンドをENTRYPOINTに指定しても成功してしまうのです。

それでは例を交えて見ていきましょう（Chapter02/Dockerfile/entrypoint/error/Dockerfileを参照）。

データ2-3-3-25：Dockerfile

```
FROM ubuntu:16.04

ENTRYPOINT ["hogehoge"]
```

存在しない**hogehoge**というコマンド名を指定しています。
ではbuildをしてみましょう。

コマンド2-3-3-50

```
$ docker build -f entrypoint/error/Dockerfile t build:entrypoint_error ./entrypoint/error/
Sending build context to Docker daemon  2.048kB
Step 1/2 : FROM ubuntu:16.04
 ---> 0458a4468cbc
Step 2/2 : ENTRYPOINT ["hogehoge"]
 ---> Running in 80cb3dbb93e7
Removing intermediate container 80cb3dbb93e7
 ---> 050328c9c79f
Successfully built 050328c9c79f
Successfully tagged build:entrypoint_error
```

成功したので、できたイメージを**docker run**コマンドで起動しようとしてみます。

コマンド2-3-3-51

```
$ docker run --rm -it build:entrypoint_error
docker: Error response from daemon: OCI runtime create failed: container_linux.go:296: starting
container process caused "exec: \"hogehoge\": executable file not found in $PATH": unknown.
ERRO[0000] error waiting for container: context canceled
```

095

Chapter 2 | Dockerの基本的な使い方

hogehogeという実行可能コマンドは存在しない、というエラーとともに失敗しました。

ENTRYPOINTに関してはbuildが成功したからといって実行可能であることを保証するものではないことに注意しましょう。

CMD

CMDコマンドはコンテナ起動時に実行するコマンドを指定するためのコマンドです。

書き方は以下の3通りです。

1. **CMD ["executable","param1","param2"]**（exec form、推奨される記法）
2. **CMD ["param1","param2"]**（**ENTRYPOINT**と合わせて仕様された際に**ENTRYPOINT**で指定されたコマンドのデフォルトパラメータとして動作する）
3. **CMD command param1 param2**（shell form）

ENTRYPOINTと混同されるかもしれませんが、**CMD**の主な利用目的はdocker runを行う際に実行されるデフォルトコマンドを指定することです。

exec formの**executable**を省略することもできますが、その際には2の記法として解釈されるため**ENTRYPOINT**の指定が必須となります。

また**CMD**を複数記述した場合には最後の**ENTRYPOINT**の記述が有効となります。

それでは具体例を交えて説明していきます。

まずはexec formの例を紹介します（Chapter02／Dockerfile／cmd／exec／Dockerfileを参照）。

データ2-3-3-26：Dockerfile

```
FROM ubuntu:16.04

CMD ["top", "-H"]
```

buildしてみましょう。

コマンド2-3-3-52

```
$ docker build -f cmd/exec/Dockerfile -t build:cmd_exec ./cmd/exec/
Sending build context to Docker daemon  9.216kB
Step 1/2 : FROM ubuntu:16.04
 ---> 0458a4468cbc
Step 2/2 : CMD ["top", "-H"]
 ---> Running in e2b2103ecee5
Removing intermediate container e2b2103ecee5
 ---> 3032e738cb02
Successfully built 3032e738cb02
Successfully tagged build:cmd_exec
```

次に**docker run**でコンテナを起動します。

コマンド2-3-3-53

```
$ docker run --rm -it build:cmd_exec
top - 06:47:16 up  8:23,  0 users,  load average: 0.07, 0.02, 0.00
Threads:   1 total,   1 running,   0 sleeping,   0 stopped,   0 zombie
%Cpu(s):  0.0 us,  0.0 sy,  0.0 ni,100.0 id,  0.0 wa,  0.0 hi,  0.0 si,  0.0 st
KiB Mem : 4041592 total, 3684820 free,    68328 used,   288444 buff/cache
KiB Swap: 1923444 total, 1923444 free,        0 used.  3624148 avail Mem

  PID USER      PR  NI    VIRT    RES    SHR S %CPU %MEM     TIME+ COMMAND
    1 root      20   0   36664   3188   2768 R  0.0  0.1   0:00.02 top
```

期待どおりPID 1でtopが実行されています。

次に**ENTRYPOINT**のデフォルトパラメータとして使う場合の例をみていきましょう（Chapter02/Dockerfile/ cmd/parameter/Dockerfileを参照）。

データ2-3 3-27：Dockerfile

```
FROM ubuntu:16.04

ENTRYPOINT ["top"]
CMD ["-H"]
```

Chapter 2 | Dockerの基本的な使い方

buildしてみましょう。

コマンド 2-3-3-54

```
$ docker build -f cmd/parameter/Dockerfile -t build:cmd_parameter ./cmd/parameter/
Sending build context to Docker daemon  2.048kB
Step 1/3 : FROM ubuntu:16.04
 ---> 0458a4468cbc
Step 2/3 : ENTRYPOINT ["top"]
 ---> Running in b37ea4db6e8a
Removing intermediate container b37ea4db6e8a
 ---> badc3f715553
Step 3/3 : CMD ["-H"]
 ---> Running in 68932fafde69
Removing intermediate container 68932fafde69
 ---> 9407e013b202
Successfully built 9407e013b202
Successfully tagged build:cmd_parameter
```

次に**docker run**でコンテナを起動します。

コマンド 2-3-3-55

```
$ docker run --rm -it build:cmd_parameter
top - 06:52:36 up  8:28,  0 users,  load average: 0.00, 0.00, 0.00
Threads:   1 total,   1 running,   0 sleeping,   0 stopped,   0 zombie
%Cpu(s):  0.0 us,  0.0 sy,  0.0 ni,100.0 id,  0.0 wa,  0.0 hi,  0.0 si,  0.0 st
KiB Mem :  4041592 total,  3681512 free,    71132 used,   288948 buff/cache
KiB Swap:  1923444 total,  1923444 free,        0 used.  3621124 avail Mem

  PID USER      PR  NI    VIRT    RES    SHR S %CPU %MEM     TIME+ COMMAND
    1 root      20   0   36664   3088   2664 R  0.0  0.1   0:00.02 top
```

期待どおり**top -H**コマンドが実行されることを確認できます。

最後にshell formの例をみていきましょう（Chapter02/Dockerfile/cmd/shell/Dockerfileを参照）。

データ 2-3-3-28：Dockerfile

```
FROM ubuntu:16.04

CMD top -H
```

buildしてみましょう。

コマンド2-3-3-56

```
$ docker build -f cmd/shell/Dockerfile -t build:cmd_shell ./cmd/shell/
Sending build context to Docker daemon  2.048kB
Step 1/2 : FROM ubuntu:16.04
 ---> 0458a4468cbc
Step 2/2 : CMD top -H
 ---> Running in 42bd82684c20
Removing intermediate container 42bd82684c20
 ---> da29e5ed40cd
Successfully built da29e5ed40cd
Successfully tagged build:cmd_shell
```

次に**docker run**でコンテナを起動します。

コマンド2-3-3-57

```
$ docker run --rm -it build:cmd_shell
top - 06:59:25 up  8:35,  0 users,  load average: 0.00, 0.00, 0.00
Threads:   2 total,   1 running,   1 sleeping,   0 stopped,   0 zombie
%Cpu(s):  0.0 us,  0.0 sy,  0.0 ni,100.0 id,  0.0 wa,  0.0 hi,  0.0 si,  0.0 st
KiB Mem : 4041592 total, 3677384 free,    73840 used,   290368 buff/cache
KiB Swap: 1923444 total, 1923444 free,        0 used. 3617656 avail Mem

  PID USER      PR  NI    VIRT    RES    SHR S %CPU %MEM     TIME+ COMMAND
    1 root      20   0    4504    748    676 S  0.0  0.0   0:00.01 sh
    5 root      20   0   36664   3032   2612 R  0.0  0.1   0:00.00 top
```

shell formのためPID 1のプロセスではなくサブプロセスとしてtopが実行されていることがわかります。

CMDにおいても**ENTRYPOINT**と同様にexec formが推奨されるのはこのためです（前節のSIGNALのハンドリングについてを参照）。

docker runのコマンドラインパラメータとCMDの関係

本節の**CMD**の説明の最初に、**CMD**の主な利用目的は**docker run**を行う際に実行されるデフォルトコマンドを指定すること、と記載しましたが、これについてもう少し説明します。

docker runコマンドでは起動するDockerイメージの指定の後に記載した内容はCMDとして解釈されます。

これがどういうことかを具体的に見ていきましょう。

今回は前節で作成した**build:cmd_exec**のイメージを使用します。

まずは何もパラメータを指定せずに**docker run**を実行します。

099

Chapter 2 | Dockerの基本的な使い方

コマンド2-3-3-58

```
$ docker run --rm -it build:cmd_exec
top - 06:47:16 up  8:23,  0 users,  load average: 0.07, 0.02, 0.00
Threads:   1 total,   1 running,   0 sleeping,   0 stopped,   0 zombie
%Cpu(s):  0.0 us,  0.0 sy,  0.0 ni,100.0 id,  0.0 wa,  0.0 hi,  0.0 si,  0.0 st
KiB Mem :  4041592 total,  3684820 free,    68328 used,   288444 buff/cache
KiB Swap:  1923444 total,  1923444 free,        0 used.  3624148 avail Mem

  PID USER      PR  NI    VIRT    RES    SHR S %CPU %MEM    TIME+ COMMAND
    1 root      20   0   36664   3188   2768 R  0.0  0.1  0:00.02 top
```

前回と同様にDockerfileで指定したtop -Hが実行されます。

では次に**docker run**にコマンドライン引数を渡した状態で実行します。

コマンド2-3-3-59

```
$ docker run --rm -it build:cmd_exec top -b
top - 07:09:02 up  8:44,  0 users,  load average: 0.00, 0.00, 0.00
Tasks:   1 total,   1 running,   0 sleeping,   0 stopped,   0 zombie
%Cpu(s):  0.0 us,  0.1 sy,  0.0 ni, 99.9 id,  0.0 wa,  0.0 hi,  0.0 si,  0.0 st
KiB Mem :  4041592 total,  3685556 free,    65232 used,   290804 buff/cache
KiB Swap:  1923444 total,  1923444 free,        0 used.  3626056 avail Mem

  PID USER      PR  NI    VIRT    RES    SHR S %CPU %MEM    TIME+ COMMAND
    1 root      20   0   36532   3056   2696 R  0.0  0.1  0:00.02 top

top - 07:09:05 up  8:44,  0 users,  load average: 0.00, 0.00, 0.00
Tasks:   1 total,   1 running,   0 sleeping,   0 stopped,   0 zombie
%Cpu(s):  0.0 us,  0.0 sy,  0.0 ni,100.0 id,  0.0 wa,  0.0 hi,  0.0 si,  0.0 st
KiB Mem :  4041592 total,  3685840 free,    64888 used,   290864 buff/cache
KiB Swap:  1923444 total,  1923444 free,        0 used.  3626372 avail Mem

  PID USER      PR  NI    VIRT    RES    SHR S %CPU %MEM    TIME+ COMMAND
    1 root      20   0   36532   3056   2696 R  0.0  0.1  0:00.02 top
```

先ほどは**top -H**として実行されていたコンテナが、今度は**top -b**で実行されていることがわかります（また、shell formとしてではなくexec formとして実行されていることにも注目です）。

これは**docker run**で指定したコマンドライン引数でDockerfileに指定したCMDの内容が上書きされているためです。

100

ENTRYPOINTだけを指定したDockerfileから生成したイメージを実行する際にはどのように動作するかを見てみましょう（Chapter02/Dockerfile/cmd/only_entrypoint/Dockerfileを参照）。

データ2-3-3-29：Dockerfile

```
FROM ubuntu:16.04

ENTRYPOINT ["top"]
```

buildしてみましょう。

コマンド2-3-3-60

```
$ docker build -f cmd/only_entrypoint/Dockerfile -t build:cmd_only_entrypoint ./cmd/only_
entrypoint/
Sending build context to Docker daemon  2.048kB
Step 1/2 : FROM ubuntu:16.04
 ---> 0458a4468cbc
Step 2/2 : ENTRYPOINT ["top"]
 ---> Using cache
 ---> badc3f715553
Successfully built badc3f715553
Successfully tagged build:cmd_only_entrypoint
```

次に、**docker run**で下記のように実行してみます。

コマンド2-3-3-61

```
$ docker run --rm -it build:cmd_only_entrypoint -b
top - 07:48:14 up  9:03,  0 users,  load average: 0.04, 0.01, 0.00
Tasks:   1 total,   1 running,   0 sleeping,   0 stopped,   0 zombie
%Cpu(s):  0.0 us,  0.1 sy,  0.0 ni, 99.9 id,  0.0 wa,  0.0 hi,  0.0 si,  0.0 st
KiB Mem :  4041592 total,  3674620 free,    73304 used,   293668 buff/cache
KiB Swap:  1923444 total,  1923444 free,        0 used.  3616524 avail Mem

  PID USER      PR  NI    VIRT    RES    SHR S %CPU %MEM     TIME+ COMMAND
    1 root      20   0   36532   3032   2680 R  0.0  0.1   0:00.02 top

top - 07:48:17 up  9:03,  0 users,  load average: 0.03, 0.01, 0.00
Tasks:   1 total,   1 running,   0 sleeping,   0 stopped,   0 zombie
%Cpu(s):  0.0 us,  0.0 sy,  0.0 ni,100.0 id,  0.0 wa,  0.0 hi,  0.0 si,  0.0 st
KiB Mem :  4041592 total,  3674736 free,    73096 used,   293760 buff/cache
KiB Swap:  1923444 total,  1923444 free,        0 used.  3616692 avail Mem

  PID USER      PR  NI    VIRT    RES    SHR S %CPU %MEM     TIME+ COMMAND
    1 root      20   0   36532   3032   2680 R  0.0  0.1   0:00.02 top
```

Chapter 2 | Dockerの基本的な使い方

すると**top -b**コマンドが実行されました。

これはDockerfileで**ENTRYPOINT**が指定され、**docker run**で**CMD**が指定されたことにより、**CMD**が**ENTRYPOINT**のパラメータ引数として動作しているためです。

Dockerfileを作成する際には以上のことにも注意しながら**ENTRYPOINT**と**CMD**を使っていきましょう。

2-3-4 Dockerfileからイメージを作成する

本節ではいままでに紹介したコマンドのいくつかを使ってDockerイメージを作成してみます。

今回は例として**ubuntu**に**nginx**をインストールし、起動しWebサーバーとして動作するDockerイメージを作成してみましょう。

最初に完成版となる**Dockerfile**を示します（Chapter02/Dockerfile/sample/Dockerfileを参照）。

データ2-3-4-1：Dockerfile

```
FROM ubuntu:16.04

RUN apt-get update && apt-get install -y nginx curl

EXPOSE 80
ENTRYPOINT ["nginx", "-g", "daemon off;"]
```

こちらを**build**コマンドを使ってビルドしましょう。

コマンド2-3-4-1

```
$ docker build -f sample/Dockerfile -t sample:nginx ./sample/
Sending build context to Docker daemon  3.072kB
Step 1/4 : FROM ubuntu:16.04
 ---> 0458a4468cbc
Step 2/4 : RUN apt-get update && apt-get install -y nginx curl
 ---> Running in 31861bdb4608

               ～ 省略 ～

Successfully built 115649239097
Successfully tagged sample:nginx
```

Successfully tagged sample:nginxと最後に表示されれば**build**成功です。

102

imagesコマンドによりイメージが作成されたことを確認しましょう。

コマンド2-3-4-2

```
$ docker images
REPOSITORY        TAG              IMAGE ID           CREATED            SIZE
sample            nginx            eaafdea700d1       About a minute ago 220MB
ubuntu            16.04            0458a4468cbc       4 weeks ago        112MB
```

無事イメージが作成されましたね。

それでは早速作成されたイメージを実行して動作確認をしてみましょう。

runコマンドと**-p**オプションによりDocker machineのポートと接続した状態でコンテナを起動してcurlによりnginxサーバーが起動しているかを確かめてみましょう。

コマンド2-3-4-3

```
$ docker run -d -p 80:80 sample:nginx
2a1cfe5eadc8e83f9f97401e6770d853691848c4d5047b14145037ed2e5f9a0b
$ curl localhost
<!DOCTYPE html>
<html>
<head>
<title>Welcome to nginx!</title>
<style>
    body {
        width: 35em;
        margin: 0 auto;
        font-family: Tahoma, Verdana, Arial, sans-serif;
    }
</style>
</head>
<body>
<h1>Welcome to nginx!</h1>
<p>If you see this page, the nginx web server is successfully installed and
working. Further configuration is required.</p>

<p>For online documentation and support please refer to
<a href="http://nginx.org/">nginx.org</a>.<br/>
Commercial support is available at
<a href="http://nginx.com/">nginx.com</a>.</p>

<p><em>Thank you for using nginx.</em></p>
</body>
</html>
```

無事nginxが起動していることを確認できました。

103

Chapter 2 | Dockerの基本的な使い方

2-3-5 Dockerイメージのレイヤーとキャッシュについて

本節ではDockerイメージのレイヤーと、キャッシュについて説明します。
詳細な説明についてはこちらの公式ドキュメントも合わせて読むことをオススメします。

https://docs.docker.com/storage/storagedriver/#images-and-layers

Dockerのイメージはレイヤーと呼ばれるものがいくつも積み重なった層で成り立っており、1つ1つのレイヤーは
Dockerfileの各コマンドに対応して成り立っています。
たとえば、前節で作成したubuntuにnginxをインストールしたDockerイメージを作るDockerfileを例にとってみましょ
う（Chapter02/Dockerfile/sample/Dockerfileを参照）。

┃ データ2-3-5-1：Dockerfile

```
FROM ubuntu:16.04

RUN apt-get update && apt-get install -y nginx curl

EXPOSE 80
ENTRYPOINT ["nginx", "-g", "daemon off;"]
```

この場合、Dockerfileには4つのコマンドがあるため、次図のようなレイヤーが作成されることになります。

図2-3-5-1:Dockerレイヤーについて

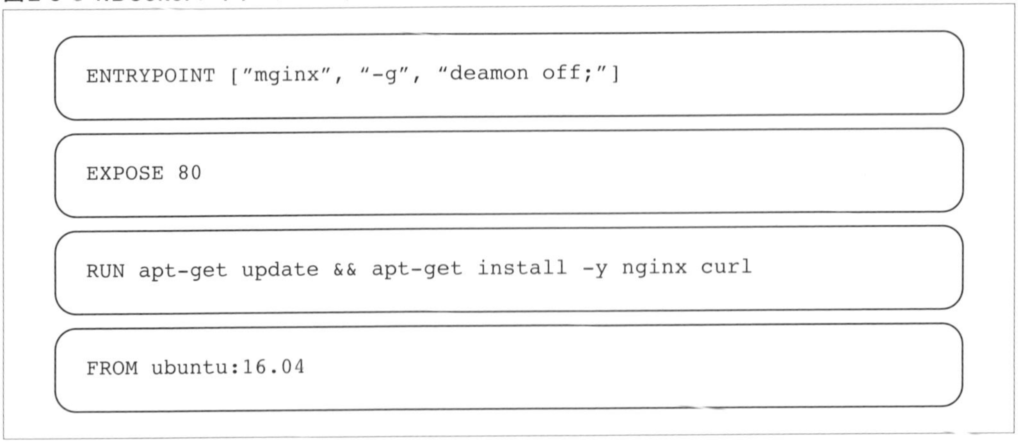

```
ENTRYPOINT ["mginx", "-g", "deamon off;"]

EXPOSE 80

RUN apt-get update && apt-get install -y nginx curl

FROM ubuntu:16.04
```

104

前節のbuildの際のログ出力の途中には、よく見ると**Removing intermediate container**という出力の次の行にIDが表示されています。

これらが全てDockerイメージのレイヤーとなっています。

Dockerイメージのレイヤーはベースとなるubuntuの16.04のイメージから始まり、Dockerfileの各行の内容が積み重なり最終的に新たなDockerイメージが作られます。

データ2-3-5-2：前回のbuildログ

```
Step 1/4 : FROM ubuntu:16.04
 ---> 0458a4468cbc
Step 2/4 : RUN apt-get update && apt-get install -y nginx curl
 ---> Running in 31861bdb4608
Get:1 http://archive.ubuntu.com/ubuntu xenial InRelease [247 kB]


                          ～省略～


Processing triggers for systemd (229-4ubuntu21) ...
Removing intermediate container 31861bdb4608
 ---> 17d2807192d5
Step 3/4 : EXPOSE 80
 ---> Running in 80fdc6b2789a
Removing intermediate container 80fdc6b2789a
 ---> 166695740540
Step 4/4 : ENTRYPOINT ["nginx", "-g", "daemon off;"]
 ---> Running in 8a47fd5a8156
Removing intermediate container 8a47fd5a8156
 ---> 115649239097
Successfully built 115649239097
Successfully tagged sample:nginx
```

レイヤーのIDも含めて図を更新すると次図のようになります。

図2-3-5-2:Dockerレイヤーについて

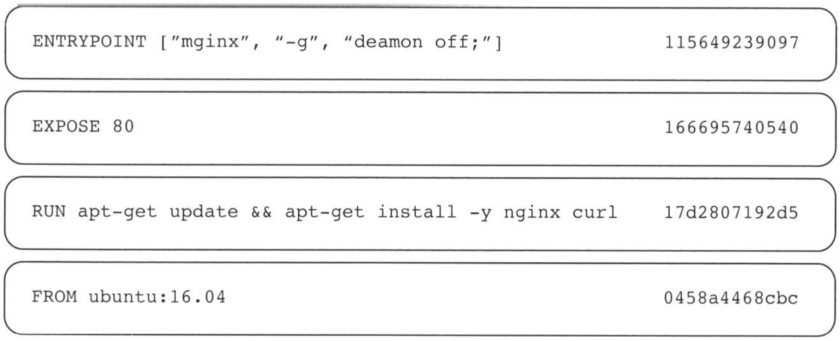

Chapter 2 | Dockerの基本的な使い方

Dockerのレイヤーはdocker historyコマンドを使うことで確認することができます。

コマンド2-3-5-1

```
$ docker history sample:nginx
IMAGE              CREATED           CREATED BY                                        SIZE
COMMENT
115649239097       10 minutes ago    /bin/sh -c #(nop)  ENTRYPOINT ["nginx" "-g"…0B
166695740540       10 minutes ago    /bin/sh -c #(nop)  EXPOSE 80                      0B
17d2807192d5       10 minutes ago    /bin/sh -c apt-get update && apt-get install…108MB
0458a4468cbc       4 weeks ago       /bin/sh -c #(nop)  CMD ["/bin/bash"]             0B
<missing>          4 weeks ago       /bin/sh -c mkdir -p /run/systemd && echo 'do…7B
<missing>          4 weeks ago       /bin/sh -c sed -i 's/^#\s*\(deb.*universe\)$…2.76kB
<missing>          4 weeks ago       /bin/sh -c rm -rf /var/lib/apt/lists/*           0B
<missing>          4 weeks ago       /bin/sh -c set -xe   && echo '#!/bin/sh' > /…745B
<missing>          4 weeks ago       /bin/sh -c #(nop) ADD file:a3344b835ea6fdc56…112MB
```

イメージIDの部分が上記のbuild結果のIDと一致することがわかります。

またDockerではイメージキャッシュというものがあり、buildを効率的に行えるように作られています。

Dockerfileで差分と認識されたところ以外では過去に作られたイメージのキャッシュをそのまま使うことでbuildにかかる時間を短縮できます。

たとえば先ほどのDockerfileを下記のように変更してbuildしてみましょう。

80番ポートだけではなく443番ポートも開ける宣言を追加しました（Chapter02/Dockerfile/sample/Dockerfile_modifiedを参照）。

データ2-3-5-3：Dockerfile_modified

```
FROM ubuntu:16.04

RUN apt-get update && apt-get install -y nginx curl

EXPOSE 443
EXPOSE 80
ENTRYPOINT ["nginx", "-g", "daemon off;"]
```

それでは**build**してみます。

コマンド2-3-5-2

```
$ docker build -f sample/Dockerfile_modified -t sample:nginx_modified ./sample/
Sending build context to Docker daemon  3.072kB
Step 1/5 : FROM ubuntu:16.04
 ---> 0458a4468cbc
Step 2/5 : RUN apt-get update && apt-get install -y nginx curl
 ---> Using cache
 ---> 17d2807192d5
Step 3/5 : EXPOSE 443
 ---> Running in 023866783d3f
Removing intermediate container 023866783d3f
 ---> 338d71842fcb
Step 4/5 : EXPOSE 80
 ---> Running in f0c5e2c0bb32
Removing intermediate container f0c5e2c0bb32
 ---> 7dd2f09696b4
Step 5/5 : ENTRYPOINT ["nginx", "-g", "daemon off;"]
 ---> Running in c79135e3ddee
Removing intermediate container c79135e3ddee
 ---> b15dffe9b825
Successfully built b15dffe9b825
Successfully tagged sample:nginx_modified
```

いかがでしょうか?

前節で出力（データ2-3-5-2：前回のbuildログ）の長くでていた**RUN apt-get update && apt-get install -y nginx curl**の行の処理が下記のように表示されて、キャッシュが使われてすぐに次のコマンドの処理に移っていることがわかります。

コマンド2-3-5-3

```
Step 2/5 : RUN apt-get update && apt-get install -y nginx curl
 ---> Using cache
 ---> 17d2807192d5
```

これがDockerレイヤーのキャッシュ利用となります。

またキャッシュに使われたDockerレイヤーは先ほどと同じIDなのもわかります。

そして次の行の**EXPOSE 443**は先ほどのDockerfileには存在しない記述だったため、キャッシュが使われることはなく新たなDockerレイヤーが作成されていることが次の出力からわかります。

Chapter 2 | Dockerの基本的な使い方

コマンド2-3-5-4

```
Step 3/5 : EXPOSE 443
 ---> Running in 023866783d3f
Removing intermediate container 023866783d3f
 ---> 338d71842fcb
```

そして注目すべきは次の行となります。

EXPOSE 80のコマンドは最初のRUNコマンドと同様に全く内容が変わっていないにもかかわらずキャッシュが使われずに新しいレイヤーとして処理されています。

これはDockerの仕様で、**キャッシュが使われない行が出たときには次の処理からは全てキャッシュが使われずに処理されてしまう**ためです。

コマンド2-3-5-5

```
Step 4/5 : EXPOSE 80
 ---> Running in f0c5e2c0bb32
Removing intermediate container f0c5e2c0bb32
 ---> 7dd2f09696b4
```

最後の行も同じ記述でしたが、やはり新しいレイヤーが作成されています。

最後にdocker historyでレイヤーの内容を比較してみます。

コマンド2-3-5-6

```
$ docker history sample:nginx_modified
IMAGE              CREATED            CREATED BY                               SIZE
COMMENT
b15dffe9b825       31 minutes ago     /bin/sh -c #(nop)  ENTRYPOINT ["nginx" "-g"…0B
7dd2f09696b4       31 minutes ago     /bin/sh -c #(nop)  EXPOSE 80             0B
338d71842fcb       31 minutes ago     /bin/sh -c #(nop)  EXPOSE 443            0B
17d2807192d5       About an hour ago  /bin/sh -c apt-get update && apt-get install…108MB
0458a4468cbc       4 weeks ago        /bin/sh -c #(nop)  CMD ["/bin/bash"]     0B
<missing>          4 weeks ago        /bin/sh -c mkdir -p /run/systemd && echo 'do…7B
<missing>          4 weeks ago        /bin/sh -c sed -i 's/^#\s*\(deb.*universe\)$…2.76kB
<missing>          4 weeks ago        /bin/sh -c rm -rf /var/lib/apt/lists/*   0B
<missing>          4 weeks ago        /bin/sh -c set -xe   && echo '#!/bin/sh' > /…745B
<missing>          4 weeks ago        /bin/sh -c #(nop) ADD file:a3344b835ea6fdc56…112MB
```

108

nginxのインストール行までは先ほどと同じイメージIDとなっており、その後のレイヤーは全て新しいイメージIDとなっています。

図示すると次図のようになっています（太字がキャッシュが使われたレイヤー）。

図2-3-5-3:Dockerレイヤーについて

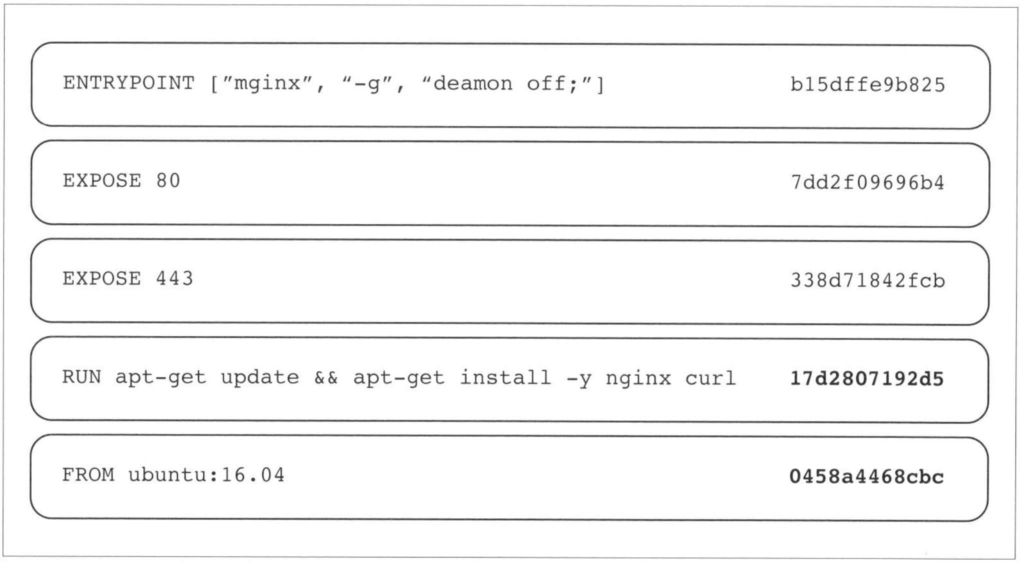

ENTRYPOINT ["mginx", "-g", "deamon off;"]	b15dffe9b825
EXPOSE 80	7dd2f09696b4
EXPOSE 443	338d71842fcb
RUN apt-get update && apt-get install -y nginx curl	**17d2807192d5**
FROM ubuntu:16.04	**0458a4468cbc**

キャッシュが使われる条件は下記に詳細が記載されていますのでご参照ください。

https://docs.docker.com/develop/develop-images/dockerfile_best-practices/#build-cache

Chapter 2 | Dockerの基本的な使い方

2-4

作成したDockerイメージを
レジストリで共有する

Dockerレジストリは Dockerのイメージを共有するための保管庫のようなものです。

Docker公式でホストしているレジストリサービスである**Docker Hub**をはじめ、AWSでは**Amazon EC2 Container Registry**というサービスだったり、GCPでは**Google Container Registry**、Azureでは**Azure Container Registry**というように大手クラウドベンダーからもDockerレジストリのサービスが提供されています。

本節では公式サービスであるDocker Hubの使い方について説明します。

2-4-1 | Docker Hub

Docker HubはDocker社が無償および有償で提供しているサービスです。

無償の場合は利用できる非公開のイメージのリポジトリは1つまでとなり、有償であれば料金に応じて作成できる非公開レポジトリの数を増やすことができます(2018年3月現在)。

図2-4-1-1:Docker Hubの料金

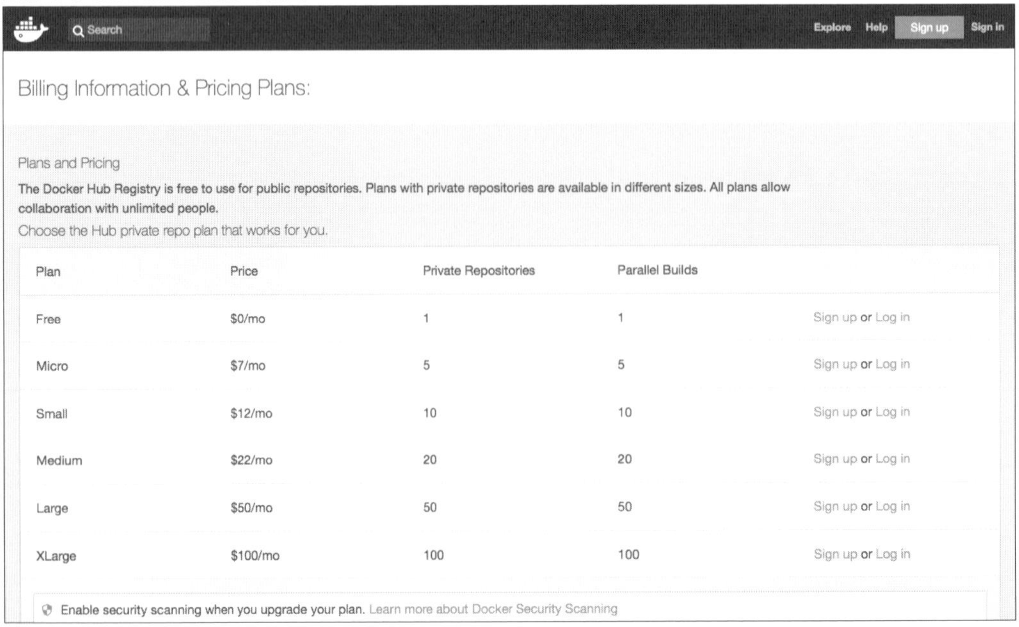

Billing Information & Pricing Plans:

Plans and Pricing

The Docker Hub Registry is free to use for public repositories. Plans with private repositories are available in different sizes. All plans allow collaboration with unlimited people.

Choose the Hub private repo plan that works for you.

Plan	Price	Private Repositories	Parallel Builds	
Free	$0/mo	1	1	Sign up or Log in
Micro	$7/mo	5	5	Sign up or Log in
Small	$12/mo	10	10	Sign up or Log in
Medium	$22/mo	20	20	Sign up or Log in
Large	$50/mo	50	50	Sign up or Log in
XLarge	$100/mo	100	100	Sign up or Log in

Enable security scanning when you upgrade your plan. Learn more about Docker Security Scanning

前節で利用したmysqlやubuntu、nginxなどの有名なOSSイメージがDocker Hubで公開されています。

https://hub.docker.com/explore/

図2-4-1-2:Docker Hubに登録されている有名OSSのイメージ

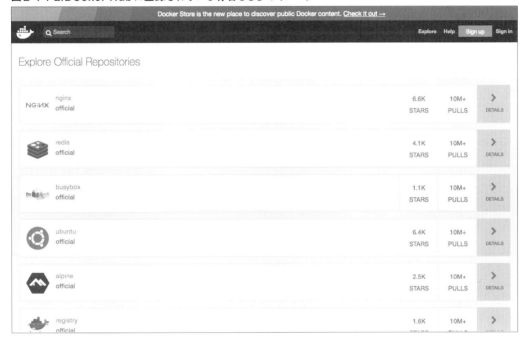

Docker Hubのアカウント作成

それではDocker Hubのアカウントを作ってみましょう。

https://hub.docker.comにアクセスします。
Docker IDとメールアドレス、パスワードを入力し「Sign Up」をクリックします。

図2-4-1-3:DockerHubのアカウント登録画面

 登録が成功すると、入力したメールアドレス宛にDocker Hubのアカウント登録メールが届きます。
メールを開いて「Confirm Your Email」をクリックしましょう。

図2-4-1-4:DockerHub登録メール

03 ログイン確認画面が開くので、最初に登録したDocker IDとパスワードを入力して登録完了します。

図2-4-1-5:DockerHub登録完了

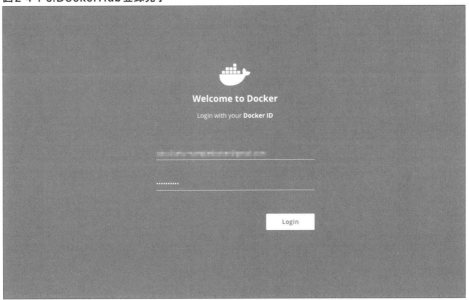

04 登録が完了するとログイン後のTOP画面が表示されます。
最初はリポジトリが存在しないため、リポジトリ登録のためのリンクなどが表示されます。
今回はリポジトリ名は**sample**とし「Create」をクリックします。

図2-4-1-6:DockerHubログイン後の画面

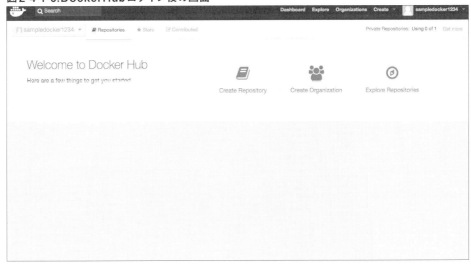

05 リポジトリ登録画面が表示されます。
作りたいリポジトリの名前を入力し、Visibilityの選択肢をPrivateにします。

図2-4-1-7:非公開リポジトリの作成

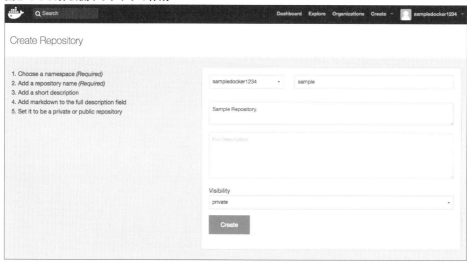

これでDocker Hubのアカウントと非公開リポジトリは作成できました。

リポジトリにDockerイメージを追加

それではいよいよ作成したリポジトリにDockerイメージを追加(**push**)してみましょう。
試しに以前利用したhello-worldのDockerイメージにタグを付け替えて、先ほど作成した非公開リポジトリにpushしてみます。
まずは**pull**で**Docker**イメージを取得します。

コマンド2-4-1-1

```
$ docker pull hello-world
Using default tag: latest
latest: Pulling from library/hello-world

b04784fba78d: Pull complete
Digest: sha256:f3b3b28a45160805bb16542c9531888519430e9e6d6ffc09d72261b0d26ff74f
Status: Downloaded newer image for hello-world:latest
```

docker imagesコマンドで正しくpullできたか、確認してみます。

コマンド2-4-1-2

```
$ docker images
REPOSITORY          TAG              IMAGE ID          CREATED          SIZE
hello-world         latest           1815c82652c0      8 weeks ago      1.84 kB
```

次に**tag**で既存のDockerイメージに新しくタグ付けを行います。

Docker Hubにイメージをpushする場合には**{account name}/{repository_name}:{tag_name}**といった
形でタグ付けを行います（既存のイメージに先ほど作成した非公開レポジトリのイメージのタグ付けを行います）。

コマンド2-4-1-3

```
$ docker tag hello-world:latest sampledocker1234/sample:latest
```

同じImage IDで自分のDocker Hubアカウント用のイメージが作成できたことを確認します。

コマンド2-4-1-4

```
$ docker images
REPOSITORY                  TAG          IMAGE ID          CREATED          SIZE
hello-world                 latest       1815c82652c0      8 weeks ago      1.84 kB
sampledocker1234/sample     latest       1815c82652c0      8 weeks ago      1.84 kB
```

それでは実際に**push**といきたいですが、そのままではDocker Hubにログインしていないため失敗します。

コマンド2-4-1-5

```
$ docker push sampledocker1234/sample:latest
The push refers to a repository [docker.io/sampledocker1234/sample]
45761469c965: Preparing
denied: requested access to the resource is denied
```

まずは**login**コマンドを実行してDocker Hubにログインしてから**image**を**push**しましょう。

コマンド2-4-1-6

```
$ docker login
Login with your Docker ID to push and pull images from Docker Hub. If you don't have a Docker
ID, head over to https://hub.docker.com to create one.
Username: sampledocker1234
Password: //アカウント作成時に指定したパスワードを入力します
Login Succeeded
```

loginが成功したら次に**push**を行います。

コマンド2-4-1-7

```
$ docker push sampledocker1234/sample:latest
The push refers to a repository [docker.io/sampledocker1234/sample]
45761469c965: Layer already exists
latest: digest: sha256:9fa82f24cbb11b6b80d5c88e0e10c3306707d97ff862a3018f22f9b49cef303a size: 524
```

pushが完了したらDocker Hubのリポジトリページを確認してみましょう。

Tagページの開いた時に先ほどpushしたイメージが入っていることが確認できます。

図2-4-1-8:Dockerイメージの**push**完了確認

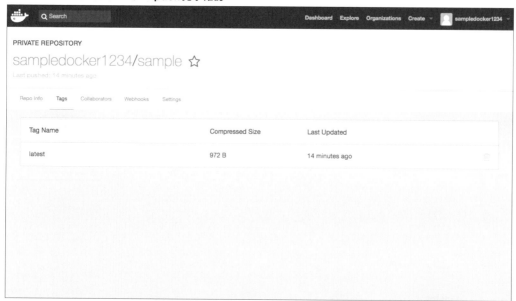

2-5
Docker Composeで複数コンテナをまとめて管理する

2-5-1 docker-composeとは

Docker Composeは複数のコンテナをまとめて管理しやすくするためのコマンドツールです。
複数のコンテナ間のネットワーク設定や、ポートの開放設定、ボリュームマウント設定もまとめて**docker-compose.yml**というyaml形式のファイルに記述してコマンドひとつでコンテナの実行や停止、削除をすることができます。今までは**Dockerfile**と**docker build**により1つのサービスの定義と作成をしてきましたが、**docker-compose.yml**と**docker-compose**により複数のサービスからなるシステムを定義し作成することができるようになります。

2-5-2 docker-composeのインストール

Docker ToolboxからインストールしたWindowsおよびMacには既に**docker-compose**はインストールされています。そのため本書ではLinux(ubuntu)環境でのインストール手順を示します。
最新のインストール情報は下記URLより確認してください。

https://docs.docker.com/compose/install/#install-compose

 curlコマンドによりdocker-composeの実行ファイルをダウンロードします。
docker-compose 1.15.0をインストールします（他のバージョンをインストールする場合は**1.15.0**の部分の記述を変えれば問題ありません）。

> コマンド 2-5-2-1
>
> ```
> $ sudo curl -L https://github.com/docker/compose/releases/download/1.15.0/docker-compose-`uname -s`-`uname -m` -o /usr/local/bin/docker-compose
> [sudo] password for saku:
> % Total % Received % Xferd Average Speed Time Time Time Current
>                                  Dload Upload Total Spent Left Speed
> 100  617  0  617   0  0  569    0 --:--:-- 0:00:01 --:--:--  569
> 100 8650k 100 8650k 0  0  392k   0 0:00:22 0:00:22 --:--:-- 297k
> ```

Chapter 2 | Dockerの基本的な使い方

02 ダウンロードした実行ファイルに実行権限を付加します。

コマンド2-5-2-2

```
$ sudo chmod +x /usr/local/bin/docker-compose
```

03 インストールが成功したかどうか**docker-compose version**を実行することで確認します。

コマンド2-5-2-3

```
$ docker-compose version
docker-compose version 1.15.0, build e12f3b9
docker-py version: 2.4.2
CPython version: 2.7.13
OpenSSL version: OpenSSL 1.0.1t 3 May 2016
```

以上で使う準備が整いました。

2-5-3 docker-composeコマンド一覧とその意味

docker-composeの基本的なコマンドを次の表にまとめましたので、参考にしてください。

コマンド	意味
up	docker-composeファイルに記載されたコンテナのイメージをpull（またはbuild）してコンテナを起動する
down	docker-composeファイルに記載されたコンテナを停止して削除する
exec	実行中のdockerコンテナでコマンドを実行する
kill	docker-composeファイルに記載されたコンテナを強制停止する
logs	docker-composeファイルに記載されたコンテナのログを取得する
ps	docker-composeファイルに記載されたコンテナのステータスを表示する
stop	docker-composeファイルに記載されたコンテナを停止する
start	docker-composeファイルに記載されたコンテナを起動する
rm	docker-composeファイルに記載された停止中のコンテナを削除する

118

2-5-4 docker-composeでWordPress環境を構築する

ここでは、docker-composeを使った例としてWordPressのサーバーを構築を**docker-compose**を使って行ってみたいと思います。
これにより、**docker-compose**がどのような役割をしているかわかると思います。
WordPressのシステムはWordPressが動作するWebサーバーと、MySQLが動作するサーバーによって成り立ちます。
早速はじめてみましょう。

まずは下記の内容を**docker-compose.yml**として作成します（Chapter02/Dockerfile/WordPress/docker-compose.ymlを参照）。

データ2-5-4-1：docker-compose.yml

```yaml
version: '3'

services:
  wordpress:
    image: wordpress
    ports:
      - 80:80
    environment:
      WORDPRESS_DB_HOST: mysql:3306
      WORDPRESS_DB_USER: wp_user
      WORDPRESS_DB_PASSWORD: wp_pass
    depends_on:
      - mysql

  mysql:
    image: mysql:5.7
    environment:
      MYSQL_ROOT_PASSWORD: sample
      MYSQL_DATABASE: wordpress
      MYSQL_USER: wp_user
      MYSQL_PASSWORD: wp_pass
```

上記のymlファイルについて解説すると下記の内容となります。

- docker-comose の version3 の文法に従うものとする
- 2つのサービスを定義
    - WordPress
        - WordPress公式のDockerイメージの最新版（latest）を使う
        - Dockerホストの80番とコンテナの80番ポートを接続する

- 下記の環境変数を持つ
    - WORDPRESS_DB_HOST という名前で、mysql:3306 という値を持つ
    - WORDPRESS_DB_USER という名前で、wp_user という値を持つ
    - WORDPRESS_DB_PASSWORD という名前で、wp_pass という値を持つ
- mysql サービスに依存する
- MySQL
    - MySQL公式のDockerイメージのバージョン5.7を使う
    - 下記の環境変数を持つ
        - MYSQL_ROOT_PASSWORD という名前で、sample という値を持つ
        - MYSQL_DATABASE という名前で、wordpress という値を持つ
        - MYSQL_USER という名前で、wp_user という値を持つ
        - MYSQL_PASSWORD という名前で、wp_pass という値を持つ

02 ファイルができたら**docker-compose up**を**-d**オプション（detachモード、バックグラウンドでコンテナを動作させるオプションです）で実行します。

コマンド2-5-4-1

```
$ docker-compose up -d
Creating network "saku_default" with the default driver
Pulling mysql (mysql:5.7)...

                   ～ 省略 ～

Creating saku_mysql_1 ... done
Creating saku_wordpress_1 ...
Creating saku_wordpress_1 ... done
```

03 コンテナが無事に立ち上がったらブラウザを開き、立ち上げたWebサーバーにアクセスしてWordPressのシステムが動作したことを確認します。

後は、通常のWordPressのインストール手順と変わりません。
MySQLのデータベース名、ユーザー名、ルートパスワードなどはdocker-compose.ymlに記載されている内容を入れてください。

Chapter 3

オンプレの構成をコピーした
Docker環境を作成する

この章では、オンプレミスサーバーで動作しているサービスの構成をそのまま1つのDockerコンテナで動かす構成例を紹介します。

2章でも紹介したように、一般に配布されているDockerイメージは一つのコンテナ（イメージ）につき一つのサービス（プロセス）が動作することが良いとされていますが、必ずしもそうである必要はありません。オンプレミスサーバーでは一つのホスト環境にログ管理やキャッシュやワーカーといった複数のサービスが動いている場合がほとんどです。

そのようなユースケースに対応したベースイメージを利用して、一つのコンテナで複数のサービスを動作させるような全部いりのイメージを作成してみましょう。

Chapter 3 | オンプレの構成をコピーしたDocker環境を作成する

3-1

サーバーの環境一式を
全部入りコンテナに移行する

最初の構成例として、オンプレミスサーバーや仮想プライベートサーバー（Virtual Private Server、VPS）上で動作しているUbuntuベースのWordPressサイトを全部入りのDockerコンテナに移行させる例を紹介します。WordPressのサイトはいわゆるLAMP（Linux、Apache、MySQL、PHP）構成で動作するサービスです。WordPressはPHPのプログラムですが、これを動かすためには主に2つのサービスが必要です。一つはWebサーバーとなるApacheで、これにはPHPプログラムを実行するためのmod-phpが組み込まれています。

もう一つは、投稿などを保存するために必要になる、データベース（DB）サーバーのMySQLです。

Dockerコンテナ内で実行するプロセス（サービス）は原則一つのみですが、複数のプロセスやサービスを動かす方法はいくつかあります。たとえばDockerのドキュメントにも**Supervisor**（http://supervisord.org/）を使った方法が紹介されています（https://docs.docker.com/config/containers/multi-service_container/）。この章では**Phusion**（https://www.phusion.nl/）が提供している**Baseimage-docker**（https://phusion.github.io/baseimage-docker/）をベースイメージに使った方法を紹介します。Baseimage-dockerは初めてDockerでコンテナを作る人にとって使い勝手の良いベースイメージになっており、サービスの管理やカーネルに近い機能を除けば素のUbuntu環境とほぼ同じように使うことができます。まずはこれを使ってコンテナ環境の構築や運用に慣れてみるのもよいでしょう。

3-1-1 コンテナで複数のプロセスを動かす場合の注意

Dockerがコンテナ内で最初に実行する（ENTRYPOINT命令やCMD命令に指定された）コマンドで立ち上がるプロセスのプロセスID（PID）は1となっており、Linuxの元となっているUnixでは特別な役割を持っています。

主に問題となるのがシグナル管理やゾンビプロセスの扱いで、これらを正しく処理できないプロセスだとコンテナが正しく動作しない原因になってしまいます。特にシグナル管理が正しくできていないと、**docker stop**でコンテナを適切に停止させることができません。

Docker Engineのバージョン1.13.0以降では**docker run**コマンドに**--init**オプションを指定することでDockerが用意しているinitプログラム（tini - https://github.com/krallin/tini）を経由してコマンドを実行することができます。前述のSupervisorや**Foreman**（https://github.com/ddollar/foreman）といったスーパーバイザーを経由して一つないし複数の子プロセスが立ち上がるようにした場合、このオプションを指定することでゾンビプロセスの扱いといった問題をスーパーバイザーの特別なサポートなしに解消することができます。また、そもそもサーバー内の全てのサービスが一つのスーパーバイザーや監視ツール（monitなど）で管理されているとは限りません。

前述のシグナル管理だけでなく、サービスが異常終了した場合の対応が問題になります。Dockerは最初に実行したプロセスの状態しかチェックしていないため、再起動などの適切な対応はコンテナ内部のプロセスで処理する必要があります。
System V initやupstartからサービスが立ち上がるようになっていたり、systemdのようにOSと密に連携しているサービスを使っている、コンテナ内では別のスーパーバイザーを用意してサービスを管理する必要があります。

3-1-2 Baseimage-dockerについて

Baseimage-dockerは次のような特徴を持っており、一つのコンテナに複数のサービスを適切な形で動かすことができます。

- Ubuntu (16.04 LTS)ベースである
- 正しくUnixの仕様通りに動作するinitプロセスを使っている
- 既にsyslog（syslog-ng）とcronがインストール済みで、デフォルトで立ち上がるようになっている
- スーパーバイザーがインストール済みで、複数のサービスを立ち上げて管理することが容易に実現できる
- コンテナ内にSSHリーバーのプログラムやスクリプトが用意されており、簡単な設定でSSHサーバーを動かすことができる

図3-1-2-1:https://phusion.github.io/baseimage-docker/

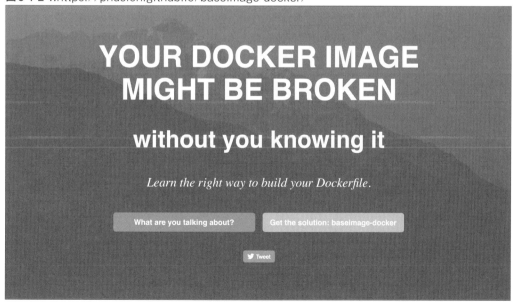

Chapter 3 │ オンプレの構成をコピーしたDocker環境を作成する

3-2

Baseimage-dockerを使ってみる

Dockerイメージのビルドを試してみる前に、まずはBaseimage-dockerそのものを使ってみましょう。

本章ではBaseimage-dockerのバージョンは執筆時点で最新の**v0.10.0**について解説しており、コマンド例でも動作が一意になるように明示的にタグを指定していることに注意してください。最新バージョン（**latest**タグ）のイメージに関する情報についてはDocker Hubのリポジトリ情報（https://hub.docker.com/r/phusion/baseimage/tags/）やGitHubのリリース情報（https://github.com/phusion/baseimage-docker/releases）を確認してください。

3-2-1　イメージをpullする

Baseimage-dockerのイメージはDocker Hubの**phusion/baseimage**から取得できます。

まず**docker pull**でイメージをpullしてみましょう。

コマンド3-2-1-1

```
$ docker pull phusion/baseimage:0.10.0
0.10.0: Pulling from phusion/baseimage
281a73dee007: Pull complete
2aea1b77cff7: Pull complete
59a714b7d8bf: Pull complete
0218064da0a9: Pull complete
ebac621dcea3: Pull complete
a3ed95caeb02: Pull complete
b580731643cc: Pull complete
faa5fbdba239: Pull complete
Digest: sha256:d72f41957bf41161c2b7ec00ed665573d17e8dfaaef55492063901a7e844532a
Status: Downloaded newer image for phusion/baseimage:0.10.0
```

Baseimage-dockerはDocker公式のUbuntuイメージをベースにして作成されています。

今回pullした**phusion/baseimage:0.10.0**は**ubuntu:xenial-20180123**をベースにしているため、前半部分では同じレイヤーになっていることが確認できます。

124

コマンド3-2-1-2

```
$ docker pull ubuntu:xenial-20180123
xenial-20180123: Pulling from library/ubuntu
1be7f2b886e8: Already exists
6fbc4a21b806: Already exists
c71a6f8e1378: Already exists
4be3072e5a37: Already exists
06c6d2f59700: Already exists
Digest: sha256:e27e9d7f7f28d67aa9e2d7540bdc2b33254b452ee8e60f388875e5b7d9b2b696
Status: Downloaded newer image for ubuntu:xenial-20180123

$ docker inspect --type image --format '{{json .RootFS.Layers}}' ubuntu:xenial-20180123 | jq
[
  "sha256:ff986b10a018b48074e6d3a68b39aad8ccc002cdad912d4148c0f92b3729323e",
  "sha256:9c7183e0ea88b265d83708dfe5b9189c4e12f9a1d8c3e5bce7f286417653f9b7",
  "sha256:c98ef191df4b42c3fd5155d23385e75ee59707c6a448dfc6c8e4e9c005a3df11",
  "sha256:92914665e7f61f8f19b56bf7983a2b3758cb617bef498b37adb80899e8b86e32",
  "sha256:6f4ce6b888495c7c9bd4a0ac124b039d986a3b18250fa873d11d13b42f6a79f4"
]

$ docker inspect --type image --format '{{json .RootFS.Layers}}' phusion/baseimage:0.10.0 | jq
[
  "sha256:ff986b10a018b48074e6d3a68b39aad8ccc002cdad912d4148c0f92b3729323e",
  "sha256:9c7183e0ea88b265d83708dfe5b9189c4e12f9a1d8c3e5bce7f286417653f9b7",
  "sha256:c98ef191df4b42c3fd5155d23385e75ee59707c6a448dfc6c8e4e9c005a3df11",
  "sha256:92914665e7f61f8f19b56bf7983a2b3758cb617bef498b37adb80899e8b86e32",
  "sha256:6f4ce6b888495c7c9bd4a0ac124b039d986a3b18250fa873d11d13b42f6a79f4",
  "sha256:5f70bf18a086007016e948b04aed3b82103a36bea41755b6cddfaf10ace3c6ef",
  "sha256:97017ee135c9e4add75043df47180248e8311c56daa84d6ca0f29c5d495d3e3b",
  "sha256:cee29f16e214c5a8f4624947e61e7dbe0837214ef0398eefc474af27c3139fa6",
  "sha256:5f70bf18a086007016e948b04aed3b82103a36bea41755b6cddfaf10ace3c6ef",
  "sha256:5f70bf18a086007016e948b04aed3b82103a36bea41755b6cddfaf10ace3c6ef"
]
```

Chapter 3 | オンプレの構成をコピーしたDocker環境を作成する

3-2-2 コンテナを実行する

コマンドを指定せずに**docker run**で実行すると、Baseimage-dockerのinitが立ち上がります。
イメージをpullしていない場合はこの時点でイメージがpullされます。

コマンド3-2-2-1

```
$ docker run --rm -it phusion/baseimage:0.10.0
*** Running /etc/my_init.d/00_regen_ssh_host_keys.sh...
*** Running /etc/my_init.d/10_syslog-ng.init...
Mar  3 02:31:19 89d5ccdb9c3d syslog-ng[9]: syslog-ng starting up; version='3.5.6'
Mar  3 02:31:19 89d5ccdb9c3d syslog-ng[9]: WARNING: you are using the pipe driver, underlying
file is not a FIFO, it should be used by file(); filename='/dev/stdout'
Mar  3 02:31:20 89d5ccdb9c3d syslog-ng[9]: EOF on control channel, closing connection;
*** Running /etc/rc.local...
*** Booting runit daemon...
*** Runit started as PID 15
Mar  3 02:31:20 89d5ccdb9c3d cron[18]: (CRON) INFO (pidfile fd = 3)
Mar  3 02:31:20 89d5ccdb9c3d cron[18]: (CRON) INFO (Running @reboot jobs)
```

コマンドに**-it**オプションを指定しているため、出力結果ではinitとサービスが立ち上がった後はそのまま入力待ちになっています。

出力の途中に「**WARNING: you are using the pipe driver, underlying file is not a FIFO, it should be used by file(); filename='/dev/stdout'**」という警告メッセージがあります。これは**docker run**に**-t**オプションを付けて標準出力がtty（端末デバイス）になっているために出力されるメッセージで、この場合は無視しても問題ありません。
ここで**Ctrl+C**をタイプするとinitのシャットダウン処理が実行されます。

コマンド3-2-2-2

```
^C
*** Shutting down runit daemon (PID 15)...
*** Running /etc/my_init.post_shutdown.d/10_syslog-ng.shutdown...
Mar  3 02:31:49 89d5ccdb9c3d syslog-ng[9]: syslog-ng shutting down; version='3.5.6'
Mar  3 02:31:49 89d5ccdb9c3d syslog-ng[9]: EOF on control channel, closing connection;
*** Killing all processes...
```

コンテナの実行時に**--rm**オプションを指定しているため、停止したコンテナのイメージは削除されています。

コマンド3-2-2-3

```
$ docker ps -a
CONTAINER ID        IMAGE                   COMMAND                 CREATED                 STATUS
PORTS               NAMES
```

コンテナはUbuntuのイメージをベースにしているため、シェルを直接立ち上げることもできます。

コマンド3-2-2-4

```
$ docker run --rm -it phusion/baseimage:0.10.0 bash -l
root@a2ca2df0da13:/#
```

コマンドを指定してコンテナを立ち上げた場合、syslogやcronのメッセージが出力されずにbashのプロンプトが表示されました。これはDockerが直接bashを実行したのでBaseimage-dockerのinitを経由しなかったためです。Baseimage-dockerは独自のinitプログラムである**/sbin/my_init**を持っていて、コマンドを指定せずにコンテナを立ち上げる際に場合はこれが実行されるようになっています。

コマンド3-2-2-5

```
$ docker inspect --type image --format '{{json .Config.Cmd}}' phusion/baseimage:0.10.0
["/sbin/my_init"]
```

コマンドの先頭に**/sbin/my_init -- /bin/bash -l**のようにして実行すると、**my_init**の初期処理を経由してからbashのプロセスが立ち上がるようになります。

コマンド3-2-2-6

```
$ docker run --rm -it phusion/baseimage:0.10.0 /sbin/my_init -- bash -l
*** Running /etc/my_init.d/00_regen_ssh_host_keys.sh...
*** Running /etc/my_init.d/10_syslog-ng.init...
Mar  3 02:34:53 d9e90cf62f5a syslog-ng[9]: syslog-ng starting up; version='3.5.6'
Mar  3 02:34:53 d9e90cf62f5a syslog-ng[9]: WARNING: you are using the pipe driver, underlying
file is not a FIFO, it should be used by file(); filename='/dev/stdout'
Mar  3 02:34:54 d9e90cf62f5a syslog-ng[9]: EOF on control channel, closing connection;
*** Running /etc/rc.local...
*** Booting runit daemon...
*** Runit started as PID 15
*** Running bash -l...
Mar  3 02:34:54 d9e90cf62f5a cron[20]: (CRON) INFO (pidfile fd = 3)
Mar  3 02:34:54 d9e90cf62f5a cron[20]: (CRON) INFO (Running @reboot jobs)
root@d9e90cf62f5a:/#
```

Chapter 3 | オンプレの構成をコピーしたDocker環境を作成する

このようにして立ち上げたコンテナは、指定したコマンドが終了すると**my_init**もシャットダウン処理を実行してから
終了するようになっています。

コマンド3-2-2-7

```
root@d9e90cf62f5a:/# exit
logout
*** bash exited with status 0.
*** Shutting down runit daemon (PID 15)...
*** Running /etc/my_init.post_shutdown.d/10_syslog-ng.shutdown...
Mar  3 02:35:52 d9e90cf62f5a syslog-ng[9]: syslog-ng shutting down; version='3.5.6'
Mar  3 02:35:52 d9e90cf62f5a syslog-ng[9]: EOF on control channel, closing connection;
*** Killing all processes...
```

3-2-3 コンテナ内部で動作しているサービスを制御する

Baseimage-dockerはサービスを制御するスーパーバイザーとして**Runit**（http://smarden.org/runit/）
を使っています。RunitはUbuntuの**Upstart**（http://upstart.ubuntu.com/）やsystemd（https://
freedesktop.org/wiki/Software/systemd/）といったプログラムと同様、設定ファイルに記述されたサービ
スのプロセスの起動や終了をすることができます。デーモン化を意識していないプログラムであっても、Runitでは
簡単にサービスとして動作させることができるのも特徴です。ここではサービスを制御する方法について簡単に解説
します。その他の使い方は公式ページ（http://smarden.org/runit/）や、日本語で解説しているページが少
ないのですが日本Arch Linuxユーザー会が翻訳したArchWikiのページ（https://wiki.archlinux.jp/index.
php/Runit）などを参考にしてください。先の例に従ってbashが動くようにしてコンテナを立ち上げた状態にします。

コマンド3-2-3-1

```
$ docker run --rm -it phusion/baseimage:0.10.0 /sbin/my_init -- bash -l
*** Running /etc/my_init.d/00_regen_ssh_host_keys.sh...
*** Running /etc/my_init.d/10_syslog-ng.init...
Mar  3 03:12:53 006faf5fd130 syslog-ng[9]: syslog-ng starting up; version='3.5.6'
Mar  3 03:12:53 006faf5fd130 syslog-ng[9]: WARNING: you are using the pipe driver, underlying
file is not a FIFO, it should be used by file(); filename='/dev/stdout'
Mar  3 03:12:54 006faf5fd130 syslog-ng[9]: EOF on control channel, closing connection;
*** Running /etc/rc.local...
*** Booting runit daemon...
*** Runit started as PID 15
*** Running bash -l...
Mar  3 03:12:54 006faf5fd130 cron[19]: (CRON) INFO (pidfile fd = 3)
Mar  3 03:12:54 006faf5fd130 cron[19]: (CRON) INFO (Running @reboot jobs)
root@006faf5fd130:/#
```

まずは**ps**コマンドでコンテ内部で動いているプロセスを確認してみましょう。

コマンド 3-2-3-2

```
root@006faf5fd130:/# ps axwf
  PID TTY      STAT   TIME COMMAND
    1 pts/0    Ss     0:00 /usr/bin/python3 -u /sbin/my_init -- bash -l
    9 pts/0    D      0:00 /usr/sbin/syslog-ng --pidfile /var/run/syslog-ng.pid -F --no-caps
   15 pts/0    S      0:00 /usr/bin/runsvdir -P /etc/service
   17 ?        Ss     0:00  \_ runsv cron
   19 ?        S      0:00  |   \_ /usr/sbin/cron -f
   18 ?        Ss     0:00  \_ runsv sshd
   16 pts/0    S      0:00 bash -l
   30 pts/0    R+     0:00  \_ ps axwf
```

プロセスID **15**で動いている**runsvdir**がスーパーバイザーの大元になるプロセスです。これから**runsv**を経由して
サービスが立ち上がっているのがわかります。
サービスを制御するためには**sv**コマンドを使います。まずは**sv status**を実行してサービスの状態を確認してみま
しょう。

コマンド 3-2-3-3

```
root@006faf5fd130:/# sv status cron sshd
run: cron: (pid 19) 36s
down: sshd: 36s
```

出力結果から**cron**がプロセスID **19**で実行中で、**sshd**が停止していることがわかります。停止している**sshd**はサー
ビスの設定で（/etc/service/sshd/downが作成されているため）自動的に開始しないようになっています。
動作しているサービスを停止するためには**sv down**を使います。

コマンド 3-2-3-4

```
root@006faf5fd130:/# sv down cron
```

Chapter 3 | オンプレの構成をコピーしたDocker環境を作成する

何も出力がありませんが、プロセスが終了していることを確認できます。

コマンド3-2-3-5

```
root@006faf5fd130:/# ps axwf
  PID TTY      STAT   TIME COMMAND
    1 pts/0    Ss     0:00 /usr/bin/python3 -u /sbin/my_init -- bash -l
    9 pts/0    S      0:00 /usr/sbin/syslog-ng --pidfile /var/run/syslog-ng.pid -F --no-caps
   15 pts/0    S      0:00 /usr/bin/runsvdir -P /etc/service
   17 ?        Ss     0:00  \_ runsv cron
   18 ?        Ss     0:00  \_ runsv sshd
   16 pts/0    S      0:00 bash -l
   33 pts/0    R+     0:00  \_ ps axwf

root@006faf5fd130:/# sv status cron
down: cron: 64s, normally up
```

停止しているサービスを開始するためには**sv up**を使います。

コマンド3-2-3-6

```
root@006faf5fd130:/# sv up cron
root@006faf5fd130:/# Mar  3 03:15:41 006faf5fd130 cron[36]: (CRON) INFO (pidfile fd = 3)
Mar  3 03:15:41 006faf5fd130 syslog-ng[9]: WARNING: you are using the pipe driver, underlying
file is not a FIFO, it should be used by file(); filename='/dev/stdout'
Mar  3 03:15:41 006faf5fd130 cron[36]: (CRON) INFO (Skipping @reboot jobs -- not system startup)
```

3-2-4 コンテナ内部で新しいサービスを動かしてみる

新しいサービスをRunit経由で立ち上がるようにしてみましょう。

新しいサービスを追加するためには、**/etc/service**のディレクトリの下にサービス名のディレクトリを作成します。いったんディレクトリを作成すると、ディレクトリを検出したスーパーバイザーが新しいサービスと認識して立ち上げようとしてしまいます。そのため、この例ではいったん別のディレクトリでスクリプトを用意しています。

コマンド3-2-4-1

```
root@006faf5fd130:/# install -d /etc/service.tmp/sleepd
```

130

起動用のスクリプトを用意します。スクリプトの内容は、10秒**sleep**した後にsyslogにメッセージを送って終了するようにしました。ここではプロセスをデーモン化せずフォアグラウンドで実行していることに注意してください。

コマンド 3-2-4-2

```
root@006faf5fd130:/# ( echo '#!/bin/bash' ; echo 'sleep 10' ; echo 'logger "wake up"') | tee /
etc/service.tmp/sleepd/run
#!/bin/bash
sleep 10
logger "wake up"
root@006faf5fd130:/# chmod 755 /etc/service.tmp/sleepd/run
```

作成したディレクトリを**/etc/service**に移動するとサービスが立ち上がります。

コマンド 3-2-4-3

```
root@006faf5fd130:/# mv /etc/service.tmp/sleepd/ /etc/service/
root@006faf5fd130:/# sv status sleepd
run: sleepd: (pid 36) 9s
root@006faf5fd130:/# Mar  3 03:40:58 006faf5fd130 root: wake up
Mar  3 03:41:08 006faf5fd130 root: wake up
Mar  3 03:41:18 006faf5fd130 root: wake up
```

スクリプトでは出力が1回のみであるにもかかわらず、しばらく放置しているとログが10秒ごとに出力されていきます。この状態で再度**sv status**を実行してみるとプロセスIDが前の値とは異なっており、スーパーバイザーがプロセスの終了を検知してサービスを再起動していることがわかります。

コマンド 3-2-4-4

```
root@006faf5fd130:/# sv status sleepd
run: sleepd: (pid 70) 4s
```

Chapter 3 | オンプレの構成をコピーしたDocker環境を作成する

3-3

Dockerイメージを構築する

ここからはBaseimage-dockerを使った全部入りのDockerイメージを構築してみましょう。

イメージの作成に必要な手順は、主に下記の3ステップになります。

1. イメージのビルドに必要なリソースやスクリプトを用意する
2. 必要なパッケージがインストールされるようにする（プロビジョニング）
3. アプリケーションの構成ファイルを展開してサービスが動作するようにする（デプロイ）

プロビジョニングとデプロイでは似たようなことを行っていますが、ここでは別の手順として説明します。
同一の言語やフレームワークを用いたアプリケーションの場合、デプロイの手順は同じものになることが多いです。
プロビジョニングの手順はディストリビューション（ベースイメージ）によって大きく異なってきます。たとえばUbuntu
やDebianベースだとパッケージのインストールに**apt-get**コマンドを使いますが、CentOSベースの場合は**yum**コ
マンドを使います。

3-3-1 イメージのビルドに必要なリソースやスクリプトを用意する

2章でも紹介したように、**docker build**でDockerイメージをビルドするためには、ビルド手順をスクリプトで自動化
する必要があります。これまで手作業でコマンドを実行していたり、実行中に何らかの入力が必要な手順を含んで
いる場合、これらも自動化しておく必要があります。

また、ビルドに必要なリソースは、ビルド時にリモートから取得するようにするかDockerコマンドを実行する環境の
特定のディレクトリに用意しておく必要があります。加えて、このディレクトリに**Dockerfile**も含めておく必要があり
ます。Dockerではこれらのファイル一式をビルドコンテキスト(build context)と呼んでいます。コマンドラインか
ら**docker build**を実行した場合、Dockerfile単体やビルドコンテキストのファイル一式をtarアーカイブにまとめ、
Dockerデーモンに送っています。

132

今回の例ではビルドコンテキストとして**Chapter03/03-my-wordpress/**ディレクトリを用いることにします。この先の手順ではこのディレクトリをカレントディレクトリとして手順を説明していきます。

Dockerファイルを用意する

作業用のディレクトリに**Dockerfile**ファイルを作成します。Baseimage-dockerのイメージは**latest**タグではなく、バージョンを明示しておくことが望ましいです。常に最新のイメージを使うようにしていると、下位互換性のない新しいバージョンがリリースされた際に動かなくなるリスクがあります（バージョン0.9.19でUbuntu 14.04 LTSベースから16.04 LTSベースに変更されたことがありました）。

この例では執筆時点で最新のバージョン0.10.0のイメージが使われるように指定します（Chapter03/SampleFile/3-3-1-1/dockerfileを参照）。

データ3-3-1-1：dockerfile

```
FROM phusion/baseimage:0.10.0
```

この状態でターミナルから**docker build -t my-wordpress .**を実行してみましょう。

コマンド3-3-1-1

```
$ docker build -t my-wordpress .
Sending build context to Docker daemon  2.048kB
Step 1/1 : FROM phusion/baseimage:0.10.0
0.10.0: Pulling from phusion/baseimage
281a73dee007: Pull complete
2aea1b77cff7: Pull complete
59a714b7d8bf: Pull complete
0218064da0a9: Pull complete
ebac621dcea3: Pull complete
a3ed95caeb02: Pull complete
b580731643cc: Pull complete
faa5fbdba239: Pull complete
Digest: sha256:d72f41957bf41161c2b7ec00ed665573d17e8dfaaef55492063901a7e844532a
Status: Downloaded newer image for phusion/baseimage:0.10.0
 ---> 166cfc3f6974
Successfully built 166cfc3f6974
Successfully tagged my-wordpress:latest
SECURITY WARNING: You are building a Docker image from Windows against a non-Windows Docker
host. All files and directories added to build context will have '-rwxr-xr-x' permissions. It is
recommended to double check and reset permissions for sensitive files and directories.
```

ベースイメージがダウンロードされていない場合、この時点でベースイメージがダウンロードされます。いったんイメージがダウンロードされると、その後のビルドでは（イメージが更新されている場合でも）既にダウンロードされたイメージを再利用するようになります。

図3-3-1-1：ベースイメージのダウンロード

latestタグのように特定のビルドやバージョンを指していない場合、ダウンロード済みのイメージではなくて更新された新しいイメージを使いたい場合があります。その場合は**docker build --pull -t my-wordpress** .のように**--pull**オプションを付けることで、常に最新のイメージを取得するようになります。

WindowsでDockerイメージをビルドする際の注意点

Windows環境でdocker buildコマンドを実行した場合、下記のメッセージが出力されます。

データ3-3-1-2：Windows環境で出力される警告メッセージ

```
SECURITY WARNING: You are building a Docker image from Windows against a non-Windows Docker
host. All files and directories added to build context will have '-rwxr-xr-x' permissions. It is
recommended to double check and reset permissions for sensitive files and directories.
```

Docker Toolboxで動いているDockerはLinux環境（非Windows）であるため、Windows環境からビルドコンテキストを送信した場合に表示される警告メッセージです。Windowsではファイルモードの扱いがLinuxとは異なるため、全てのファイルとディレクトリに実行可能パーミッション（**-rwxr-xr-x**）がセットされてしまいます。

公開されている多くのDockerfileはLinux環境からビルドすることを想定しています。これらのファイルをそのままWindowsのDocker Toolboxからビルドすると、イメージ内部のパーミッションが想定していないものになっていたり、ビルドそのものが失敗する可能性があります。外部のDockerfileを持ってくる場合、これらのパーミッションが正しく再設定されているかどうか注意してください。

本章の例では、これらのパーミッションがビルド環境に依存しないように、Dockerfileの中で**chmod**を実行して明示的にセットするようにしています。

3-3-2 必要なパッケージがインストールされるようにする（プロビジョニング）

FROM行のみのDockerfileからイメージがビルドできたら、ビルド時に指定したイメージ名でコンテナを立ち上げることができます。続けてDockerfileにイメージをビルドするための命令を追加してしていくことになります。

ここではインストールの手順をDockerfileのRUNコマンドには直接書かず、いったん別のシェルスクリプトを経由して実行するようにします。シェルスクリプトで実行する内容のほとんどはDockerfile単体のRUNコマンドでも記述可能ですが、別ファイルのほうが可読性を高くすることができるためです。まずはベースイメージのみのコンテナを立ち上げて、必要なパッケージをインストールするための手順（スクリプト）を作成していきましょう。

下記のコマンドでコンテナを立ち上げます。

コマンド3-3-2-1

```
$ docker run --rm -it -v "$(pwd):/build" -w /build my-wordpress bash -l
```

前述のコマンドでは**-v "$(pwd):/build"**オプションを指定しているので、カレントディレクトリの内容がコンテナ内の/buildからアクセスできるようになります。また、コンテナで実行するコマンドは**/sbin/my_init -- bash -l**となっていて、Baseimage-dockerが用意しているinitプログラムを経由してシェルを実行しています。このようにして立ち上がったコンテナは、出力結果にもあるようにコンテナの初期設定が行われ、runit経由で必要なサービスが立ち上がった状態になっています。

ホスト環境に**scripts**ディレクトリを作成し、このディレクトリに**01-provisioning-install-packages.sh**という名前でファイルを作成します。ファイルはbashスクリプトとして作成するので、コンテナ内からは**bash /build/ scripts/01-provisioning-install-packages.sh**としてスクリプトを実行することができます。

前述の**docker**コマンドには**--rm**オプションを指定しているため、コンテナのシェルを終了（コンテナを停止）すればコンテナが削除（コンテナ内で加えられた変更が削除）されるようになっています。

ここではUbuntuのパッケージからApacheとMySQLとPHP 7をインストールし、最小限のLAMP環境を構築するスクリプトを作成します。最終的なスクリプトは下記のようになります（Chapter03/SampleFile/3-3-2-1/01-provisioning-install-packages.shを参照）。

データ3-3-2-1：01-provisioning-install-packages.sh

```
#!/bin/bash

# シェルの動作を設定する
#    -e:コマンドがエラーになった時点でエラー終了する
#    -u:未定義変数を参照した場合にエラー終了する
#    -x:実行されるコマンドを引数を展開した上で表示する
set -eux

#インストールするパッケージのリスト
INSTALL_PACKAGES="\
    apache2 \
    language-pack-ja \
    libapache2-mod-php7.0 \
    mysql-server-5.7 \
    php7.0 \
    php7.0-mbstring \
    php7.0-mysql \
    php7.0-opcache \
    tzdata \
"

#パッケージのインストール時に、対話形式のユーザーインタフェースを抑制する
export DEBIAN_FRONTEND=noninteractive

#日本国内のミラーサイトを使うようにし、ソースインデックスは取得しない
sed -i \
```

```
        -e 's,//archive.ubuntu.com/,//jp.archive.ubuntu.com/,g' \
        -e '/^deb-src /s/^/#/' \
        /etc/apt/sources.list

#パッケージリストを取得する
apt-get update

#パッケージをインストールする
apt-get install -y --no-install-recommends ${INSTALL_PACKAGES}
```

Windowsからファイルを作成する場合は改行コードに注意してください。実行する環境はLinux環境なので、改行コードはCRLFではなくLFである必要があります。CRLFで保存されたスクリプトを実行した場合、CRの文字コードがコマンドとみなされてしまうため、**line 2: $'\r': command not found**といったエラーメッセージが表示されます。

図3-3-2-1:CRLFで保存されたスクリプトを実行した場合のエラー出力

Chapter 3 | オンプレの構成をコピーしたDocker環境を作成する

スクリプトが正しく動作し、必要なパッケージがインストールされることを確認します。

コマンド 3-3-2-2

```
$ docker run --rm -it -v "$(pwd):/build" -w /build my-wordpress bash -l

                              ～省略～

Processing triggers for libc-bin (2.23-0ubuntu10) ...
Processing triggers for systemd (229-4ubuntu21) ...
Processing triggers for libapache2-mod-php7.0 (7.0.28-0ubuntu0.16.04.1) ...
```

続いて、デフォルトのロケールを日本語に変更してタイムゾーンも日本時間にセットするようにします。先ほどの
scriptsディレクトリに**02-provisioning-set-locales.sh**という名前でファイルを作成します（Chapter03/
SampleFile/3-3-2-2/02-provisioning-set-locales.shを参照）。

データ 3-3-2-2：02-provisioning-set-locales.sh

```
#!/bin/bash

set -eux

# 設定するタイムゾーンのファイル
LOCALTIME_FILE=/usr/share/zoneinfo/Asia/Tokyo

# パッケージのインストール時に、対話形式のユーザーインタフェースを抑制する
export DEBIAN_FRONTEND=noninteractive

# ロケールを日本語にセットするが、メッセージ出力は翻訳しない
update-locale LANG=ja_JP.UTF-8 LC_MESSAGES=C

# 前のスクリプトでtzdataがインストールされていることを確認する
if [ ! -f "${LOCALTIME_FILE}" ] ; then
    echo "${LOCALTIME_FILE} does not exist."
    exit 1
fi

# タイムゾーンを日本時間にセットする(Ubuntu 16.04での設定方法)
ln -sf /usr/share/zoneinfo/Asia/Tokyo /etc/localtime
dpkg-reconfigure tzdata
```

138

このスクリプトも正しく動作して必要な設定が適用されることを確認します。

コマンド3-3-2-3

```
root@1a3a83864538:/build# bash ./scripts/02-provisioning-set-locales.sh
+ LOCALTIME_FILE=/usr/share/zoneinfo/Asia/Tokyo
+ export DEBIAN_FRONTEND=noninteractive
+ DEBIAN_FRONTEND=noninteractive
+ update-locale LANG=ja_JP.UTF-8 LC_MESSAGES=C
+ '[' '!' -f /usr/share/zoneinfo/Asia/Tokyo ']'
+ ln -sf /usr/share/zoneinfo/Asia/Tokyo /etc/localtime
+ dpkg-reconfigure tzdata

Current default time zone: 'Asia/Tokyo'
Local time is now:      Sat Mar  3 14:27:16 JST 2018.
Universal Time is now:  Sat Mar  3 05:27:16 UTC 2018.
```

ここで**export DEBIAN_FRONTEND=noninteractive**の行を削除して環境変数を設定していない場合、タイムゾーンの設定プロンプトが表示されることも確認してみてください。

コマンド3-3-2-4

```
root@1a3a83864538:/build# bash ./scripts/02-provisioning-set-locales.sh
+ LOCALTIME_FILE=/usr/share/zoneinfo/Asia/Tokyo
+ update-locale LANG=ja_JP.UTF-8 LC_MESSAGES=C
+ '[' '!' -f /usr/share/zoneinfo/Asia/Tokyo ']'
+ ln -sf /usr/share/zoneinfo/Asia/Tokyo /etc/localtime
+ dpkg-reconfigure tzdata
Configuring tzdata
------------------

Please select the geographic area in which you live. Subsequent configuration questions will narrow this down by
presenting a list of cities, representing the time zones in which they are located.

  1. Africa    3. Antarctica  5. Arctic  7. Atlantic  9. Indian    11. SystemV 13. Etc
  2. America   4. Australia   6. Asia    8. Europe    10. Pacific  12. US
Geographic area:
```

Chapter 3 | オンプレの構成をコピーしたDocker環境を作成する

これらのスクリプトの動作確認が済んでから、イメージのビルド時に実行されるように下記の行を**Dockerfile**に追加します（Chapter03/SampleFile/3-3-2-3/dockerfileを参照）。

データ3-3-2-3：dockerfile

```
WORKDIR /build/

COPY scripts/*-provisioning-*.sh scripts/

# パーミッションをセットしてからスクリプトを実行する
RUN chmod 755 scripts/*.sh \
    && scripts/01-provisioning-install-packages.sh \
    && scripts/02-provisioning-set-locales.sh
```

この状態で**docker build -t my-wordpress** .を実行すると、パッケージがインストールされた状態のイメージが作成されます。

コマンド3-3-2-5

```
$ docker build -t my-wordpress .

                          ～省略～


Successfully built 38db2f0c2dc4
Successfully tagged my-wordpress:latest
SECURITY WARNING: You are building a Docker image from Windows against a non-Windows Docker
host. All files and directories added to build context will have '-rwxr-xr-x' permissions. It is
recommended to double check and reset permissions for sensitive files and directories.
```

140

3-3-3 インストールしたサービスの動作確認

ApacheやMySQLはUbuntuのパッケージとしてインストールしたので、この状態のイメージでもサービスは立ち上げられるようになっています。コンテナの起動時にサービスが立ち上がるようにするステップは後述しますが、まずはシェルから手動でサービスを開始することで動作確認をしてみましょう。

先ほどの手順にあった**docker run**コマンドに**-p 10080:80**オプションを追加してコンテナを立ち上げます。こうすることで、ホスト環境の10080番ポートがコンテナ内の80番ポート（Apache）に転送されるようになります。

コマンド3-3-3-1

```
$ docker run --rm -it -v "$(pwd):/build" -w /build -p 10080:80 my-wordpress bash -l
root@be53f3d93860:/build#
```

コンテナを立ち上げたら、ApacheとPHPの動作確認をしてみましょう。

まず、**apache2ctl -k start**でApacheを立ち上げます。

コマンド3-3-3-2

```
root@be53f3d93860:/build# ps axwf
  PID TTY      STAT   TIME COMMAND
    1 pts/0    Ss     0:00 bash -l
   18 ?        Ss     0:00 /usr/sbin/apache2 -k start
   19 ?        S      0:00  \_ /usr/sbin/apache2 -k start
   20 ?        S      0:00  \_ /usr/sbin/apache2 -k start
   21 ?        S      0:00  \_ /usr/sbin/apache2 -k start
   22 ?        S      0:00  \_ /usr/sbin/apache2 -k start
   23 ?        S      0:00  \_ /usr/sbin/apache2 -k start
   24 pts/0    R+     0:00 ps axwf
```

Dockerが動いているホスト環境のアドレスはdocker-machine ipコマンドで確認できます。

コマンド3-3-3-3

```
$ docker-machine ip
192.168.99.100
```

この例（Docker Toolboxのデフォルト設定）ではホスト環境のIPアドレスは192.168.99.100なので、ブラウザから**http://192.168.99.100:10080**にアクセスします。UbuntuのApacheデフォルトページが表示されたらサービスは正しく動作しています。

図3-3-3-1:Apacheの動作確認

次にPHPの動作確認をしてみましょう。

下記のコマンドを実行して**/var/www/html/phpinfo.php**を作成します。

コマンド3-3-3-4

```
root@be53f3d93860:/build# echo '<?php phpinfo();' | tee /var/www/html/phpinfo.php
<?php phpinfo();
```

ブラウザからhttp://192.168.99.100:10080/phpinfo.phpにアクセスして、PHPの情報が表示されたらOKです。

図3-3-3-2:PHPの動作確認

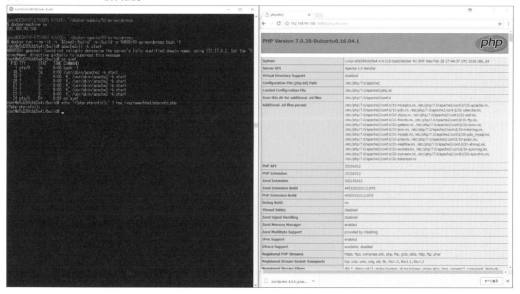

3-3-4 必要なサービスが自動で立ち上がるようにする

前述の通り、Baseimage-dockerではサービスの管理にrunit（http://smarden.org/runit/）を採用しています。Ubuntuのupstartやsystemdとは設定ファイルの場所や書き方が異なるため、コンテナ内で実行したいサービスについてスクリプトを用意していく必要があります。

サービスをrunitで立ち上げる場合、プロセスはデーモン化せずにフォアグラウンドで起動する必要があります。
多くのサービスはデフォルトでデーモン化するように設定されているため、デーモン化させないためのオプションを指定する必要があります。

デーモン化するためのオプションや、デーモン化させないためのオプションはプログラムによってまちまちですが、ヘルプにdaemonizeやforegroundと記載されていることが多いです。まず、Apacheを立ち上げるスクリプトを用意します。下記の内容でservice/apache2/runを作成します（Chapter03/SampleFile/3-3-4-1/runを参照）。

データ3-3-4-1：service/apache2/run

```
#!/bin/sh

exec apache2ctl -D FOREGROUND -k start
```

最後のコマンドはexecコマンドでシェルのプロセスを置き換えていることに注意してください。Apacheはデーモン化させずに立ち上げているため、サービスが終了するまでシェルに戻ってくることはありません。また、プロセスが異常終了した場合などはrunitが再びサービスを立ち上げ直してくれます。そのため、シェルではコマンドの実行後はそのまま終了するだけでよいです。

次にMySQLを立ち上げるスクリプトを用意します。MySQLの場合はいくつかスクリプトで対処しないといけない部分があるので複雑になっていますので、詳細はコメントを参照してください。

Chapter 3 | オンプレの構成をコピーしたDocker環境を作成する

下記の内容でservice/mysql/runを作成します（Chapter03/SampleFile/3-3-4-2/runを参照）。

データ3-3-4-2：service/mysql/run

```sh
#!/bin/sh

# 必要なディレクトリを作成する
install -d -o mysql /var/run/mysqld/

# サービスを停止しようとした場合にmysqldがうまくシャットダウンできないので、
# mysqld_safeはバックグラウンドで実行しつつ、その終了を待つようにしている。
# スクリプトを終了しようとした時点でmysqladminのshutdownコマンドを送るようにしている。
#
# see http://smarden.org/runit1/runscripts.html#mysql

cd /
umask 077

MYSQLADMIN='/usr/bin/mysqladmin --defaults-extra-file=/etc/mysql/debian.cnf'

trap "$MYSQLADMIN shutdown" 0
trap 'exit 2' 1 2 3 15

/usr/bin/mysqld_safe & wait
```

その他のサービスのスクリプトについては、runit（http://smarden.org/runit1/runscripts.html）のページを参照してください。

Dockerfileに下記の行を追加して、この2つのファイルがコンテナ内の/etc/serviceの下に配置されるようにします（Chapter03/SampleFile/3-3-4-3/dockerfileを参照）。

データ3-3-4-3：dockerfile

```
# runitのスクリプトを追加する
COPY service /etc/service

# スクリプトのパーミッションをセットする
RUN chmod 755 /etc/service/*/run
```

ここまでの変更をした状態でイメージをビルドしてみます。前回のプロビジョニングの部分までビルドを済ませている場合、Step 4/6までは処理の結果（イメージ）がキャッシュされていることに注意してください。

144

コマンド3-3-4-1

```
$ docker build -t my-wordpress .
Sending build context to Docker daemon  10.24kB
Step 1/6 : FROM phusion/baseimage:0.10.0
 ---> 166cfc3f6974
Step 2/6 : WORKDIR /build/
 ---> Using cache
 ---> 5072fc3e9d81
Step 3/6 : COPY scripts/*-provisioning-*.sh scripts/
 ---> Using cache
 ---> 498cc5cc9de6
Step 4/6 : RUN chmod 755 scripts/*.sh     && scripts/01-provisioning-install-packages.sh     &&
scripts/02-provisioning-set-locales.sh
 ---> Using cache
 ---> 38db2f0c2dc4
Step 5/6 : COPY service/ /etc/service
 ---> 303d02ce1808
Step 6/6 : RUN chmod 755 /etc/service/*/run
 ---> Running in 1c7af78540a1
Removing intermediate container 1c7af78540a1
 ---> 4ce5a578ee7b
Successfully built 4ce5a578ee7b
Successfully tagged my-wordpress:latest
SECURITY WARNING: You are building a Docker image from Windows against a non-Windows Docker
host. All files and directories added to build context will have '-rwxr-xr-x' permissions. It is
recommended to double check and reset permissions for sensitive files and directories.
```

ビルドしたイメージの動作を確認してみます。

今回はサービスの起動スクリプトを追加したので、立ち上げ時のコマンドには**/sbin/my_init -- bash -l**を指定して、**Baseimage-docker**が用意している**my_init**が使われるようにします。

Chapter 3 | オンプレの構成をコピーしたDocker環境を作成する

コマンド3-3-4-2

```
$ docker run --rm -it -v "$(pwd):/build" -w /build -p 10080:80 my-wordpress /sbin/my_init --
bash -l
*** Running /etc/my_init.d/00_regen_ssh_host_keys.sh...
*** Running /etc/my_init.d/10_syslog-ng.init...
Mar  3 15:42:45 863532bd0b5d syslog-ng[9]: syslog-ng starting up; version='3.5.6'
Mar  3 15:42:45 863532bd0b5d syslog-ng[9]: WARNING: you are using the pipe driver, underlying
file is not a FIFO, it should be used by file(); filename='/dev/stdout'
Mar  3 15:42:46 863532bd0b5d syslog-ng[9]: EOF on control channel, closing connection;
*** Running /etc/rc.local...
*** Booting runit daemon...
*** Runit started as PID 15
*** Running bash -l...
Mar  3 15:42:46 863532bd0b5d cron[22]: (CRON) INFO (pidfile fd = 3)
Mar  3 15:42:46 863532bd0b5d cron[22]: (CRON) INFO (Running @reboot jobs)
root@863532bd0b5d:/build# AH00558: apache2: Could not reliably determine the server's fully
qualified domain name, using 172.17.0.2. Set the 'ServerName' directive globally to suppress
this message
2018-03-03T06:42:47.153209Z mysqld_safe Logging to syslog.
2018-03-03T06:42:47.157081Z mysqld_safe Logging to '/var/log/mysql/error.log'.
Mar  3 15:42:47 863532bd0b5d mysqld_safe: Logging to '/var/log/mysql/error.log'.
2018-03-03T06:42:47.174464Z mysqld_safe Starting mysqld daemon with databases from /var/lib/
mysql
Mar  3 15:42:47 863532bd0b5d mysqld_safe: Starting mysqld daemon with databases from /var/lib/
mysql

                              ～省略～

Version: '5.7.21-0ubuntu0.16.04.1'  socket: '/var/run/mysqld/mysqld.sock'  port: 3306  (Ubuntu)
```

コンテナが立ち上がった後、シェルが表示されてからApacheとMySQLのログが出力されていることがわかります。
この状態でpsコマンドやsv statusコマンドを実行してみると、runitのスーパーバイザーがスクリプトを実行して
ApacheとMySQLのプロセスが立ち上がっていることがわかります。

コマンド3-3-4-3

```
root@863532bd0b5d:/build# ps axwf
  PID TTY      STAT   TIME COMMAND
    1 pts/0    Ss     0:00 /usr/bin/python3 -u /sbin/my_init -- bash -l
    9 pts/0    S      0:00 /usr/sbin/syslog-ng --pidfile /var/run/syslog-ng.pid -F --no-caps
   15 pts/0    S      0:00 /usr/bin/runsvdir -P /etc/service
   17 ?        Ss     0:00  \_ runsv apache2
   25 ?        S      0:00  |   \_ /bin/sh /usr/sbin/apache2ctl -D FOREGROUND -k start
   30 ?        S      0:00  |       \_ /usr/sbin/apache2 -D FOREGROUND -k start
   73 ?        S      0:00  |           \_ /usr/sbin/apache2 -D FOREGROUND -k start
   74 ?        S      0:00  |           \_ /usr/sbin/apache2 -D FOREGROUND -k start
   75 ?        S      0:00  |           \_ /usr/sbin/apache2 -D FOREGROUND -k start
   76 ?        S      0:00  |           \_ /usr/sbin/apache2 -D FOREGROUND -k start
   77 ?        S      0:00  |           \_ /usr/sbin/apache2 -D FOREGROUND -k start
   18 ?        Ss     0:00  \_ runsv mysql
   23 ?        S      0:00  |   \_ /bin/sh ./run
   29 ?        S      0:00  |       \_ /bin/sh /usr/bin/mysqld_safe
  387 ?        Sl     0:00  |           \_ /usr/sbin/mysqld --basedir=/usr --datadir=/var/lib/
mysql --plugin-dir=/usr/lib/mysql/plug
   19 ?        Ss     0:00  \_ runsv cron
   22 ?        S      0:00  |   \_ /usr/sbin/cron -f
   20 ?        Ss     0:00  \_ runsv sshd
   16 pts/0    S      0:00 bash -l
  115 pts/0    R+     0:00  \_ ps axwf
```

続いて実際に動いているサービスを確認してみましょう。

MySQLコマンドでDBに接続してデータベースが作成できることを確認します。

コマンド3-3-4-4

```
root@863532bd0b5d:/build# mysql -uroot -hlocalhost
Welcome to the MySQL monitor.  Commands end with ; or \g.
Your MySQL connection id is 2
Server version: 5.7.21-0ubuntu0.16.04.1 (Ubuntu)

Copyright (c) 2000, 2018, Oracle and/or its affiliates. All rights reserved.

Oracle is a registered trademark of Oracle Corporation and/or its
affiliates. Other names may be trademarks of their respective
owners.

Type 'help;' or '\h' for help. Type '\c' to clear the current input statement.

mysql> CREATE DATABASE wordpress DEFAULT CHARACTER SET utf8mb4;
Query OK, 1 row affected (0.00 sec)

mysql> \q
Bye
```

ApacheとPHPの接続テストにはDB管理ツールの**Adminer**（https://www.adminer.org/）を使ってみます。Adminerは1つのPHPファイルを配置するだけで動かすことができるので、下記のコマンドで**/var/www/html/adminer.php**にダウンロードしておきます。

コマンド3-3-4-5

```
root@863532bd0b5d:/build# curl -Lo /var/www/html/adminer.php https://github.com/vrana/adminer/releases/download/v4.6.2/adminer-4.6.2-en.php
  % Total    % Received % Xferd  Average Speed   Time    Time     Time  Current
                                 Dload  Upload   Total   Spent    Left  Speed
100   608    0   608    0     0    484      0 --:--:-- 0:00:01 --:--:--   484
100  309k  100  309k    0     0  87062      0  0:00:03 0:00:03 --:--:--  133k
```

ブラウザから**http://192.168.99.100:10080/adminer.php**にアクセスします。

図3-3-4-1:adminer経由でDBにログインする

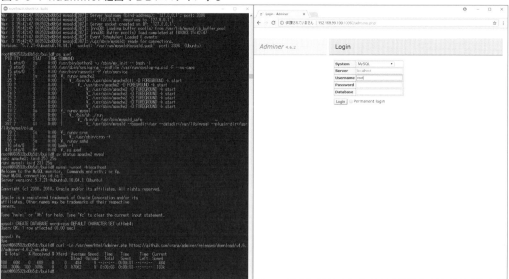

その後、rootでログインしてDBにアクセスできることを確認します。

図3-3-4-2:adminer経由でDBの状態を参照する

最後にexitコマンドでシェルを終了し、実行中のサービス（特にmysql）が正しく終了することを確認します。

コマンド3-3-4-6

```
root@863532bd0b5d:/build# exit
logout

～省略～

*** Shutting down runit daemon (PID 15)...
*** Running /etc/my_init.post_shutdown.d/10_syslog-ng.shutdown...
Mar  3 15:45:42 863532bd0b5d syslog-ng[9]: syslog-ng shutting down; version='3.5.6'
Mar  3 15:45:42 863532bd0b5d syslog-ng[9]: EOF on control channel, closing connection;
*** Killing all processes...
```

Chapter 3 | オンプレの構成をコピーしたDocker環境を作成する

3-3-5 アプリケーションがデプロイされた状態にする

これでアプリケーションが動作可能になったので、イメージ内にアプリケーションがデプロイされた状態にしていきましょう。

WordPressはPHPで書かれたサービスです。PHPプログラムの場合、デプロイの具体的な手順はWebサーバーからアクセスできる場所にPHPファイルを配置することになります。WordPressのソース一式を/var/www/html/wordpressの下に展開された状態にしましょう。まず、WordPressのサイトから.tar.gz形式のアーカイブをダウンロードしてsrcディレクトリの下に保存しておきます。

ここでは、執筆時点で最新バージョンの4.9.4を**WordPress**の公式サイト(https://ja.wordpress.org/download/)からダウンロードしました。

コマンド3-3-5-1

```
$ tar tzvf src/wordpress-4.9.4-ja.tar.gz | tail
-rw-r--r-- nobody/nogroup    700 2014-07-03 06:14 wordpress/wp-content/plugins/akismet/_inc/
form.js
-rw-r--r-- nobody/nogroup   9562 2017-08-16 12:47 wordpress/wp-content/plugins/akismet/_inc/
akismet.js
-rw-r--r-- nobody/nogroup   6437 2016-09-23 23:59 wordpress/wp-content/plugins/akismet/wrapper.
php
-rw-r--r-- nobody/nogroup  18092 2015-08-24 12:32 wordpress/wp-content/plugins/akismet/LICENSE.
txt
-rw-r--r-- nobody/nogroup  43985 2017-12-14 04:44 wordpress/wp-content/plugins/akismet/class.
akismet-admin.php
-rw-r--r-- nobody/nogroup   2856 2017-07-13 12:57 wordpress/wp-content/plugins/akismet/class.
akismet-widget.php
-rw-r--r-- nobody/nogroup   2542 2017-12-19 01:48 wordpress/wp-content/plugins/akismet/akismet.
php
-rw-r--r-- nobody/nogroup   7939 2017-09-02 04:55 wordpress/wp-content/plugins/akismet/class.
akismet-rest-api.php
-rw-r--r-- nobody/nogroup   3065 2016-09-01 01:31 wordpress/xmlrpc.php
-rw-r--r-- nobody/nogroup   3886 2018-02-07 13:20 wordpress/wp-config-sample.php
```

Dockerfile（Chapter03/SampleFile/3-3-5-1/dockerfileを参照）に下記の命令を追加して、アーカイブのファイル一式をイメージ内の**/var/www/html/wordpress**にコピーします（アーカイブに含まれるファイルはwordpressディレクトリを含んでいることに注意してください）。

データ3-3-5-1：dockerfile

```
# 対象のWordPressのバージョン
ARG WORDPRESS_VERSION=4.9.4-ja
ENV WORDPRESS_VERSION=${WORDPRESS_VERSION}

# WordPressのソースを追加する
ADD src/wordpress-${WORDPRESS_VERSION}.tar.gz /var/www/html/

# ファイルのオーナーを設定する
RUN chown -R www-data:www-data /var/www/html/wordpress
```

ここでは.tar.gzファイルをADDコマンドで追加しているので、イメージに追加されるのはアーカイブを展開したファイル群であることに注意してください。

ここまでの内容でイメージをビルドしてみます。

コマンド3-3-5-2

```
$ docker build -t my-wordpress .
Sending build context to Docker daemon  9.127MB
Step 1/10 : FROM phusion/baseimage:0.10.0
 ---> 166cfc3f6974
Step 2/10 : WORKDIR /build/
 ---> Using cache
 ---> 5072fc3e9d81
Step 3/10 : COPY scripts/*-provisioning-*.sh scripts/
 ---> Using cache
 ---> 498cc5cc9de6
Step 4/10 : RUN chmod 755 scripts/*.sh     && scripts/01-provisioning-install-packages.sh     && scripts/02-provisioning-set-locales.sh
 ---> Using cache
 ---> 38db2f0c2dc4
Step 5/10 : COPY service/ /etc/service
 ---> Using cache
 ---> 303d02ce1808
Step 6/10 : RUN chmod 755 /etc/service/*/run
 ---> Using cache
 ---> 4ce5a578ee7b
Step 7/10 : ARG WORDPRESS_VERSION=4.9.4-ja
 ---> Running in 9f1917e27447
Removing intermediate container 9f1917e27447
 ---> 16f5af7a1f44
Step 8/10 : ENV WORDPRESS_VERSION=${WORDPRESS_VERSION}
 ---> Running in 795389f19cdd
Removing intermediate container 795389f19cdd
 ---> f0c99c8c8a34
Step 9/10 : ADD src/wordpress-${WORDPRESS_VERSION}.tar.gz /var/www/html/
 ---> 7ea04e97a5ff
```

Chapter 3 | オンプレの構成をコピーしたDocker環境を作成する

```
Step 10/10 : RUN chown -R www-data:www-data /var/www/html/wordpress
 ---> Running in d30f8368b7d9
Removing intermediate container d30f8368b7d9
 ---> 8709a2baebdc
Successfully built 8709a2baebdc
Successfully tagged my-wordpress:latest
SECURITY WARNING: You are building a Docker image from Windows against a non-Windows Docker
host. All files and directories added to build context will have '-rwxr-xr-x' permissions. It is
recommended to double check and reset permissions for sensitive files and directories.
```

対象のWordPressのバージョンをARGコマンドで設定しているので、ビルド時にこの値は変更可能です。続く**ENV**コマンドでバージョンを環境変数の設定に追加しているため、バージョンを変えた場合は別のイメージとみなされます。

たとえば**--build-arg WORDPRESS_VERSION=4.9.3-ja**のようにオプションを指定することで、別のバージョンのアーカイブを展開することもできます（この例ではファイルが存在しないのでエラーになっています）。

コマンド3-3-5-3

```
$ docker build --build-arg WORDPRESS_VERSION=4.9.3-ja -t my-wordpress .
Sending build context to Docker daemon  9.127MB
Step 1/10 : FROM phusion/baseimage:0.10.0
 ---> 166cfc3f6974
Step 2/10 : WORKDIR /build/
 ---> Using cache
 ---> 5072fc3e9d81
Step 3/10 : COPY scripts/*-provisioning-*.sh scripts/
 ---> Using cache
 ---> 498cc5cc9de6
Step 4/10 : RUN chmod 755 scripts/*.sh     && scripts/01-provisioning-install-packages.sh     &&
scripts/02-provisioning-set-locales.sh
 ---> Using cache
 ---> 38db2f0c2dc4
Step 5/10 : COPY service/ /etc/service
 ---> Using cache
 ---> 303d02ce1808
Step 6/10 : RUN chmod 755 /etc/service/*/run
 ---> Using cache
 ---> 4ce5a578ee7b
Step 7/10 : ARG WORDPRESS_VERSION=4.9.4-ja
 ---> Using cache
 ---> 16f5af7a1f44
Step 8/10 : ENV WORDPRESS_VERSION=${WORDPRESS_VERSION}
 ---> Running in c597537f52c1
Removing intermediate container c597537f52c1
```

```
---> ee0a3f204be2
Step 9/10 : ADD src/wordpress-${WORDPRESS_VERSION}.tar.gz /var/www/html/
ADD failed: stat /mnt/sda1/var/lib/docker/tmp/docker-builder090365559/src/wordpress-4.9.3-ja.
tar.gz: no such file or directory
```

ここまでできたら、もう一度コンテナを立ち上げ、ブラウザからhttp://192.168.99.100:10080/wordpress/
へアクセスしてみましょう。

以下のようなWordPressの初期設定画面が出力されるはずです。

図3-3-5-1:WordPressの初期設定画面にアクセス

この時点ではWordPressの初期設定画面まではたどり着いたものの、その先に進むことができません。
データベースが作成されていないためです。

図 3-3-5-2: データベースなどの設定

図 3-3-5-3: データベース選択不可

また、いったん初期設定を済ませても、コンテナを立ち上げ直すと初期設定画面に戻ってしまいます。これは設定ファイルが作成されてもコンテナを削除するとファイルが元に戻ってしまうためです。

3-3-6 データベースと設定ファイルを用意する

次のステップではWordPressを動かすために必要なデータベースと設定ファイルを用意します。これらはコンテナを削除した後も残すべきデータなので、ボリュームを使ってマウントされるようにします。

MySQLのデータベースを作成する

MySQLのデータベースは**/var/lib/mysql**に格納されています。このディレクトリはコンテナのイメージではなくボリュームがマウントされるようにします。マウント元はDockerホスト環境の**/srv/my-wordpress/mysql**としました。

まず、下記のコマンドを実行してディレクトリを初期化します。

コマンド3-3-6-1

```
$ docker run --rm -v '/srv/my-wordpress/mysql:/var/lib/mysql' my-wordpress mysqld --initialize-
insecure --user=mysql
```

Docker Toolboxを使っている場合、このファイルはVM側に作成されています。ファイルの内容は**docker-machine ssh**でログインした先で確認できます。

コマンド3-3-6-2

```
$ docker-machine ssh


                              ～省略～

docker@default:~$ ls -l /srv/my-wordpress/mysql/
total 110600
-rw-r-----  1 106      108            56 Mar  3 07:27 auto.cnf
-rw-r-----  1 106      108           420 Mar  3 07:27 ib_buffer_pool
-rw-r-----  1 106      108      50331648 Mar  3 07:27 ib_logfile0
-rw-r-----  1 106      108      50331648 Mar  3 07:27 ib_logfile1
-rw-r-----  1 106      108      12582912 Mar  3 07:27 ibdata1
drwxr-x---  2 106      108          1540 Mar  3 07:27 mysql/
drwxr-x---  2 106      108          1800 Mar  3 07:27 performance_schema/
drwxr-x---  2 106      108          2160 Mar  3 07:27 sys/
```

もう一度このボリュームをマウントした状態でコンテナを立ち上げます。今度はMySQLが動作している状態にして**CREATE DATABASE wordpress DEFAULT CHARACTER SET utf8mb4;**を実行してデータベースを作成します（ここでは省略していますが、ユーザーやパスワードも設定しておくのが望ましいでしょう）。

コマンド3-3-6-3

```
$ docker run --rm -it -v '/srv/my-wordpress/mysql:/var/lib/mysql' my-wordpress /sbin/my_init --
bash -l

                               ～省略～

root@fc3da00344d4:/build# mysql -uroot -e 'CREATE DATABASE wordpress DEFAULT CHARACTER SET
utf8mb4;'

root@fc3da00344d4:/build# logout
*** bash exited with status 0.
Mar  3 16:38:30 fc3da00344d4 mysqld[387]: Access denied for user 'debian-sys-maint'@'localhost'
(using password: YES)
mysqladmin: connect to server at 'localhost' failed
error: 'Access denied for user 'debian-sys-maint'@'localhost' (using password: YES)'
*** Shutting down runit daemon (PID 15)...
*** Running /etc/my_init.post_shutdown.d/10_syslog-ng.shutdown...
Mar  3 16:38:31 fc3da00344d4 syslog-ng[9]: syslog-ng shutting down; version='3.5.6'
Mar  3 16:38:31 fc3da00344d4 syslog-ng[9]: EOF on control channel, closing connection;
*** Killing all processes...
2018-03-03T07:38:33.817179Z mysqld_safe mysqld from pid file /var/run/mysqld/mysqld.pid ended
```

これでコンテナを削除した後でもDBの状態は保持されているはずです。

ボリュームをマウントした状態でコンテナを立ち上げ、もう一度WordPressの初期設定画面にアクセスしてみます。

コマンド3-3-6-4

```
$ docker run --rm -it -v '/srv/my-wordpress/mysql:/var/lib/mysql' -p 10080:80 my-wordpress /
sbin/my_init
```

図3-3-6-1:WordPressの初期設定

図3-3-6-2:WordPressの初期設定

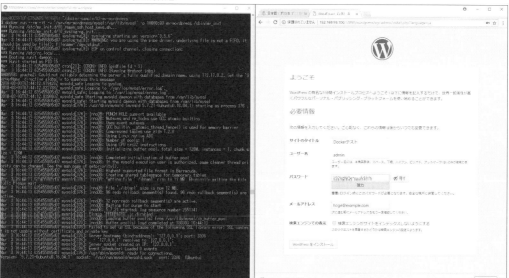

図3-3-6-3:WordPressの初期設定

WordPressの設定ファイルを用意する

ここまでの手順でWordPressが動くようになっているはずですが、コンテナをいったん削除して作り直すと再び初期設定画面が表示される問題があります。

これは初期設定の際に作成される**wp-config.php**ファイルがコンテナを作り直した際に元に戻ってしまうためです。MySQLのボリュームと同じように、いったん設定済みの内容がボリュームとしてマウントされるようにしています。

まず、コンテナを立ち上げて初期設定まで済ませた状態で、別のターミナルからコンテナ内のwp-config.phpをコピーしてきます。

コマンド3-3-6-5

```
$ docker ps
CONTAINER ID        IMAGE               COMMAND             CREATED             STATUS
PORTS               NAMES
dc53afa0712a        my-wordpress        "/sbin/my_init"     About a minute ago  Up About a
minute    0.0.0.0:10080->80/tcp    blissful_euclid

$ mkidr -p config

$ docker cp dc53afa0712a:/var/www/html/wordpress/wp-config.php config/wp-config.php
```

このファイルをマウントするようにしてコンテナを立ち上げます。

> コマンド3-3-6-6

```
$ docker run --rm -it -v '/srv/my-wordpress/mysql:/var/lib/mysql' -v "$(pwd)/config/wp-config.php:/var/www/html/wordpress/wp-config.php" -p 10080:80 my-wordpress /sbin/my_init
```

ブラウザから**http://192.168.99.100:10080/wordpress/**にアクセスすると、WordPressのログイン画面が表示されるはずです。

図3-3-6-4:WordPressのログイン画面

Chapter 3 ┃ オンプレの構成をコピーしたDocker環境を作成する

これまでの手順にいくつか追加の変更を加えた最終的なDockerfileは以下のようになります（Chapter03/
SampleFile/3-3-6-1/dockerfileを参照）。

┃データ3-3-6-1：dockerfile

```
FROM phusion/baseimage:0.10.0

# 対象のWordPressのバージョン
ARG WORDPRESS_VERSION=4.9.4-ja

# 作業ディレクトリをカレントディレクトリにする
WORKDIR /build/

COPY scripts/*-provisioning-*.sh scripts/

# パーミッションをセットしてからスクリプトを実行する
RUN chmod 755 scripts/*.sh \
    && scripts/01-provisioning-install-packages.sh \
    && scripts/02-provisioning-set-locales.sh

# runitのスクリプトを追加する
COPY service/ /etc/service

# スクリプトのパーミッションをセットする
RUN chmod 755 /etc/service/*/run

WORKDIR /var/www/html

#作業ディレクトリを削除する
RUN rm -rf /build


# WordPressのソースを追加する
ENV WORDPRESS_VERSION=${WORDPRESS_VERSION}
ADD src/wordpress-${WORDPRESS_VERSION}.tar.gz /var/www/html/

# ファイルのオーナーを設定する
RUN chown -R www-data:www-data /var/www/html/wordpress

# HTTPポートを公開する
EXPOSE 80
```

ビルドパラメータであるARGコマンドが先頭になるように順序を変更し、/buildディレクトリは不要になった時点で
削除するようにしました。また、カレントディレクトリをドキュメントルートにセットし、EXPOSEコマンドでHTTPポート
を公開するようにしました。

3-3-7 コンテナへSSHログインできるようにする

最後にBaseimage-dockerのコンテナにSSHログインできるようにするための手順を紹介します。

Dockerでは**docker exec**でコンテナ内部に新しいプロセスを実行する（シェルを実行すればログイン）ことができます。しかしながら、その場合はホスト環境へのアクセスを許可する必要があります。コンテナ内にSSH経由で直接ログインさせるアプローチには、ホスト環境へのアクセスを制限できるメリットもあります。

SSHでログインできるようにするために、キーペアを用意する必要があります。**ssh_keygen**を用いて**docker_ssh_key**と**docker_ssh_key.pub**を作成します。

コマンド3-3-7-1

```
$ ssh-keygen -N '' -C 'docker SSH test' -f docker_ssh_key
Generating public/private rsa key pair.
Your identification has been saved in docker_ssh_key.
Your public key has been saved in docker_ssh_key.pub.
The key fingerprint is:
SHA256:W9Vtg8WMca1dEhEud7nUqxl7GJbw6g5kxoJKTKQKBoQ docker SSH test
The key's randomart image is:
+---[RSA 2048]----+
|+.  .         .O*.|
|E o           +=+=|
|.o .        .o.+B*|
|+ o  . .   .oo+o=|
|.  o . .S=. * o |
| . .  =o  o B |
|  .   ... = . |
|      o   . |
|       .o   |
+----[SHA256]-----+
```

秘密鍵と公開鍵が作成されますが、秘密鍵はビルドや生成されたイメージの実行には不要ですし、イメージに含めるべきでもありません。秘密鍵のファイルは別の場所に置いておくか、Dockerデーモンに送られるビルドコンテキストから除外するために**.dockerignore**を下記の内容で作成しておきましょう。

コマンド3-3-7-2

```
./docker_ssh_key
```

Dockerfileに下記の内容を追加します（Chapter03/SampleFile/3-3-7-1/dockerfileを参照）。

データ3-3-7-1：dockerfile

```
# 公開鍵をコピーする
COPY docker_ssh_key.pub /root/.ssh/

# 公開鍵ファイルを作成してSSHを有効にする
RUN cat /root/.ssh/*.pub >> /root/.ssh/authorized_keys \
    && chmod 600 /root/.ssh/authorized_keys \
    && rm -f /etc/service/sshd/down
```

このようにしてビルドしたイメージから立ち上げたコンテナは、コンテナのIPアドレスに対してSSHでログインできるようになります。また、下記のように**-p 10022:22**のようにポートを割り当てることでホスト環境のアドレスに対してもログインできるようになります。

コマンド3-3-7-3

```
$ docker run --rm -d -p 10022:22 --name ssh-test my-wordpress
3aef72cafcc895e60343f1db0cac49b6c5e0c6552e9726dbf675b7be3ef60df6

$ docker-machine ip
192.168.99.100

$ ssh -i docker_ssh_key -p 10022 root@192.168.99.100
The authenticity of host '[192.168.99.100]:10022 ([192.168.99.100]:10022)' can't be established.
ECDSA key fingerprint is SHA256:QHFWAvs3qAJvammjhADWW5iN7YUfQQyethpcSFrGhic.
Are you sure you want to continue connecting (yes/no)? yes
Warning: Permanently added '[192.168.99.100]:10022' (ECDSA) to the list of known hosts.

root@3aef72cafcc8:~# logout
Connection to 192.168.99.100 closed.
```

Chapter 4

本番環境からローカルの Docker環境に ポーティングする

本章ではAWSやGCPなどのクラウドサービス上に構築した環境を、Webアプリケーションサーバーだけでなく、その他関連するサービス（データベース等）も含めDocker化し、完全にローカルな開発環境を作成する方法について説明していきます。
ローカルな開発環境を全てDockerで作成することにより、下記のようなメリットを享受することができます。

- ローカル上で作成したDockerイメージと同じ環境が本番環境でも利用できる
  - 自分の環境では動くが他の環境では動かないという問題を考えなくてよくなる
- 他の開発者が増えても必要なDockerイメージの情報と構成の情報を渡すだけでよくなる
  - クラウドサービス上に新たな環境を作成する必要がない
- コスト面でも運用面でもメリット

Chapter 4 | 本番環境からローカルのDocker環境にポーティングする

4-1

AWSを利用したサービスをローカル環境上にDockerで構築する

ここではAWS上に、Webアプリケーションサーバーだけではなくその他関連するサービス（データベース等）も含めDocker化し、完全にローカルな開発環境を作成することについて説明をしていきます。

4-1-1 機能要件およびデータ構造、システム要件、構成図

AWS（**Amazon Web Services**）を使って、Node.jsによる簡単なTODOアプリケーションを構築する例を挙げてみたいと思います。

機能要件およびデータ構造、システム要件、構成図は次のとおりとなります。

- 作成するもの
  - TODOアプリケーション
- 機能要件
  - TODOの一覧表示
  - TODOの新規作成
  - TODOの詳細表示
  - TODOの編集
  - TODOの削除
- データ構造
  - ID
  - タイトル
  - 画像URL
- システム要件
  - Webアプリケーションサーバーにはデプロイ簡易化のため、Elastic Beanstalkを使い、Node.jsを使う
  - データベースにはRDSを使い、MySQLを選択する
  - キャッシュにはElastiCaccheを使い、Redisを選択する
  - ファイルのストレージにはS3を使用する

164

システム構成図は次のようになっています。

図4-1-1-1: システム構成図

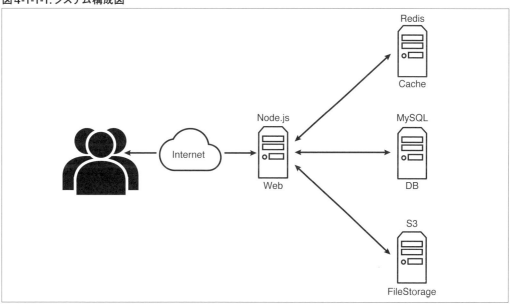

例に挙げるシステムは一般的なWebサービスでも頻繁に利用されるWebサーバー、データベースサーバー、キャッシュサーバー、ファイルストレージといった構成にしてみました。
それでは次節以降にて、具体的にAWS上にサービスを構築するところから説明していきます。

4-1-2 AWSアカウントを新規作成する

まず始めに本番環境を想定したシステムをAWS上に作るために、AWSの新規アカウントを作成していきましょう。
AWSでは無料利用枠もあるため、今回の例の構成を組むうえでも基本的には費用をかけることなく構築することができます（新規アカウントを作成した場合、かつ2018年3月時点での無料利用枠の条件の場合）。
最新のAWSの無料利用枠の条件の詳細はこちらで確認することができます。

https://aws.amazon.com/jp/free/

それではさっそくAWSアカウントの新規作成を行っていきましょう。

新規登録のURLにアクセスする
https://portal.aws.amazon.com/billing/signup#/start
作成したいAWSのアカウント名、Eメールアドレス、パスワードを入力しましょう。

図4-1-2-1:AWSアカウント作成Step1

02 連絡先情報を入力する
会社で作成する場合は「会社アカウント」を、個人で作成する場合には「個人アカウント」を選択します。
例として個人アカウントで登録する場合の画像を掲載します。
アドレス、市区町村、都道府県または地域の部分は半角英数字での入力が求められます。

図4-1-2-2:AWSアカウント作成Step2

支払い情報を入力する

支払いの際に使いたいカード情報を入力してください。

図 4-1-2-3：AWS アカウント作成 Step3

[支払情報の入力画面]

本人確認をする

現在登録作業をしているのが本人である認証を行います。

国コードを選択し（日本は+81）、電話番号を入力してください。不要な場合は内線の入力欄は省略してOKです。またセキュリティチェックのための画像の中に記載された文字を入力してください。

図 4-1-2-4：AWS アカウント作成 Step4-1

画面が切り替わりPINコードが表示されます。
自動音声通話が先ほど入力した電話番号宛にかかってくるので、電話をとって番号を入力してください。

図4-1-2-5:AWSアカウント作成Step4-2

電話をとり、PINコードの入力に成功すると画面の表示が切り替わり本人確認が完了します。

図4-1-2-6:AWSアカウント作成Step4-3

サポートプランの選択

AWSのサポートのプランを選択します。特に問題がなければベーシックの選択でOKです。

図4-1-2-7:AWSアカウント作成Step5

マネジメントコンソールへのアクセス

以上でAWSアカウントの作成は完了です。

「マネジメントコンソールを起動」をクリックして管理コンソールを開きましょう。

図4-1-2-8:AWSアカウント作成Step6

4-1-3 Webアプリケーションサーバーの作成

それではシステム構成図にあったWebアプリケーションサーバーを作成していきましょう。
今回はデプロイをしやすくするため、**Elastic Beanstalk**を使っていきます。

図4-1-3-1: システム構成図

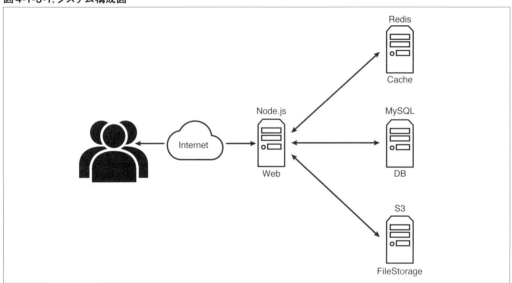

Elastic Beanstalkではアプリケーションバージョンを画面上で選択してアップデートしたり、アップデートの際のローリングアップデートの仕方を設定したり、サーバーの状態を用意に把握するためのコンソール機能といったものが提供されています。
今回はNode.jsのアプリケーションを例にとりあげますが、それ以外に次のような環境もサポートしています。

- Apache Tomcat for Javaアプリケーション
- Apache HTTP Server for PHPアプリケーション
- Apache HTTP Server for Pythonアプリケーション
- Nginx or Apache HTTP Server for Node.jsアプリケーション
- Passenger or Puma for Rubyアプリケーション
- Microsoft IIS 7.5, 8.0, and 8.5 for .NETアプリケーション
- Java SE
- Docker
- Go

また、それ以外の言語でも**Ebextensions**という拡張のための仕組みを利用することで対応させることができます。
料金体系については、Elastic Beanstalk独自の料金は無く、利用している**EC2インスタンス**のサイズと数量、アプリケーションバージョンを保存するためのS3の容量に応じた費用がかかります。
そのため初年度の無料利用枠でも十分に利用が可能です。
それではさっそくElastic BeanstalkでNode.jsを動かす環境を作成していきましょう。

管理コンソールでElastic Beanstalkのリンクをクリックする

AWSサービスの入力欄に文字を入力すると対象のサービスを探せます。
現在AWSには78ものサービスが存在するため（2018年3月現在）、慣れないうちは入力欄に検索して探すか、最近アクセスしたサービスからリンクをクリックするのが簡単でオススメです。
またリージョンは東京リージョンを選択しておきましょう。

図4-1-3-2:EB作成Step1

Elastic Beanstalkの環境を新規作成する

説明ページ上の「新しいアプリケーションの作成」をクリックします。

図4-1-3-3:EB作成Step2

アプリケーション情報の入力

アプリケーション名を入力し、プラットフォームは今回はNode.jsを選択します。

アプリケーションコードは初回なのでサンプルアプリケーションを選択しましょう。

上記の設定が終わったら下にあるボタンの「さらにオプションを設定」をクリックします。

図4-1-3-4:EB作成Step3

アプリケーションの設定

作成するアプリケーションの設定を行います。

まずは設定のプリセットで低コスト（無料利用枠の対象）を選択して無料利用枠の設定にします。

その後、「ネットワーク」の「変更」ボタンをクリックしてデフォルトで作成されているVPCに沿ったインスタンスができるように変更していきます。

図4-1-3-5：EB作成 Step4-1

ネットワークの設定では既に存在するVPCを選択し、アベイラビリティゾーンは全てにチェックを入れます。インスタンスセキュリティグループは特にどれにもチェックを入れなくて大丈夫です。

図4-1-3-6:EB作成Step4-2

最終的にはこのような設定状態となります。

「アプリの作成」をクリックしてアプリケーション環境を作成しましょう。

図4-1-3-7：EB作成 Step4-3

アプリケーション環境が作成されるのを待つ
アプリケーション環境が作成されるまで待ちましょう。

図4-1-3-8:EB作成Step5

 作成完了後にアプリケーション環境を確認する
指定した内容で作成されているかを確認します。

上部の環境名とアクションボタンの間に作成されたアプリケーションのURLが作成されているので、こちらをクリックしてWebサーバーが動作していることを確認します。

図4-1-3-9:EB作成Step6

Webサーバーの動作確認をする
先ほどのリンクをクリックしてNode.jsのサンプルアプリケーションの画面が表示されることを確認します。

図4-1-3-10：EB作成Step7

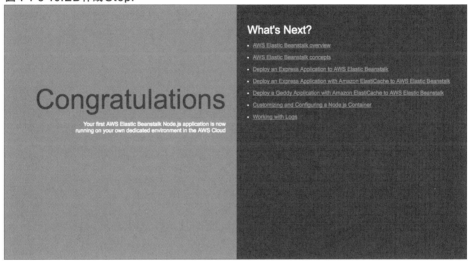

ここまでできたら一旦、他のデータベースサーバーやキャッシュサーバー、ファイルストレージを作っていきましょう。

4-1-4 データベースサーバーの作成

それでは次にデータベースサーバーを作っていきましょう。
AWSでは**Relational Database Service**（以後**RDS**と表記）というフルマネージドサービスがあり、多重化やデータのスナップショットの自動化などを行ってくれます。
またデータベースアプリケーションとしてMySQL、PostgreSQL、MariaDB、Microsoft SQL Server、Oracleの他にAWSが独自で開発・提供しているAmazon Auroraから選択することができます。（2018年3月現在）
現在読者の方が利用しているアプリケーションがあるとは思いますが、本節の例としてはMySQLを使っていきたいと思います。

管理コンソールでRDSのリンクをクリックする

アプリケーションサーバーを作成したときと同様に管理ページのトップでRDSのリンクをクリックします。こちらも慣れないうちは検索窓を使うと簡単です。

図4-1-4-1:RDS作成 Step1

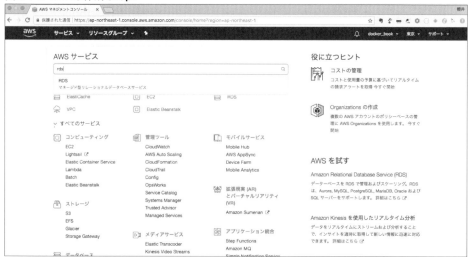

 RDSのインスタンスを新規作成する

説明ページ上の「今すぐ始める」をクリックします。

図4-1-4-2:RDS作成 Step2

作成したいデータベースアプリケーションの種類を選択

本項の最初に説明しましたが、今回はMySQLを使うためMySQLを選択します。

図4-1-4-3:RDS作成Step3

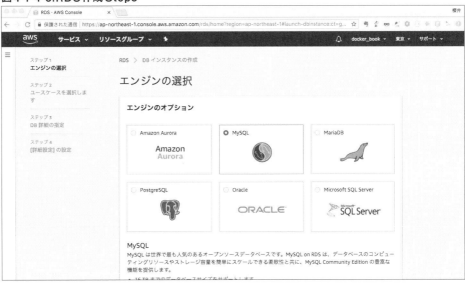

 作成するデータベースのユースケースを選択

無料利用枠を使う場合には画面左上の「開発/テスト」に忘れずにチェックを付けましょう。
次の詳細設定画面にて無料利用枠の設定を自動的にしてくれるようになります。

図4-1-4-4:RDS作成Step4

作成するDBインスタンスの詳細設定を行う

作成するDBのライセンスモデルやアプリケーションのバージョン、インスタンスのサイズ、ストレージのサイズ、DBインスタンスの識別子、初期に作成されるマスターユーザーのアカウントの設定などを行います。無料枠を利用する場合には「RDS無料利用枠の対象オプションのみ有効化」にチェックをつけましょう。この例で作成するアプリケーションは負荷もかからないため、無料利用枠内のインスタンスで十分です。

図4-1-4-5:RDS作成Step5-1

図4-1-4-6:RDS作成Step5-2

このページではネットワークに関する設定やデータベースのオプション指定のための設定、バックアップの設定、モニタリングの設定、自動マイナーバージョンアップのための設定などを行います。

ここで大事になるのが、ネットワークとセキュリティに関する設定です。

VPCは前項で作成したアプリケーションサーバーと同一のVPCに所属させたいため、デフォルトのVPCを選択します（念のため**vpc-**で始まるIDが一致していることも確認しましょう）。

サブネットグループはdefaultの設定で問題ありません。サブネットグループの設定はどのアベイラビリティゾーンにインスタンスが作成されたら、インスタンスをどのサブネットに配置するかを決めるためのルールとなります。今回のインスタンスはどのアベイラビリティゾーンに作成されても問題ないため、「指定なし」で作成します。

パブリックアクセシビリティは作成したデータベースサーバーにローカルマシンから接続するため今回は「はい」を選択します（後ほどのステップで説明しますが、限られた環境からしかアクセスできない対策ももちろん行います）。

そしてこれが重要なのですが、VPCセキュリティグループは「新規のVPCセキュリティグループを作成」を選択します。

これは前項で作ったアプリケーションサーバーと、このデータベースインスタンスの通信の設定のために必要になってくるからです。

もう少し細かい説明については後ほど行います。

図4-1-4-7:RDS作成Step6-1

データベースの設定では、データベースの名前などを下記のように設定します。

項目	設定例
データベースの名前	sampleDb
データベースのポート	3306
DBパラメータグループ	default.mysql5.6
オプショングループ	default:mysql-5-6
タグをスナップショットへコピー	チェックなし
IAM DB認証	無効化

暗号化の設定は特に何もする必要はありません。

図4-1-4-8：RDS作成 Step6-2

次にバックアップの設定では、今回はあくまでテスト用に作成するためバックアップの保存期間は0日間とします。また、モニタリングについては今回のユースケースでは詳細な情報を必要としないため無効のままとします。

図4-1-4-9：RDS作成 Step6-3

ログのエクスポートでは、今回特に必要とはしないためどのログにもチェックをつけずにそのままの設定とします。メンテナンスについては特に新しいバージョンを必要としないため、「マイナーバージョン自動アップグレードの無効化」にチェックをし、メンテナンスウィンドウは指定なしを選択します。

以上の設定が完了したら、「DBインスタンスの作成」をクリックしてDBインスタンスを作成します。

図4-1-4-10：RDS作成 Step6-4

07 **設定に基づきインスタンスが作成されるのを待つ**

DBインスタンスの作成が開始されると下図のような表示になり「DBインスタンスの詳細の表示」というリンクが表示されます。

クリックして作成したインスタンスをさっそくみてみましょう。

図4-1-4-11：RDS作成 step7-1

08 **インスタンスの情報を確認し接続確認する**

作成後に表示してすぐはまだインスタンス作成中のため、接続情報の部分は「まだご利用になれません」と表示されています。

図4-1-4-12：RDS作成 step8-1

作成が完了し、エンドポイントとDBに接続するためのポート番号が表示されたらメモしておきましょう。また、セキュリティグループの部分を見るとwizardにより作られたことを示す「rds-launch-wizard」という名前で新しいセキュリティグループが作成されていることがわかります。

図4-1-4-13：RDS作成 step8-2

「rds-launch-wizard」の部分はリンクになっているため、クリックしてみましょう。
すると、EC2のダッシュボードのセキュリティグループの表示ページに遷移します。
一覧の中にグループ名が先ほど作られたセキュリティグループと一致するものがあるため、それをクリックし「インバウンド」のタブをクリックしてみましょう。するとその中に1つのルールが設定されており、ソースにはAWSの操作をしていたPCのグローバルIPが記述されているものがあるはずです。
このセキュリティグループの意味はソースで示されたIPから3306番へのポート、つまりMySQLサービスのポートへのアクセスを許可する、という意味合いのものになります。そのため、先ほどRDSインスタンスを作ったマシンからコマンドラインやGUIツールを使ってデータベースにアクセスすることもできます。

図4-1-4-14：RDS作成 step8-3

Chapter 4 | 本番環境からローカルのDocker環境にポーティングする

それでは試しにコマンドラインで先ほど作ったデータベースにアクセスしてみましょう。
認証情報はStep5で設定した内容を指定します。

コマンド4-1-4-1

```
$ mysql -h docker-sample.cvqrntifrf6g.ap-northeast-1.rds.amazonaws.com -u sampleuser -p
Enter password:
Welcome to the MySQL monitor.  Commands end with ; or \g.
Your MySQL connection id is 3344
Server version: 5.6.35-log MySQL Community Server (GPL)

Copyright (c) 2000, 2015, Oracle and/or its affiliates. All rights reserved.

Oracle is a registered trademark of Oracle Corporation and/or its
affiliates. Other names may be trademarks of their respective
owners.

Type 'help;' or '\h' for help. Type '\c' to clear the current input statement.

mysql> show databases;
+--------------------+
| Database           |
+--------------------+
| information_schema |
| innodb             |
| mysql              |
| performance_schema |
| sampleDb           |
| sys                |
+--------------------+
6 rows in set (0.10 sec)
```

4-1-5 セキュリティグループの設定

ここまででWebアプリケーションサーバーとデータベースサーバーができました。
しかしこのままではWebアプリケーションサーバーとデータベースサーバーの通信が許可されていないため、アプリ
ケーションからデータに対してアクセスすることができません。
前項の最後に出たセキュリティグループを使って通信が通るように設定しましょう。
また、次に作成するElastiCache用のセキュリティグループも合わせて先に作っておきます。

186

セキュリティグループの設定画面を開く
アプリケーションサーバーを作成したときと同様に管理ページのトップでEC2のリンクをクリックします。EC2の管理ページが開いたら左のエリアにある「セキュリティグループ」をクリックしてください。
現在存在するセキュリティグループが一覧で表示されます。

図4-1-5-1：セキュリティグループ設定Step1

 RDSのセキュリティグループに設定を追加する
先ほどのウィザードで自動的に作られたRDS用のセキュリティグループに対してWebサーバーからアクセスできるように設定を追加します。
　一覧の中にrds-launch-wizardという名前が含まれるものをクリックし、下エリアの表示から「インバウンド」をクリックし「編集」をクリックしましょう。

図4-1-5-2：セキュリティグループ設定Step2

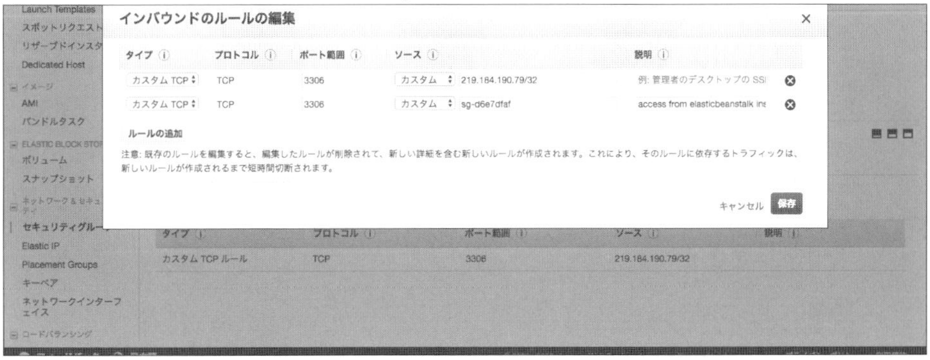

開いたウィンドウの「ルールの追加」をクリックします。

新しい行が追加されたら、タイプは「MySQL/Aurora」を選択、プロトコルはTCP、ポート範囲は3306、ソースはElastic Beanstalkで自動的に作成されたセキュリティグループのグループIDを指定します。

説明の部分は空でも大丈夫ですが、何かしら説明を書いておくと後々わかりやすいので**access from Elastic Beanstalk instance.**とでも書いておきましょう。

設定ができたら「保存」をクリックします。

03 設定が追加されたことを確認する

画面が更新されて先ほど設定した内容が追加されていることを確認しましょう。

これでアプリケーションサーバーからデータベースサーバーにアクセスできるようになりました。

図4-1-5-3：セキュリティグループ設定Step3

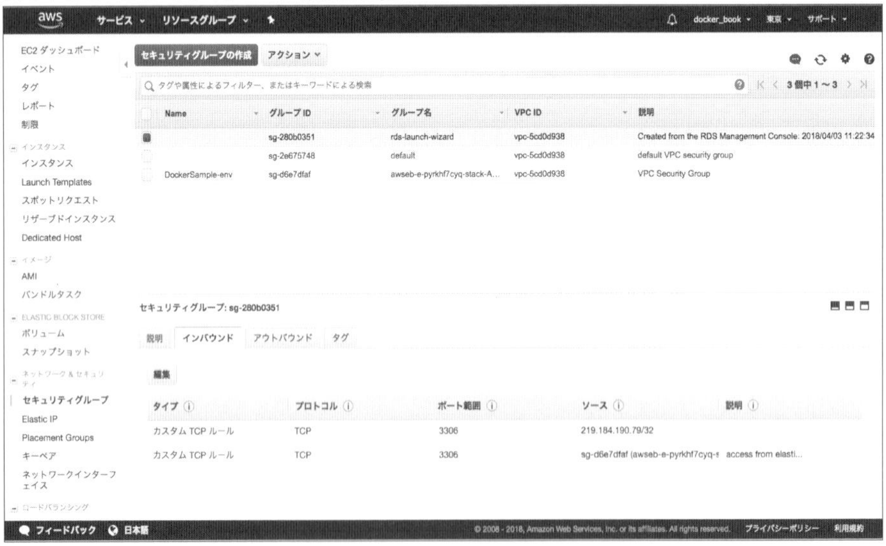

キャッシュサーバー用のセキュリティグループを作成する

次にキャッシュサーバーをElastiCacheで作成するため、その前に事前に必要となるセキュリティグループを作成しておきます。

セキュリティグループのページにある「セキュリティグループの作成」をクリックします。

図4-1-5-4：セキュリティグループ設定Step4

キャッシュサーバー用のセキュリティグループの設定をする

セキュリティグループを作成するためのダイアログが開くため、必要な情報を入力していきましょう。

セキュリティグループ名には「ElastiCache」、説明には「SecurityGroup for ElastiCache」、VPCはデフォルトで存在するものを選択しましょう。セキュリティグループのルールには「インバウンド」のタブをクリックし、タイプは「カスタム」、プロトコルは「TCP」、ポート範囲はRedisのサービスに利用する「6379」、ソースにはstep2と同様にElastic Beanstalkで自動的に作成されたセキュリティグループのグループIDを記述します。全て入力したら「作成」をクリックします。

図4-1-5-5：セキュリティグループ設定Step5

一覧画面に作成したセキュリティグループが表示されることを確認する

以上でキャッシュサーバー用のセキュリティグループの作成も完了しました。
次は実際のキャッシュサーバーを作成していきます。

図4-1-5-6：セキュリティグループ設定Step6

4-1-6 キャッシュサーバーの作成

それでは引き続き必要なサーバーを作っていきましょう。
次はキャッシュサーバーを作成します。

管理コンソールでElastiCacheのリンクをクリックする

アプリケーションサーバーを作成したときと同様に管理ページのトップでElastiCacheのリンクをクリックします。

図4-1-6-1：ElastiCache作成Step1

ElastiCacheのクラスタを新規作成する
説明ページ上の「今すぐ始める」をクリックします。

図4-1-6-2：ElastiCache作成Step2

  作成するElastiCacheのクラスターを設定する
クラスターエンジンの選択ですが、今回はRedisを選択しましょう。
名前はdocker-sampleを入力、パラメータグループはdefault、ノードのタイプは無料利用枠のあるcache.t2.micro、レプリケーション数は1を選択します。
また詳細な設定をするため、詳細設定をクリックして設定画面を表示します。

図4-1-6-3：ElastiCache作成Step3-1

マルチAZは今回不要なため、チェックははずしておきます。
既存のサブネットグループがないため、新規作成をします。
RDSの時と同様にデフォルトで作成されているVPCでアベイラビリティゾーンごとの設定を下図のようにします。
今回特に優先して使いたいアベイラビリティゾーンもないので、指定なしをチェックします。

次にセキュリティグループの設定をします。
前項で作成したElastiCache用のセキュリティグループを指定しましょう。
今回特に初期にロードしたいデータもないためクラスターへのデータのインポートは特に何も入力しなくて大丈夫です。たいしてデータも格納しないためバックアップについての設定も不要です。
メンテナンスウィンドウについては「指定なし」を、SNS通知のトピックは「通知の無効化」を選択します。

図4-1-6-4：ElastiCache作成Step3-2

図4-1-6-5：ElastiCache作成Step3-3

以上の設定が終わったら「作成」をクリックしましょう。

04 一覧画面に作成したキャッシュクラスタが表示されることを確認
しばらく待つとステータスが creating から running に変わります。

図4-1-6-6：ElastiCache作成Step4

クラスターのノード数を減らす

Redisのクラスターは作成するとデフォルトで2つのノードができます。
つまりインスタンスが2つ立ち上がっている状態です。

図4-1-6-7：ElastiCache作成Step5-1

ElastiCacheの無料利用枠はcache.t2.microのインスタンスを月間750時間分なので、1つのインスタンスを1ヶ月動かすとそれでおしまいになってしまいます（2018年3月現在）。
そのため、無料利用枠の範囲で利用したいと検討しているのであればノードを1つ終了させる必要があるということです。

それではノードを消していきましょう。
まずは先ほど作成したノードクラスタの名前のリンク部分をクリックしてノード一覧画面を表示します。
ノードが2つ存在しているため、片方のチェックボックスにチェックをつけて「ノードの削除」をクリックします。

図4-1-6-8：ElastiCache作成Step5-2

削除確認のダイアログが出るので、削除するノード名を確認してから「削除」をクリックします。

図4-1-6-9：ElastiCache作成Step5-3

選択したノードが削除されます。

図4-1-6-10：ElastiCache作成Step5-4

以上でキャッシュサーバーの準備も完了です。

4-1-7 ファイルストレージの作成

最後にファイルストレージを作りましょう。

 管理コンソールでS3のリンクをクリックする
アプリケーションサーバーを作成したときと同様に管理ページのトップでS3のリンクをクリックします。

図4-1-7-1：S3作成Step1

02 バケット一覧ページでバケットを新規作成

S3のページを開くと既に1つのバケットが存在します。

これはElastic Beanstalkでアプリケーションサーバーを作成した時に自動的に作成されたもので、今回はこれとは別にNode.jsのアプリケーションから利用する用に「バケットを作成する」をクリックして新しいバケットを作成します。

図4-1-7-2：S3作成Step2

03 バケット名とリージョンを設定する

バケットの作成のダイアログが表示されるので、バケット名に「docker-sample-bucket」、リージョンは「アジアパシフィック（東京）」を設定します。

既存のバケットからの設定をコピーの部分は特に設定せずに「次へ」をクリックします。

図4-1-7-3：S3作成Step3

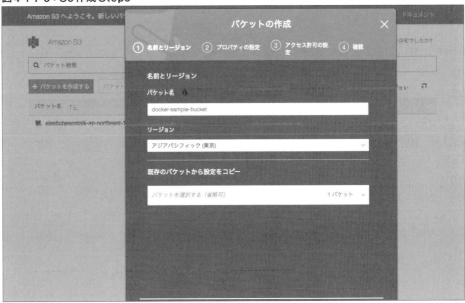

バケットの詳細設定をする

必要に応じてこのステップでバージョニング、ログ、タグに関する設定を行います。
今回は特に設定しないため「次へ」をクリックします。

図 4-1-7-4：S3作成 Step4

アクセス許可に関する設定をする

このステップではバケットのファイルに対しての設定を行います。

今回は特に設定しないため「次へ」をクリックします。

図4-1-7-5：S3作成 Step5

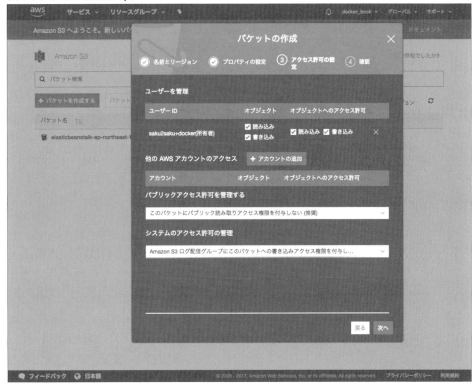

設定の確認

これまでに設定した内容を確認します。
特に問題がなければ「バケットを作成」をクリックします。

図4-1-7-6：S3作成Step6

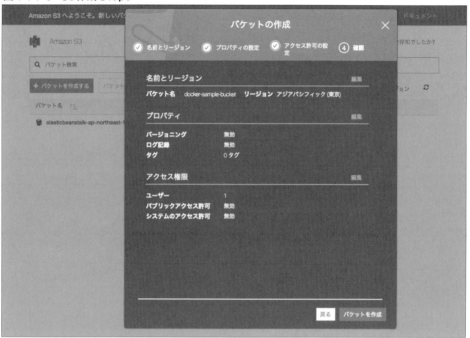

 一覧画面に作成したバケットが表示されることを確認

設定した名前とリージョンでバケットが作成されたことを確認します。

図4-1-7-7：S3作成Step7

以上でサンプルアプリケーションのために必要な構成が全て揃いました。
この後は作成したWebアプリケーションサーバーにアプリケーションコードを置いてAWS上でシステムを動作させていきます。

4-1-8 アプリケーションコードの作成

前項までの作業により本節の最初に示したシステム構成に必要なサーバーが全て揃いました。
本項からは作成されたサーバーに具体的なアプリケーションコードをのせて実際にToDoアプリケーションを動作させていきます。

図4-1-8-1: システム構成図

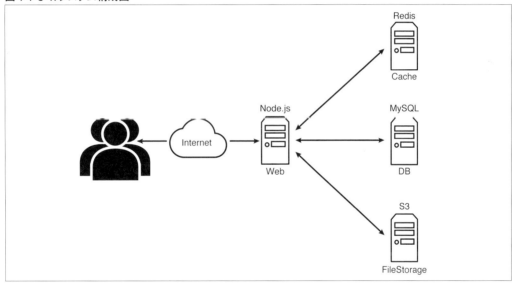

今回はNode.jsでアプリケーションを作っていきますが、これは例なので実際にはどの言語でアプリケーションを組んでも構いません。
今回作成するアプリケーションはExpressというNode.jsでもメジャーなフレームワークを使って作成していきます。
Expressの環境を素早く作るためにexpress-generatorというnpmが提供されているため、今回はこれを使ってフレームワークの下準備を行います。
マシンはUbuntu 16.04上であると想定して進めていきます。

Node.jsとnpmのインストールとアプリケーションコードの雛形作成

まず始めにnodejsとnpmをインストールします（インストールログが大量に出ますが、ここでは省略します）。

コマンド4-1-8-1

```
$ sudo apt-get install -y nodejs npm
```

npmのいくつかのモジュールは**nodejs**コマンドではなく**node**コマンドとして実行しようとするので、シンボリックリンクを作成して**node**を実行したときに**nodejs**が実行できるようにします。

コマンド4-1-8-2

```
$ sudo ln -s /usr/bin/nodejs /usr/bin/node
```

Node.jsとnpmの準備ができたら、次にexpress-generatorをインストールします。
今回はexpress-generatorの4.15.5を指定しています。

コマンド4-1-8-3

```
$ sudo npm install express-generator@4.15.5 -g
/usr/local/bin/express -> /usr/local/lib/node_modules/express-generator/bin/express-cli.js
/usr/local/lib
└──┬express-generator@4.15.5
   ├────commander@2.11.0
   ├────ejs@2.5.7
   ├──┬mkdirp@0.5.1
   │  └────minimist@0.0.8
   └────sorted-object@2.0.1
```

express-generatorのインストールができたらさっそくプロジェクトの雛形を作成しましょう。
Expressではいくつかのviewエンジンをサポートしていますが、今回は**ejs**を選択してプロジェクトを作成します。
ejsはHTMLに比較的近い書き方ができるため、分かりやすいというメリットがあります。

コマンド4-1-8-4

```
$ express --view=ejs todos
   create : todos
   create : todos/package.json
   create : todos/app.js
   create : todos/public
   create : todos/routes
   create : todos/routes/index.js
   create : todos/routes/users.js
   create : todos/views
   create : todos/views/index.ejs
   create : todos/views/error.ejs
   create : todos/bin
   create : todos/bin/www
   create : todos/public/javascripts
   create : todos/public/images
   create : todos/public/stylesheets
   create : todos/public/stylesheets/style.css

   install dependencies:
     $ cd todos && npm install

   run the app:
     $ DEBUG=todos:* npm start
```

すると以下のようなディレクトリ構造が作成されます。

データ4-1-8-1：ディレクトリ構造

```
└──todos              //プロジェクトのルートディレクトリ
├──app.js             //アプリケーション全体の設定やルーティングを記載するファイル
├──bin
│  └──www
├──package.json       //必要となるnpmパッケージの情報を記載したファイル
│  public             //必要となる画像やjavascript, CSSなどのファイルを格納するディレクトリ
│  ├──images
│  ├──javascripts
│  └──stylesheets
│  └──style.css
├──routes             //アプリケーションのエンドポイントを定義するルーティングファイルを格納するディレクトリ
│  ├──index.js
│  └──users.js
└──views              //アプリケーションのビューファイルを格納するディレクトリ
├──error.ejs
└──index.ejs
```

Chapter 4

203

Chapter 4 | 本番環境からローカルのDocker環境にポーティングする

作成された**todos**アプリケーションを試しにローカルで動作させてみましょう。
まずは**todos**ディレクトリに移動し、作成された**package.json**に書かれたライブラリのインストールをしたあとに
npm startで実行します。

コマンド4-1-8-5

```
$ cd todos
$ npm install
todos@0.0.0 /home/saku/js/todos
├─┬body-parser@1.18.2
│ ├──bytes@3.0.0
│ ├──content-type@1.0.4
│ ├──depd@1.1.1
│ ├─┬http-errors@1.6.2
│ │ ├──inherits@2.0.3
│ │ └──statuses@1.4.0
│ ├──iconv-lite@0.4.19
│ ├─┬on-finished@2.3.0
│ │ └──ee-first@1.1.1
│ ├──qs@6.5.1
│ ├─┬raw-body@2.3.2
│ │ └──unpipe@1.0.0
│ └─┬type-is@1.6.15
│   ├──media-typer@0.3.0
│   └─┬mime-types@2.1.17
│     └──mime-db@1.30.0
├─┬cookie-parser@1.4.3
│ ├──cookie@0.3.1
│ └──cookie-signature@1.0.6
├─┬debug@2.6.9
│ └──ms@2.0.0
├──ejs@2.5.7
├─┬express@4.15.5
│ ├─┬accepts@1.3.4
│ │ └──negotiator@0.6.1
│ ├──array-flatten@1.1.1
│ ├──content-disposition@0.5.2
│ ├──encodeurl@1.0.1
│ ├──escape-html@1.0.3
│ ├──etag@1.8.1
│ ├─┬finalhandler@1.0.6
│ │ └──statuses@1.3.1
│ ├──fresh@0.5.2
│ ├──merge-descriptors@1.0.1
│ ├──methods@1.1.2
│ ├──parseurl@1.3.2
│ ├──path-to-regexp@0.1.7
│ ├─┬proxy-addr@1.1.5
│ │ ├──forwarded@0.1.2
```

204

```
│  │      └────ipaddr.js@1.4.0
│  ├────qs@6.5.0
│  ├────range-parser@1.2.0
│  ├──┬send@0.15.6
│  │  ├────destroy@1.0.4
│  │  ├────mime@1.3.4
│  │  └────statuses@1.3.1
│  ├────serve-static@1.12.6
│  ├────setprototypeof@1.0.3
│  ├────statuses@1.3.1
│  ├────utils-merge@1.0.0
│  └────vary@1.1.2
├──┬morgan@1.9.0
│  ├────basic-auth@2.0.0
│  └────on-headers@1.0.1
└──┬serve-favicon@2.4.5
   └────safe-buffer@5.1.1
```

コマンド4-1-8-6

```
$ npm start
> todos@0.0.0 start /home/saku/js/todos
> node ./bin/www
```

これでアプリケーションが起動しました。

npm startを実行すると、**package.json**のscriptsに書かれたコマンドが実行されます（Chapter04/expressSample/todos/package.jsonを参照）。

データ4-1-8-2：package.json

```
{
  "name": "todos",
  "version": "0.0.0",
  "private": true,
  "scripts": {
    "start": "node ./bin/www"
  },
  "dependencies": {
    "body-parser": "~1.18.2",
    "cookie-parser": "~1.4.3",
    "debug": "~2.6.9",
    "ejs": "~2.5.7",
    "express": "~4.15.5",
    "morgan": "~1.9.0",
    "serve-favicon": "~2.4.5"
  }
}
```

それでは、アプリケーションが起動したかどうかをブラウザでアクセスして確認してみましょう。
Node.jsのアプリケーションはデフォルトは3000番ポートでリッスンしているためhttp://localhost:3000でアクセスしてみましょう。Expressのサンプルページが開くのが確認できます。

図4-1-8-2:Expressサンプルページ

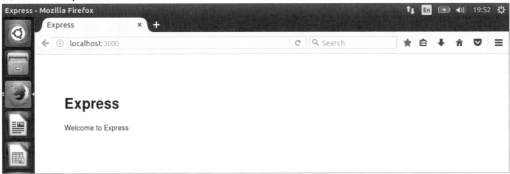

デプロイの準備とテスト

サンプルページの表示ができることを確認できたので、Elastic Beanstalkにデプロイをして今後の開発の準備をしましょう。まずはElastic Beanstalkのコマンドラインツールである**eb cli**をインストールします。
下記のドキュメントを参考にしながらインストールします。

http://docs.aws.amazon.com/ja_jp/Elastic Beanstalk/latest/dg/eb-cli3-install-linux.html

 curlをインストールします。

コマンド4-1-8-7

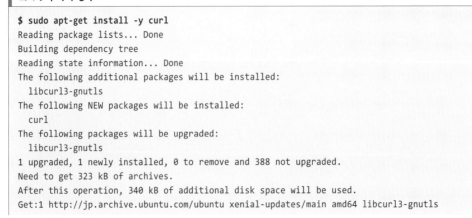

```
amd64 7.47.0-1ubuntu2.7 [185 kB]
Get:2 http://jp.archive.ubuntu.com/ubuntu xenial-updates/main amd64 curl amd64
7.47.0-1ubuntu2.7 [138 kB]
Fetched 323 kB in 0s (630 kB/s)
(Reading database ... 180555 files and directories currently installed.)
Preparing to unpack .../libcurl3-gnutls_7.47.0-1ubuntu2.7_amd64.deb ...
Unpacking libcurl3-gnutls:amd64 (7.47.0-1ubuntu2.7) over (7.47.0-1ubuntu2.2) ...
Selecting previously unselected package curl.
Preparing to unpack .../curl_7.47.0-1ubuntu2.7_amd64.deb ...
Unpacking curl (7.47.0-1ubuntu2.7) ...
Processing triggers for libc-bin (2.23-0ubuntu9) ...
Processing triggers for man-db (2.7.5-1) ...
Setting up libcurl3-gnutls:amd64 (7.47.0-1ubuntu2.7) ...
Setting up curl (7.47.0-1ubuntu2.7) ...
Processing triggers for libc-bin (2.23-0ubuntu9) ...
```

02 curlでpipをインストールするためのPythonファイルを取得します。

コマンド4-1-8-8

```
$ curl -O https://bootstrap.pypa.io/get-pip.py
  % Total    % Received % Xferd  Average Speed   Time    Time     Time  Current
                                 Dload  Upload   Total   Spent    Left  Speed
100 1558k  100 1558k    0     0   127k      0  0:00:12  0:00:12 --:--:--  243k
```

03 pipをインストールします(Python3でインストールします)。

コマンド4-1-8-9

```
$ python3 get-pip.py --user
Collecting pip
  Downloading pip-9.0.1-py2.py3-none-any.whl (1.3MB)
    100% |████████████████████████████████| 1.3MB 219kB/s
Collecting setuptools
  Downloading setuptools-36.6.0-py2.py3-none-any.whl (481kB)
    100% |████████████████████████████████| 481kB 473kB/s
Collecting wheel
  Downloading wheel-0.30.0-py2.py3-none-any.whl (49kB)
    100% |████████████████████████████████| 51kB 444kB/s
Installing collected packages: pip, setuptools, wheel
Successfully installed pip-9.0.1 setuptools-36.6.0 wheel-0.30.0
```

Chapter 4 | 本番環境からローカルのDocker環境にポーティングする

04
pipがインストールされたことをバージョン確認で確認します。

コマンド4-1-8-10

```
$ pip --version
pip 9.0.1 from /home/saku/.local/lib/python3.5/site-packages (python 3.5)
```

05
pipで**eb cli**をインストールします。

コマンド4-1-8-11

```
$ pip install awsebcli --upgrade --user
```

06
eb cliがインストールされたことをバージョン確認で確認します。

コマンド4-1-8-12

```
$ eb --version
EB CLI 3.12.0 (Python 3.5.2)
```

07
前節に**express-generator**で作成した**todos**プロジェクトのディレクトリに遷移して**eb**コマンドの設定初期化をします。

初期化コマンドの途中で聞かれる**aws-access-id**および**aws-secret-key**はご自身のAWS環境にそったものを設定してください。

コマンド4-1-8-13

```
$ cd /path/to/todos
$ eb init
Select a default region
1) us-east-1 : US East (N. Virginia)
2) us-west-1 : US West (N. California)
3) us-west-2 : US West (Oregon)
4) eu-west-1 : EU (Ireland)
5) eu-central-1 : EU (Frankfurt)
6) ap-south-1 : Asia Pacific (Mumbai)
7) ap-southeast-1 : Asia Pacific (Singapore)
8) ap-southeast-2 : Asia Pacific (Sydney)
9) ap-northeast-1 : Asia Pacific (Tokyo)
10) ap-northeast-2 : Asia Pacific (Seoul)
11) sa-east-1 : South America (Sao Paulo)
12) cn-north-1 : China (Beijing)
13) us-east-2 : US East (Ohio)
14) ca-central-1 : Canada (Central)
```

208

```
15) eu-west-2 : EU (London)
(default is 3): 9
You have not yet set up your credentials or your credentials are incorrect
You must provide your credentials.
(aws-access-id): YOUR_ACCESS_KEY
(aws-secret-key): YOUR_SECRET_ACCESS_KEY

Select an application to use
1) docker-sample
2) [ Create new Application ]
(default is 2): 1
Cannot setup CodeCommit because there is no Source Control setup, continuing with
initialization
```

08 Git管理で無視したいファイルを記述するファイルを作成します。
.gitingoreという名前のファイルを下記の内容で作成します。

これによりGit管理する際にAWSのアクセスキーの情報が入ったファイルがバージョン管理されることを
防いだり、Elastic Beanstalkにアップロードされることを防ぎます。

データ4-1-8-3：.gitignore

```
node_modules/
# Elastic Beanstalk Files
.elasticbeanstalk/*
.elasticbeanstalk/*.cfg.yml
.elasticbeanstalk/*.global.yml
```

09 Elastic BeanstalkのNode.js環境に必要となるファイルを作成します
.ebextensions/nodecommand.configという名前のファイルを下記の内容で作成します。

これによりElastic BeanstalkにNode.jsアプリケーションをデプロイした際に実行するコマンドを指定で
きます。この場合に実行するコマンドはnpm startとなります。

データ4-1-8-4：.ebextensions/nodecommand.config

```
option_settings:
  aws:elasticbeanstalk:container:nodejs:
    NodeCommand: "npm start"
```

アプリケーションコードのデプロイを行います。

次に**eb list**コマンドで現在のEnvironmentのリストを確認します。

ここまでの例どおりに作ってあれば通常ひとつだけが表示されます。同じアプリケーション内に複数のEnvironmentも作ることができ、その場合には複数表示されます。*印がついているものは現在選択状態になっているEnvironmentでこれは**eb use**コマンドを使って切り替えることができます。**eb deploy**などの対象が必要なコマンドを使った際に対象を省略すると、選択状態のEnvironmentが補完されます。

コマンド4-1-8-14

```
$ eb list
* DockerSample-env
```

コマンド4-1-8-15

```
$ eb deploy
Creating application version archive "app-171102_001009".
Uploading docker-sample/app-171102_001009.zip to S3. This may take a while.
Upload Complete.
INFO: Environment update is starting.
INFO: Deploying new version to instance(s).
INFO: Environment health has transitioned from Ok to Info. Application update in progress on 1 instance. 0 out of 1 instance completed (running for 11 seconds).
INFO: New application version was deployed to running EC2 instances.
INFO: Environment update completed successfully.
```

これでアプリケーションコードがElastic Beanstalkにデプロイされました。

Webの画面で新しいバージョンが作成されていることを確認しましょう。

図4-1-8-3:Elastic Beanstalkバージョン確認画面

次にEnvironmentのページを開き、アプリケーションのURLを確認します。

図4-1-8-4:Environmentページ

URLを開くと先ほどローカルで確認したのと同じExpressのサンプルページが表示されることを確認します。

図4-1-8-5:Environmentサンプルページ

以上でデプロイの準備は完了です。

必要なライブラリの追加

アプリケーションに必要になるnpmライブラリを追加していきましょう。

今回はMySQLサーバー、Redisのキャッシュサーバー、S3のファイルサーバーにアクセスするため、下記のようにpackage.jsonを書き直してinstallしなおします（Chapter04/sampleCode/nodemonSample/todos/package.jsonを参照）。

また今回はnodemonというパッケージを追加して**npm start**の際に実行される起動スクリプトも変更しています。

nodemonはjsやejsファイルの変更を監視して変更があったタイミングでnodeのプロセスを自動で再起動してくれます。

これによりWebアプリケーションの修正から反映・確認が簡単になります。

Macなどで実行する場合には**nodemon -L .bin/www**のように**-L**オプションをつけていないとうまく反映されないこともありますのでご注意ください。

データ4-1-8-5：package.json

```
{
  "name": "todos",
  "version": "0.0.0",
  "private": true,
  "scripts": {
    "start": "nodemon -L ./bin/www"
  },
  "dependencies": {
    "aws-sdk": "2.118.0",
    "bluebird": "3.5.0",
    "body-parser": "1.17.1",
    "cookie-parser": "1.4.3",
    "debug": "2.6.3",
    "ejs": "2.5.6",
    "express": "4.15.2",
    "file-type": "6.2.0",
    "morgan": "1.8.1",
    "multer": "1.3.0",
    "mysql": "2.14.1",
    "nodemon": "1.12.1",
    "read-chunk": "2.1.0",
    "redis": "2.8.0",
    "serve-favicon": "2.4.2"
  }
}
```

コマンド4-1-8-16

```
$ npm install

                          ～ 省略 ～

npm WARN optional Skipping failed optional dependency /chokidar/fsevents:
npm WARN notsup Not compatible with your operating system or architecture: fsevents@1.1.2
```

改めて**npm start**コマンドでサービスを起動してみましょう。
無事前項と同じアプリケーション初期画面が表示されれば成功です。

コマンド4-1-8-17

```
$ npm start
> todos@0.0.0 start /home/saku/js/todos
> nodemon -L ./bin/www

[nodemon] 1.12.1
[nodemon] to restart at any time, enter `rs`
[nodemon] watching: *.*
[nodemon] starting `node ./bin/www`
```

package.jsonが**node ./bin/www**となっていた時とくらべて、**nodemon**に変わったことにより出力が変わっていることがわかります。
ブラウザでもアクセスし、以前と同じ**http://localhost:3000**でアクセスできることも確認しましょう。

データベースとテーブルの作成

具体的なアプリケーションコードを書き始める前に先にアプリケーションで使うデータベースとテーブルを作成しましょう。
まずは前項で作成したRDSのインスタンスに**mysql**コマンドで接続しましょう。
始めに**apt-get**で**mysql-cli**をインストールします。

コマンド4-1-8-18

```
$ sudo apt-get install -y mysql-client
```

Chapter 4 | 本番環境からローカルのDocker環境にポーティングする

mysqlコマンドが使えるようになったらさっそくデータベースに接続します。
パスワードを聞かれるので、前項でRDS作成時に設定したものを入力します。

コマンド4-1-8-19

```
$ mysql -h docker-sample.cvqrntifrf6g.ap-northeast-1.rds.amazonaws.com -u sampleuser -p
Enter password:
Welcome to the MySQL monitor.  Commands end with ; or \g.
Your MySQL connection id is 5264
Server version: 5.6.35-log MySQL Community Server (GPL)

Copyright (c) 2000, 2017, Oracle and/or its affiliates. All rights reserved.

Oracle is a registered trademark of Oracle Corporation and/or its
affiliates. Other names may be trademarks of their respective
owners.

Type 'help;' or '\h' for help. Type '\c' to clear the current input statement.

mysql>
```

RDSの作成の際に指定したデフォルトのデータベースである**sampleDb**内に**todos**という今回のアプリケーション
用のテーブルを作成しましょう。
まずデータベースの存在確認を行います。

コマンド4-1-8-20

```
mysql> SHOW DATABASES;
Query OK, 1 row affected (0.03 sec)

+--------------------+
| Database           |
+--------------------+
| information_schema |
| innodb             |
| mysql              |
| performance_schema |
| sampleDb           |
| sys                |
+--------------------+
6 rows in set (0.03 sec)
```

214

SQLで次のコマンドを実行します。

コマンド4-1-8-21

```
mysql> USE sampleDb;
Database changed

mysql> CREATE TABLE `todos` (
    ->     `id` int(11) NOT NULL AUTO_INCREMENT,
    ->     `title` varchar(128) DEFAULT NULL,
    ->     `image_url` varchar(256) DEFAULT NULL,
    ->     PRIMARY KEY (`id`)
    -> ) ENGINE=InnoDB DEFAULT CHARSET=utf8;

Query OK, 0 rows affected (0.05 sec)

mysql> SHOW TABLES;
+--------------------+
| Tables_in_sampleDb |
+--------------------+
| todos              |
+--------------------+
1 row in set (0.02 sec)
```

これでデータベース側の準備も整いました。

次はいよいよアプリケーションコードの作成に入ります。

TODOアプリケーションの作成

本項から具体的なTODOアプリケーションの作成に入っていきます。

今回はWebアプリケーションの基本となるCRUD、すなわちCreate（新規作成）、READ（詳細表示・一覧）、UPDATE（編集）、DELETE（削除）のアクションが行えるものを作成していきます。

TODO一覧機能の作成

まずは簡単なREAD（詳細表示・一覧）のアクションから作成していきましょう。

アプリケーション全体の設定やルーティングを記載するファイルであるapp.jsを変更していきます。

変更後の**app.js**を以下に示します（Chapter04/sampleCode/readApplicationSample/todos/app.js）。

データ4-1-8-6：app.js

```
var express = require('express');
var path = require('path');
var favicon = require('serve-favicon');
var logger = require('morgan');
var cookieParser = require('cookie-parser');
var bodyParser = require('body-parser');

var index = require('./routes/index');
var todos = require('./routes/todos');

var app = express();

// view engine setup
app.set('views', path.join(__dirname, 'views'));
app.set('view engine', 'ejs');

// uncomment after placing your favicon in /public
//app.use(favicon(path.join(__dirname, 'public', 'favicon.ico')));
app.use(logger('dev'));
app.use(bodyParser.json());
app.use(bodyParser.urlencoded({ extended: false }));
app.use(cookieParser());
app.use(express.static(path.join(__dirname, 'public')));

app.use('/', index);
app.use('/todos', todos);

// catch 404 and forward to error handler
app.use(function(req, res, next) {
  var err = new Error('Not Found');
  err.status = 404;
  next(err);
});

// error handler
app.use(function(err, req, res, next) {
  // set locals, only providing error in development
  res.locals.message = err.message;
  res.locals.error = req.app.get('env') === 'development' ? err : {};

  // render the error page
  res.status(err.status || 500);
  res.render('error');
});

module.exports = app;
```

ここでは下記の2箇所の記述を変更しただけです。

1. **var users = require('./routes/users');をvar todos = require('./routes/todos');に変更**
2. **app.use('/users', users);をapp.use('/todos', todos);に変更**

それでは次にroute/todos.jsというファイルを作成していきましょう（Chapter04/sampleCode/readApplicationSample/todos/routes/todos.jsを参照）。

データ4-1-8-7：routes/todos.js

```
var express = require('express');
var Promise = require('bluebird');
var mysql = require('mysql');
var router = express.Router();

var pool  = Promise.promisifyAll(mysql.createPool({
  connectionLimit : 3,
  host            : process.env.MYSQL_HOST,
  port            : process.env.MYSQL_PORT,
  user            : process.env.MYSQL_USER,
  password        : process.env.MYSQL_PASS,
  database        : process.env.MYSQL_DB,
}));

/* Show all todo. */
router.get('/', function(req, res, next) {
  pool.queryAsync('SELECT * FROM todos')
  .then(function(rows) {
    res.render('todos/index', { rows: rows });
  })
  .catch(function(error) {
    console.log("show all:" + error);
    return next(error);
  });
});

/* Show single todo. */
router.get('/:id', function(req, res, next) {
  const id = req.params.id;

  pool.queryAsync('SELECT * FROM todos WHERE id = ?', [id])
  .then(function(rows) {
    const row = rows[0];
    if (!row) return res.sendStatus(404);

    res.render('todos/show', { row: row });
  })
  .catch(function(error) {
    return next(error);
  });
});

module.exports = router;
```

Chapter 4 | 本番環境からローカルのDocker環境にポーティングする

route配下はURLの各パスと関係しており、**routes/todos.js**に各actionの記述をしていくことでそれに対応する**http://localhost:3000/todos/action**というURLが動作することになります。

上記の変更により**http://localhost:3000/todos/**というURLと**http://localhost:3000/todos/{id}**というURLが動作するようになりました。

それに伴い既存の**routes/users.js**があると余計なURLが動作してしまうため、それは削除しておきましょう。

コマンド4-1-8-22

```
$ rm routes/users.js
```

また、URLのトップページにアクセスした時に**/todos/index**のURLにリダイレクトされるように**routes/index.js**も修正します（Chapter04/sampleCode/readApplicationSample/todos/routes/index.jsを参照）。

データ4-1-8-8：route/index.js

```
var express = require('express');
var router = express.Router();

/* Get root page. */
router.get('/', function(req, res, next) {
  res.redirect('/todos');
});

module.exports = router;
```

次に表示に必要なejsファイルを作成していきましょう。

上記の**routes/todos.js**にある**res.render**という関数が表示用のejsを呼び出すもののため、今回は**todos/index.ejs**（Chapter04/sampleCode/readApplicationSample/todos/views/todos/index.ejsを参照）というファイルと**toedos/show.ejs**（Chapter04/sampleCode/readApplicationSample/todos/views/todos/show.ejsを参照）という2つのファイルを作る必要があります。

Node.jsではViewに関するファイルはviewsディレクトリ配下に作成していきますので、この場合は対応するファイルとして**views/todos/index.ejs**と**views/todos/show.ejs**を作る必要があります。

まず**views/todos/index.ejs**は次のようになります。

218

データ4-1-8-9：views/todos/index.ejs

```
<!DOCTYPE html>
<html>
  <head>
    <title>Todo Sample App - READ(List) -</title>
    <link rel='stylesheet' href='/stylesheets/style.css' />
    <script src="//code.jquery.com/jquery-2.1.3.min.js"></script>
  </head>
  <body>
    <h1>Todos</h1>
    <table>
      <tr>
        <th>ID</th>
        <th>Title</th>
        <th>Edit link</th>
        <th>Delete button</th>
      </tr>
      <% rows.forEach(function(row) { %>
        <tr>
          <td><a href="/todos/<%= row.id %>"><%= row.id %></a></td>
          <td><%= row.title %></td>
          <td><a href="/todos/edit/<%= row.id %>">Edit</a></td>
          <td><a href="javascript:void(0);" onclick="confirmDeleteAndExec(<%= row.id
%>)">Delete?</a></td>
        </tr>
      <% }) %>
    </table>
    <a href="todos/create">Add new todo</a>
    <script>
      function confirmDeleteAndExec(id) {
        if (confirm('Delete todo ok?')) {
        $.ajax({
          url: '/todos/' + id,
          type: 'DELETE'
        })
          .done(function() {
              location.reload();
          })
          .fail(function(error) {
            console.log(error);
            alert("Failed to delete todo.");
          });
        }
      }
    </script>
  </body>
</html>
```

Chapter 4 | **本番環境からローカルのDocker環境にポーティングする**

データ4-1-8-10：views/todos/show.ejs

```
<!DOCTYPE html>
<html>
  <head>
    <title>Todo Sample App - READ(Detail) -</title>
    <link rel='stylesheet' href='/stylesheets/style.css' />
  </head>
  <body>
    <h1>Todo</h1>
    <table>
      <tr>
        <th>Column</th>
        <th>Value</th>
      </tr>
      <tr>
        <td>ID</td>
        <td><%= row.id %></td>
      </tr>
      <tr>
        <td>Title</td>
        <td><%= row.title %></td>
      </tr>
      <tr>
        <td>Image</td>
        <% if (row.image_url) { %>
          <td><img src="<%= imageUrlEndpoint %><%= row.image_url %>" /></td>
        <% } else { %>
          <td>No image.</td>
        <% } %>
      </tr>
    </table>
    <a href="/todos">Back to list.</a>
  </body>
</html>
```

以上で変更は終了です。

それでは再度サーバーにデプロイして確認してみましょう。

コマンド4-1-8-23

```
$ eb deploy
Creating application version archive "app-171105_154535".
Uploading docker-sample/app-171105_154535.zip to S3. This may take a while.
Upload Complete.
INFO: Environment update is starting.
INFO: Deploying new version to instance(s).
INFO: Environment health has transitioned from Warning to Info. Application update in progress
on 1 instance. 0 out of 1 instance completed (running for 70 seconds).
INFO: New application version was deployed to running EC2 instances.
INFO: Environment update completed successfully.
```

デプロイが完了したら先ほどと同じようにアプリケーションサーバーにブラウザでアクセスしてみましょう。
すると下記のようなエラー画面が表示されるはずです。

図4-1-8-6:Errorページ

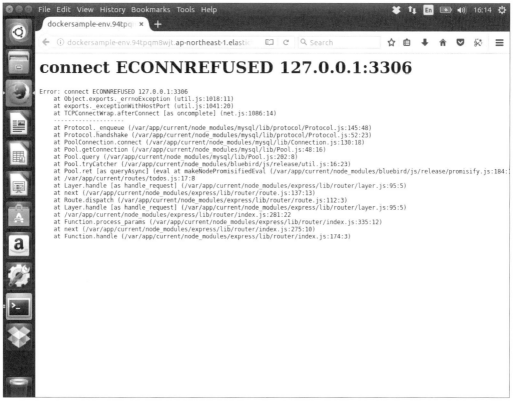

Chapter 4 | 本番環境からローカルの Docker 環境にポーティングする

■ データ4-1-8-11：Errorログ

```
connect ECONNREFUSED 127.0.0.1:3306

Error: connect ECONNREFUSED 127.0.0.1:3306
    at Object.exports._errnoException (util.js:1018:11)
    at exports._exceptionWithHostPort (util.js:1041:20)
    at TCPConnectWrap.afterConnect [as oncomplete] (net.js:1086:14)
    --------------------
    at Protocol._enqueue (/var/app/current/node_modules/mysql/lib/protocol/Protocol.js:145:48)
    at Protocol.handshake (/var/app/current/node_modules/mysql/lib/protocol/Protocol.js:52:23)
    at PoolConnection.connect (/var/app/current/node_modules/mysql/lib/Connection.js:130:18)
    at Pool.getConnection (/var/app/current/node_modules/mysql/lib/Pool.js:48:16)
    at Pool.query (/var/app/current/node_modules/mysql/lib/Pool.js:202:8)
    at Pool.tryCatcher (/var/app/current/node_modules/bluebird/js/release/util.js:16:23)
    at Pool.ret [as queryAsync] (eval at makeNodePromisifiedEval (/var/app/current/node_modules/
bluebird/js/release/promisify.js:184:12), <anonymous>:14:23)
    at /var/app/current/routes/todos.js:17:8
    at Layer.handle [as handle_request] (/var/app/current/node_modules/express/lib/router/layer.
js:95:5)
    at next (/var/app/current/node_modules/express/lib/router/route.js:137:13)
    at Route.dispatch (/var/app/current/node_modules/express/lib/router/route.js:112:3)
    at Layer.handle [as handle_request] (/var/app/current/node_modules/express/lib/router/layer.
js:95:5)
    at /var/app/current/node_modules/express/lib/router/index.js:281:22
    at Function.process_params (/var/app/current/node_modules/express/lib/router/index.
js:335:12)
    at next (/var/app/current/node_modules/express/lib/router/index.js:275:10)
    at Function.handle (/var/app/current/node_modules/express/lib/router/index.js:174:3)
```

エラー画面の情報からMySQLへの接続で**127.0.0.1:3306**に接続しにいこうとして失敗していることがわかります。
これは先ほどの**routes/todos.js**の中でMySQLへの接続情報を環境変数から取得するように設定していたため
です。
なぜならソースコードに直接接続先ホスト名やMySQLユーザ名、パスワードを書いてしまうと大変危険なためです。
Elastic Beanstalkでは環境変数をアプリケーションサーバーに対して設定できるように作られています。
「データベースサーバーの作成」の項で作成したデータベースサーバーの情報を環境変数として設定していきます。
今回必要になる環境変数は、**routes/todos.js**にある以下の環境変数になります。

■ データ4-1-8-12：routes/todos.js

```
MYSQL_HOST    データベースのホスト名
MYSQL_PORT    データベースのポート番号（通常は3306）
MYSQL_USER    データベースのユーザ名
MYSQL_PASS    パスワード
MYSQL_DB      使用するデータベース名
```

Elastic Beanstalkのページを開き、作成したWebアプリケーションの環境ページを開き、「設定」をクリックし、その中にある「ソフトウェア」という項目の変更というリンクをクリックします。

図4-1-8-7:設定ページ

ソフトウェア設定ページの一番下に「環境プロパティ」という項目のセクションがありますので、必要な値を設定し、「適用」をクリックします。

図4-1-8-8: 設定ページ

すると環境変数の設定が反映され、環境への適用が始まるため終わるまでしばらく待ちます。

図4-1-8-9: 設定ページ

ヘルスの状態がINFOからOKに変わったら再度アプリケーションサーバーのトップページにアクセスしてみましょう。
今度はエラーではなく下図のような画面が表示されるはずです。
現在はTODOがひとつも作成されていないため、何も表示されません。

図4-1-8-10: 設定ページ

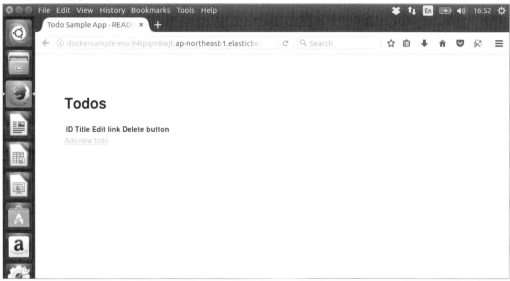

TODOの新規作成、編集、削除機能の作成

それではCRUDの残りのアクション、Create（新規作成）、UPDATE（編集）、DELETE（削除）を作成していきましょう。
routes/todos.jsを下記のように変更します（Chapter04/sampleCode/cudApplicationSample/todos/routes/todos.jsを参照）。

データ4-1-8-13：routes/todos.js

```javascript
var express = require('express');
var Promise = require('bluebird');
var mysql = require('mysql');
var router = express.Router();
var AWS = require('aws-sdk');
var multer = require('multer');
var upload = multer({ dest: '/tmp' });
var readChunk = require('read-chunk');
var fileType = require('file-type');
var crypto = require('crypto');
const url = require('url');

var pool   = Promise.promisifyAll(mysql.createPool({
```

```
var express = require('express');
var Promise = require('bluebird');
var mysql = require('mysql');
var router = express.Router();
var AWS = require('aws-sdk');
var multer = require('multer');
var upload = multer({ dest: '/tmp' });
var readChunk = require('read-chunk');
var fileType = require('file-type');
var crypto = require('crypto');
const url = require('url');

var pool   = Promise.promisifyAll(mysql.createPool({
  connectionLimit : 3,
  host            : process.env.MYSQL_HOST,
  port            : process.env.MYSQL_PORT,
  user            : process.env.MYSQL_USER,
  password        : process.env.MYSQL_PASS,
  database        : process.env.MYSQL_DB,
}));

var s3Config = {
  accessKeyId     : process.env.AWS_ACCESS_KEY,
  secretAccessKey : process.env.AWS_SECRET_KEY
}
const s3Bucket = process.env.AWS_S3_BUCKET;
const imageUrlEndpoint = process.env.IMAGE_ENDPOINT;

var s3 = Promise.promisifyAll(new AWS.S3(s3Config));

// Error definition.
class InsertTodoError extends Error {
  constructor ( message, extra ) {
    super()
    Error.captureStackTrace( this, this.constructor )
    this.name = 'InsertTodoError'
    this.message = message
    if ( extra ) this.extra = extra
  }
}

class DeleteTodoNotFoundError extends Error {
  constructor ( message, extra ) {
    super()
    Error.captureStackTrace( this, this.constructor )
    this.name = 'DeleteTodoNotFoundError'
    this.message = message
    if ( extra ) this.extra = extra
  }
}
```

```javascript
    })
    .catch(function(error) {
      return next(error);
    });
});

/* Create or edit todo. */
router.post('/edit', upload.single('image'), function(req, res, next) {
  console.log("file:" + JSON.stringify(req.file));
  const id = req.body.id;
  const title = req.body.title;

  if (id) {
    // edit
    const idNum = parseInt(id, 10);
    if (!(Number.isInteger(idNum) && idNum > 0)) return res.sendStatus(400);

    Promise.resolve()
    .then(function() {
      return pool.getConnectionAsync()
    })
    .then(function(connection) {
      var connectionAsync = Promise.promisifyAll(connection);
      connectionAsync.beginTransactionAsync()
      .then(function() {
        return handleUploadImage(req);
      })
      .then(function(data) {
        console.log("result of s3:" + JSON.stringify(data));
        var updateData = { title: title };
        if (data && data.Location) {
          const imageUrl = url.parse(data.Location);
          updateData['image_url'] = imageUrl.pathname;
        }
        return connectionAsync.queryAsync('UPDATE todos SET ? WHERE id = ?', [updateData,
idNum])
      })
      .then(function(results) {
        if (results.affectedRows != 1) {
          console.log("nothing updated!");
          connection.rollback();
          return res.sendStatus(400);
        }

        connection.commit();
        res.redirect('/todos/' + idNum);
      })
      .catch(function(error) {
        console.log("edit:" + error);
        connection.rollback();
```

```
          console.log("data rollbacked.");
          return next(error);
        })
        .finally(function() {
          connection.release();
          console.log("connection released");
        });
      })
      .catch(function(error) {
        console.log("error:" + error);
        return next(error);
      });
    } else {
      // create
      Promise.resolve()
      .then(function() {
        return handleUploadImage(req);
      })
      .then(function(data) {
        console.log("result of s3:" + JSON.stringify(data));
        pool.getConnectionAsync()
        .then(function(connection) {
          var connectionAsync = Promise.promisifyAll(connection);

          connectionAsync.beginTransactionAsync()
          .then(function() {
            var insertData = { title: title };
            if (data && data.Location) {
              const imageUrl = url.parse(data.Location);
              insertData['image_url'] = imageUrl.pathname;
            }
            return connectionAsync.queryAsync('INSERT INTO todos SET ?', insertData);
          })
          .then(function(results) {
            if (results.insertId) {
              connection.commit();
              res.redirect('/todos/' + results.insertId);
            } else {
              throw new InsertTodoError("Insert record failed.");
            }
          })
          .catch(function(error) {
            console.log("error:" + error);
            connection.rollback();
            console.log("data rollbacked.");
            if (error instanceof InsertTodoError) {
              console.log("something wrong!");
              return res.sendStatus(500);
            } else {
              return next(error);
```

```javascript
          }
        })
        .finally(function() {
          connection.release();
          console.log("connection released");
        });
      });
    })
    .catch(function(error) {
      console.log("aws upload error:" + error);
      next(error);
    });
  }
});

function handleUploadImage(req) {
  if (req.file) {
    const buffer = readChunk.sync(req.file.path, 0, req.file.size);
    const uploadFileType = fileType(buffer);
    console.log("type: " + JSON.stringify(uploadFileType));

    if (uploadFileType && uploadFileType.ext) {
      const fileName = (new Date()).getTime() + '-' + crypto.randomBytes(8).toString('hex') +
'.' + uploadFileType.ext;
      console.log("fileName: " + fileName);
      return s3.uploadAsync({
        Bucket: s3Bucket,
        Key: fileName,
        Body: buffer,
        ACL: 'public-read'
      });
    }
  }

  return null
}

/* Delete todo. */
router.delete('/:id', function(req, res, next) {
  const id = req.params.id;
  pool.getConnectionAsync()
  .then(function(connection) {
    var connectionAsync = Promise.promisifyAll(connection);

    connectionAsync.beginTransactionAsync()
    .then(function() {
      return connectionAsync.queryAsync('DELETE FROM todos WHERE id = ?', [id])
    })
    .then(function(results) {
      if (results.affectedRows < 1) {
```

```
        throw new DeleteTodoNotFoundError("No target record found.");
      }
      connection.commit();
      res.json({message: 'success to delete'});
    })
    .catch(function(error) {
      console.log("delete:" + error);
      connection.rollback();
      console.log("data rollbacked.");
      if (error instanceof DeleteTodoNotFoundError) {
        return res.sendStatus(404);
      } else {
        return next(error);
      }
    })
    .finally(function() {
      console.log("connection released");
      connection.release();
    });
  });
});

/* Show single todo. */
router.get('/:id', function(req, res, next) {
  const id = req.params.id;

  pool.queryAsync('SELECT * FROM todos WHERE id = ?', [id])
  .then(function(rows) {
    const row = rows[0];
    if (!row) return res.sendStatus(404);

    res.render('todos/show', { row: row, imageUrlEndpoint: imageUrlEndpoint });
  })
  .catch(function(error) {
    return next(error);
  });
});

/* Show all todo. */
router.get('/', function(req, res, next) {
  pool.queryAsync('SELECT * FROM todos')
  .then(function(rows) {
    res.render('todos/index', { rows: rows });
  })
  .catch(function(error) {
    console.log("show all:" + error);
    return next(error);
  });
});
```

```
module.exports = router;
```

合わせて必要な**view**ファイルである**views/todos/edit.ejs**（Chapter04/sampleCode/
cudApplicationSample/todos/views/todos/edit.ejsを参照）を追加します。
今回新規作成と編集は同じ画面要素を使うため、1つのファイルで済むように、受け渡したデータによって表示を
変えるような実装をしています。

┃ データ4-1-8-14：views/todos/edit.ejs

```
<!DOCTYPE html>
<html>
  <head>
    <title>Todo Sample App - <%= row ? 'UPDATE' : 'CREATE' %> -</title>
    <link rel='stylesheet' href='/stylesheets/style.css' />
  </head>
  <body>
    <h1><%= row ? 'Edit' : 'Create' %> todo</h1>
    <form method="POST" action= "/todos/edit" enctype="multipart/form-data">
      <table>
        <tr>
          <th>Column</th>
          <th>Value</th>
        </tr>
        <% if (row) { %>
          <input type="hidden" name="id" value="<%= row.id %>" />
        <% } %>
        <tr>
          <td>Title</td>
          <td><input type="text" name="title" value="<%= row ? row.title : '' %>" /></td>
        </tr>
        <tr>
          <td>Image</td>
          <td><input type="file" name="image" value="" /></td>
        </tr>
      </table>
      <input type="submit" value="<%= row ? 'Edit' : 'Create' %>" />
    </form>
  </body>
</html>
```

以下の環境変数を追加します。
先ほどと同様に設定から追加していきましょう。

データ4-1-8-15：環境変数

```
AWS_ACCESS_KEY      AWSのアクセスキー
AWS_SECRET_KEY      AWSのシークレットキー
AWS_S3_BUCKET       AWSのバケット名
+IMAGE_ENDPOINT     アップロードした画像のエンドポイント
```

今回はAWSのS3へのエンドポイントのため、**https://{S3バケット名}.s3.amazonaws.com**と設定します。
サンプルではhttps://docker-sample-bucket.s3.amazonaws.comとなります。
今度は予め環境変数を設定してからアプリケーションをデプロイしていきましょう。

図4-1-8-11：環境変数設定画面

環境変数の反映が終わったらデプロイします。

コマンド4-1-8-24

```
$ eb deploy
Creating application version archive "app-171106_002600".
Uploading docker-sample/app-171106_002600.zip to S3. This may take a while.
Upload Complete.
INFO: Environment update is starting.
INFO: Deploying new version to instance(s).
INFO: Environment health has transitioned from Ok to Info. Application update in progress
(running for 2 seconds).
INFO: New application version was deployed to running EC2 instances.
INFO: Environment update completed successfully.
```

それでは改めて画面を確認していきましょう。
トップページにアクセスして、「Add new todo」をクリックします。

図4-1-8-12: トップページ

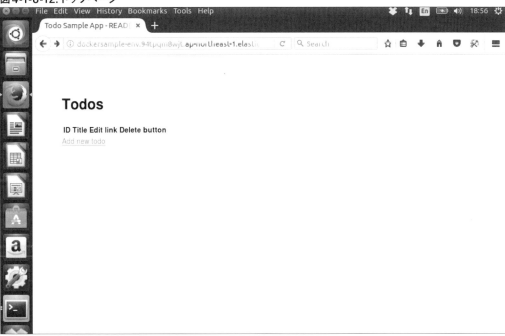

次に表示されるTodoの新規作成画面で、タイトルと適当な画像を選択して「Create」をクリックします。

図4-1-8-13: 新規作成ページ

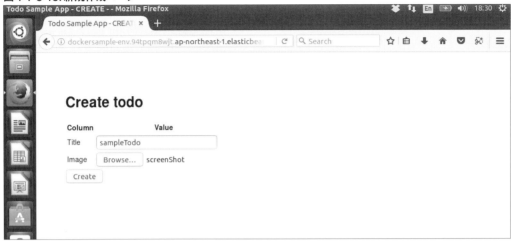

Todoの作成に成功し、入力したタイトルと選択したイメージ画像が表示される詳細ページに遷移することを確認します。

図4-1-8-14: 詳細ページ

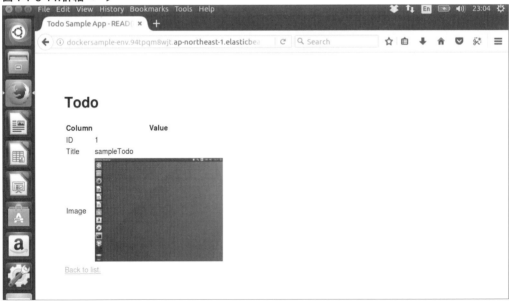

また「Back to list.」のリンクをクリックしてみましょう。
先ほどまで空の表示だった一覧画面に先ほど作成したTodo項目が表示されるようになりました。

図4-1-8-15:一覧ページ

合わせて先ほどアップロードした画像ファイルがAWSのS3にアップロードされたことを確認します。
まずはAWSのS3の画面を開きます。

図4-1-8-16:S3トップページ

アプリケーション用に作成した「docker-sample-bucket」を開いてみましょう。
無事先ほど指定した画像がS3のバケット内にアップロードされていることが確認できます。

図4-1-8-17:S3バケットページ

それでは一覧画面の「Edit」のリンクをクリックして編集画面を開いてみましょう。
今回はタイトルをeditedTodoにして、画像の指定は無しにして「Edit」ボタンをクリックします。
新規作成の時と同様、詳細ページに遷移してタイトルのみが変更されることを確認します。
画像を指定しなかった場合には、画像はそのままの設定が保持されるように作っています。

図4-1-8-18:変更後詳細ページ

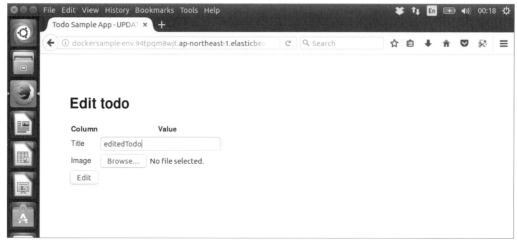

それでは再び「Back to list.」のリンクをクリックして一覧ページに戻り今度は「Delete?」のリンクをクリックしてみましょう。

「Delete todo ok?」という確認のダイアログが表示されます。

図4-1-8-19: 変更後詳細ページ

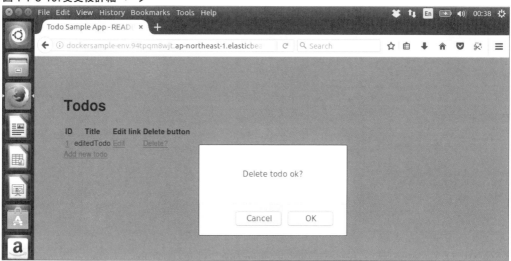

ここで「Cancel」をクリックすると削除されずに元の画面に戻り、「OK」をクリックすると削除処理が実行されます。今回は「OK」をクリックして削除してみましょう。

すると、Todoは削除され一覧ページが更新され、また空のTodoリスト画面が表示されます。

図4-1-8-20: 変更後詳細ページ

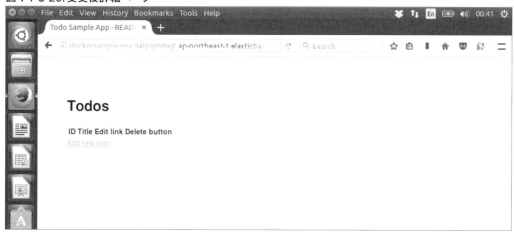

Chapter 4 | 本番環境からローカルのDocker環境にポーティングする

以上でアプリケーションのCRUD、すなわちCreate（新規作成）、READ（詳細表示・一覧）、UPDATE（編集）、DELETE（削除）のアクションの動作確認とWebアプリケーション・データベースサーバー・ファイルストレージが連携したシステムの動作確認ができました。

TODOアプリケーションへのキャッシュサーバーの組み込み

次はこのシステムに残りのキャッシュサーバーを組み込んでいきましょう。

サンプルの例ではそこまでしなくても大丈夫ですが、アクセスの多いWebサービスではデータベースサーバーへの負荷軽減とレスポンス速度の向上のため、キャッシュサーバーを利用することが多くなるため、あえてこのサンプルでも組み込んでシステムを構築した上で、ローカルでもDockerで構築する事例としたいと思います。

まずはキャッシュサーバーの接続に必要なコードを含めてroutes/todos.jsを更新します（Chapter04/sampleCode/cacheApplicationSample/todos/routes/todos.jsを参照）。

■ データ4-1-8-15：routes/todos.js

```
var express = require('express');
var Promise = require('bluebird');
var mysql = require('mysql');
var router = express.Router();
var AWS = require('aws-sdk');
var multer = require('multer');
var upload = multer({ dest: '/tmp' });
var readChunk = require('read-chunk');
var fileType = require('file-type');
var crypto = require('crypto');
var redis = require("redis");
const url = require('url');
Promise.promisifyAll(redis.RedisClient.prototype);

var pool  = Promise.promisifyAll(mysql.createPool({
  connectionLimit : 3,
  host            : process.env.MYSQL_HOST,
  port            : process.env.MYSQL_PORT,
  user            : process.env.MYSQL_USER,
  password        : process.env.MYSQL_PASS,
  database        : process.env.MYSQL_DB,
}));

var s3Config = {
  accessKeyId     : process.env.AWS_ACCESS_KEY,
  secretAccessKey : process.env.AWS_SECRET_KEY,
  region          : process.env.AWS_REGION
}
const s3Bucket = process.env.AWS_S3_BUCKET;
const imageUrlEndpoint = process.env.IMAGE_ENDPOINT;

var redisClient = redis.createClient({
```

238

```
  host            : process.env.REDIS_HOST,
  port            : process.env.REDIS_PORT
});

var s3 = Promise.promisifyAll(new AWS.S3(s3Config));

// Error definition.
class InsertTodoError extends Error {
  constructor ( message, extra ) {
    super()
    Error.captureStackTrace( this, this.constructor )
    this.name = 'InsertTodoError'
    this.message = message
    if ( extra ) this.extra = extra
  }
}

class DeleteTodoNotFoundError extends Error {
  constructor ( message, extra ) {
    super()
    Error.captureStackTrace( this, this.constructor )
    this.name = 'DeleteTodoNotFoundError'
    this.message = message
    if ( extra ) this.extra = extra
  }
}

/* Create todo. */
router.get('/create', function(req, res, next) {
  res.render('todos/edit', { row: null });
});

/* Edit todo. */
router.get('/edit/:id', function(req, res, next) {
  const id = req.params.id;
  pool.queryAsync('SELECT * FROM todos WHERE id = ?', [id])
  .then(function(rows) {
    console.log("edit:" + rows);

    const row = rows[0];
    if (!row) return res.sendStatus(404);
    res.render('todos/edit', { row: row });
  })
  .catch(function(error) {
    return next(error);
  });
});

/* Create or edit todo. */
router.post('/edit', upload.single('image'), function(req, res, next) {
```

```
console.log("file:" + JSON.stringify(req.file));
const id = req.body.id;
const title = req.body.title;

if (id) {
  // edit
  const idNum = parseInt(id, 10);
  if (!(Number.isInteger(idNum) && idNum > 0)) return res.sendStatus(400);

  Promise.resolve()
  .then(function() {
    return pool.getConnectionAsync()
  })
  .then(function(connection) {
    var connectionAsync = Promise.promisifyAll(connection);
    connectionAsync.beginTransactionAsync()
    .then(function() {
      return handleUploadImage(req);
    })
    .then(function(data) {
      console.log("result of s3:" + JSON.stringify(data));
      var updateData = { title: title };
      if (data && data.Location) {
        const imageUrl = url.parse(data.Location);
        updateData['image_url'] = imageUrl.pathname;
      }
      return connectionAsync.queryAsync('UPDATE todos SET ? WHERE id = ?', [updateData,
idNum])
    })
    .then(function(results) {
      if (results.affectedRows != 1) {
        console.log("nothing updated!");
        connection.rollback();
        return res.sendStatus(400);
      }

      connection.commit();
      redisClient.del(idNum);
      res.redirect('/todos/' + idNum);
    })
    .catch(function(error) {
      console.log("edit:" + error);
      connection.rollback();
      console.log("data rollbacked.");
      return next(error);
    })
    .finally(function() {
      connection.release();
      console.log("connection released");
    });
```

```
      })
    .catch(function(error) {
      console.log("error:" + error);
      return next(error);
    });
  } else {
    // create
    Promise.resolve()
    .then(function() {
      return handleUploadImage(req);
    })
    .then(function(data) {
      console.log("result of s3:" + JSON.stringify(data));
      pool.getConnectionAsync()
      .then(function(connection) {
        var connectionAsync = Promise.promisifyAll(connection);

        connectionAsync.beginTransactionAsync()
        .then(function() {
          var insertData = { title: title };
          if (data && data.Location) {
            const imageUrl = url.parse(data.Location);
            insertData['image_url'] = imageUrl.pathname;
          }
          return connectionAsync.queryAsync('INSERT INTO todos SET ?', insertData);
        })
        .then(function(results) {
          if (results.insertId) {
            connection.commit();
            redisClient.del(results.insertId);
            res.redirect('/todos/' + results.insertId);
          } else {
            throw new InsertTodoError("Insert record failed.");
          }
        })
        .catch(function(error) {
          console.log("error:" + error);
          connection.rollback();
          console.log("data rollbacked.");
          if (error instanceof InsertTodoError) {
            console.log("something wrong!");
            return res.sendStatus(500);
          } else {
            return next(error);
          }
        })
        .finally(function() {
          connection.release();
          console.log("connection released");
        });
```

```
      });
    })
    .catch(function(error) {
      console.log("aws upload error:" + error);
      next(error);
    });
  }
});

function handleUploadImage(req) {
  if (req.file) {
    const buffer = readChunk.sync(req.file.path, 0, req.file.size);
    const uploadFileType = fileType(buffer);
    console.log("type: " + JSON.stringify(uploadFileType));

    if (uploadFileType && uploadFileType.ext) {
      const fileName = (new Date()).getTime() + '-' + crypto.randomBytes(8).toString('hex') +
'.' + uploadFileType.ext;
      console.log("fileName: " + fileName);
      return s3.uploadAsync({
        Bucket: s3Bucket,
        Key: fileName,
        Body: buffer,
        ACL: 'public-read'
      });
    }
  }

  return null
}

/* Delete todo. */
router.delete('/:id', function(req, res, next) {
  const id = req.params.id;
  pool.getConnectionAsync()
  .then(function(connection) {
    var connectionAsync = Promise.promisifyAll(connection);

    connectionAsync.beginTransactionAsync()
    .then(function() {
      return connectionAsync.queryAsync('DELETE FROM todos WHERE id = ?', [id])
    })
    .then(function(results) {
      if (results.affectedRows < 1) {
        throw new DeleteTodoNotFoundError("No target record found.");
      }
      connection.commit();
      res.json({message: 'success to delete'});
    })
    .catch(function(error) {
```

```
      console.log("delete:" + error);
      connection.rollback();
      console.log("data rollbacked.");
      if (error instanceof DeleteTodoNotFoundError) {
        return res.sendStatus(404);
      } else {
        return next(error);
      }
    })
    .finally(function() {
      console.log("connection released");
      connection.release();
    });
  });
});

/* Show single todo. */
router.get('/:id', function(req, res, next) {
  const id = req.params.id;

  redisClient.getAsync(id)
  .then(function(response) {
    console.log("get:" + JSON.stringify(response));
    if (response) {
      console.log("render from cache.");
      const row = JSON.parse(response);
      res.render('todos/show', { row: row, imageUrlEndpoint: imageUrlEndpoint });
    } else {
      pool.queryAsync('SELECT * FROM todos WHERE id = ?', [id])
      .then(function(rows) {
        const row = rows[0];
        if (!row) return res.sendStatus(404);

        redisClient.set(id, JSON.stringify(row));
        res.render('todos/show', { row: row, imageUrlEndpoint: imageUrlEndpoint });
      })
      .catch(function(error) {
        return next(error);
      });
    }
  })
  .catch(function(error) {
    console.log("redis error:" + error);
  });
});

/* Show all todo. */
router.get('/', function(req, res, next) {
  pool.queryAsync('SELECT * FROM todos')
  .then(function(rows) {
```

```
    res.render('todos/index', { rows: rows });
  })
  .catch(function(error) {
    console.log("show all:" + error);
    return next(error);
  });
});

module.exports = router;
```

それでは**eb deploy**コマンドでアプリケーションのバージョンを更新しましょう。

コマンド4-1-8-25

```
$ eb deploy
Creating application version archive "app-171203_213549".
Uploading docker-sample/app-171203_213549.zip to S3. This may take a while.
Upload Complete.
INFO: Environment update is starting.
INFO: Deploying new version to instance(s).
INFO: Environment health has transitioned from Ok to Info. Application update in progress on 1
instance. 0 out of 1 instance completed (running for 9 seconds).
INFO: New application version was deployed to running EC2 instances.
INFO: Environment update completed successfully.
```

それでは改めてWebにアクセスをしてみましょう。

同じURLにアクセスするとエラー画面が表示されるはずです。

図4-1-8-21:変更後詳細ページ

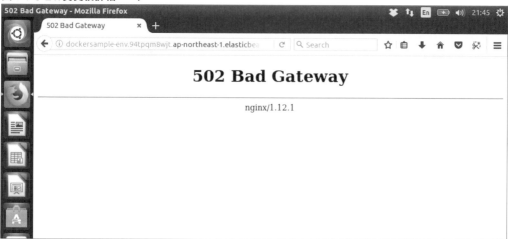

eb logsコマンドでエラーログを確認してエラーの原因を確認しましょう。

コマンド4-1-8-26

```
$ eb logs
Retrieving logs...

> todos@0.0.0 start /var/app/current
> nodemon -L ./bin/www

[nodemon] 1.12.1
[nodemon] to restart at any time, enter `rs`
[nodemon] watching: *.*
[nodemon] starting `node ./bin/www`
events.js:160
      throw er; // Unhandled 'error' event
      ^

Error: Redis connection to 127.0.0.1:6379 failed - connect ECONNREFUSED 127.0.0.1:6379
    at Object.exports._errnoException (util.js:1018:11)
    at exports._exceptionWithHostPort (util.js:1041:20)
    at TCPConnectWrap.afterConnect [as oncomplete] (net.js:1086:14)
[nodemon] app crashed - waiting for file changes before starting...
```

このようにRedisの接続に失敗してエラーが出ていることがわかります。

前節と同様に環境変数を設定しましょう。

下記の環境変数を追加する必要があります。

データ4-1-8-16：環境変数

```
REDIS_HOST    キャッシュサーバーのホスト名
REDIS_PORT    キャッシュサーバーのポート番号(通常は6379)
```

キャッシュサーバーの作成の節で作成した環境を変数に設定し、反映が完了したら再度Webページにアクセスしてみましょう。

無事キャッシュサーバーへのアクセスが成功し、Todoの一覧ページが表示されるようになります。

図4-1-8-22:Redisサーバーへのアクセス成功

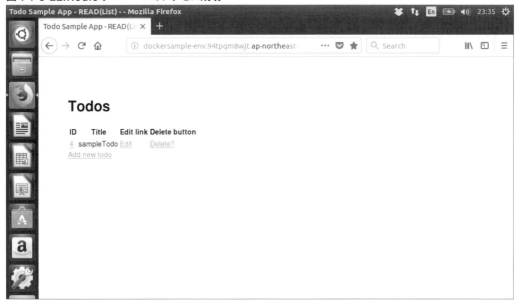

今回のコードではTodoの詳細ページへアクセスした際にキャッシュがあればそれをすぐに返し、なければDBにアクセスして取得したデータをキャッシュサーバーに保管します。
キャッシュの参照には一意となるIDが必要なため、今回はTodoのIDをキーとしています。
合わせてデータを新規作成・編集したときにはページの内容が変わるためTodoのIDのキーのキャッシュデータを削除しています。
以上で本節の最初に掲載したシステム構成図の本番環境側となるアプリケーションが完成しました。
次節以降でいままでに構築したものと同じ構成のアプリケーションをローカル環境にDockerで構築していきます。

4-2

クラウドに構築した環境をローカルの開発環境にポーティングする

前節ではサンプルとなるTODOアプリケーションをAWSに本番環境として作成しました。

本節ではそれと同じ構成を開発環境としてDockerでローカルに構築していきましょう。

また今回の例では複数台のサーバーを連携させた構成になるので2章で説明した**docker-compose**を利用するとシステムの構築を楽に行えるようになるため、そちらを使っていきます。

改めて、TODOアプリケーションに必要となるサーバーは以下の4つのサーバーが必要となります。

1.データベースサーバー
2.キャッシュサーバー
3.ファイルストレージサーバー
4.アプリケーションサーバー

上記の順番にローカルにサーバーをたてていきます。

4-2-1 Dockerによるデータベースサーバーの構築

まずはデータベースサーバーからたてていきます。

今回AWSではMySQLサーバーを選択したため、DockerのMySQL公式のイメージを使用します。

下記のURLに各MySQLのバージョンのイメージのリストがあります。

https://hub.docker.com/r/library/mysql/tags/

AWSで使用しているMySQLのバージョンを確認し、近いバージョンである**3.6.35**を使います。

下記の内容の**docker-compose.yml**を作成し、**docker-compose up -d**にてサービスを立ち上げましょう（Chapter04/sampleComposeFile/docker-compose_01.ymlを参照）。

Chapter 4 | 本番環境からローカルのDocker環境にポーティングする

データ4-2-1-1：docker-compose.yml

```
version: '3'

services:
  mysql:
    image: mysql:5.6.35
    ports:
      - "3306:3306"
    environment:
      - MYSQL_USER=sampleUser
      - MYSQL_PASSWORD=samplePass
      - MYSQL_DATABASE=sampleDb
      - MYSQL_ROOT_PASSWORD=rootpass
    volumes:
      - db-data:/var/lib/mysql

volumes:
  db-data:
```

コマンド4-2-1-1

```
$ docker-compose up -d
Creating volume "chapter4_db-data" with default driver
Pulling mysql (mysql:5.6.35)...
5.6.35: Pulling from library/mysql
6d827a3ef358: Pulling fs layer
ed0929eb7dfe: Pulling fs layer
ed0929eb7dfe: Downloading [==================================================>] ed0929eb7dfe:
Download complete
03f348dc3b9d: Downloading [===>                                               ] 03f348dc3b9d:
Downloading [=====>                                            ] 03f348dc3b9d: Downloading [===
=====>                                    ] 03f348dc3b9d: Downloading [==========>
] 6d827a3ef358: Pull complete
ed0929eb7dfe: Pull complete
03f348dc3b9d: Pull complete
fd337761ca76: Pull complete
ac3f5f870257: Pull complete
38a247b5bcdf: Pull complete
8d528ca18a06: Pull complete
70601d0f6e97: Pull complete
1d7a793f527d: Pull complete
15e9fd86591a: Pull complete
79b5a6ccbd39: Pull complete
Digest: sha256:c2f3286842500ac9e4f81b638f6c488314d7a81784bc7fd1ba806816d70abb55
Status: Downloaded newer image for mysql:5.6.35
Creating chapter4_mysql_1 ...
Creating chapter4_mysql_1 ... done
```

248

docker volumeを作成し、データベースサーバーのDockerコンテナに接続します。

MySQLのイメージには**/var/lib/mysql**に接続することでデータベースのデータを格納することができます。

docker volumeを作成しておくとコンテナを削除してもデータボリュームは残り、またコンテナを起動して割り当てることで内容をそのままに起動することができます。

それではTODOアプリケーションのためのデータベースのセットアップをしていきましょう。

まずはデータベースサーバーに接続します。

コマンド4-2-1-2

```
$ mysql -h 127.0.0.1 -u sampleUser -p
Enter password: [docker-composeで指定したMYSQL_PASSWORD]
Welcome to the MySQL monitor.  Commands end with ; or \g.
Your MySQL connection id is 3344
Server version: 5.6.35-log MySQL Community Server (GPL)

Copyright (c) 2000, 2015, Oracle and/or its affiliates. All rights reserved.

Oracle is a registered trademark of Oracle Corporation and/or its
affiliates. Other names may be trademarks of their respective
owners.

Type 'help;' or '\h' for help. Type '\c' to clear the current input statement.

mysql>
```

次にデータベースにテーブルを作成していきます。

コマンド4-2-1-3

```
mysql> USE sampleDb;
mysql> CREATE TABLE `todos` (
    ›     `id` int(11) NOT NULL AUTO_INCREMENT,
    ->    `title` varchar(128) DEFAULT NULL,
    ->    `image_url` varchar(256) DEFAULT NULL,
    ->    PRIMARY KEY (`id`)
    -> ) ENGINE=InnoDB DEFAULT CHARSET=utf8;
```

docker-compose.ymlにMYSQL_DATABASEの環境変数を指定したため、コンテナの起動時に最初からその名前のデータベースが作成されています。

Chapter 4 | 本番環境からローカルのDocker環境にポーティングする

コマンド4-2-1-4

```
mysql> SHOW TABLES;
Database changed
Query OK, 0 rows affected (0.13 sec)
+--------------------+
| Tables_in_sampleDb |
+--------------------+
| todos              |
+--------------------+
1 row in set (0.00 sec)
```

以上でデータベースサーバーの準備は完了です。

4-2-2 Dockerによるキャッシュサーバーの構築

次はキャッシュサーバーを構築します。

docker-composeに以下の記述を追加します（Chapter04/sampleComposeFile/docker-compose_02.ymlを参照）。

データ4-2-2-1：docker-compose.yml

```
version: '3'

services:
  mysql:
    image: mysql:5.6.35
    ports:
      - "3306:3306"
    environment:
      - MYSQL_USER=sampleUser
      - MYSQL_PASSWORD=samplePass
      - MYSQL_DATABASE=sampleDb
      - MYSQL_ROOT_PASSWORD=rootpass
    volumes:
      - "db-data:/var/lib/mysql"
  redis:
    image: redis
    ports:
      - "6379:6379"

volumes:
  db-data:
```

AWSのElastiCacheではredisを指定したため、こちらでもredisのイメージを使用します。

特にバージョン指定もないため、最新のイメージで作成しましょう。

どうしても必要なわけではないですが、ホストマシンからキャッシュサーバーへの接続確認も行いたいため、portsオプションによりredisのデフォルトポートである6379ポートをホストマシンと接続した状態で起動するように設定します。

それでは**docker-compose up -d**コマンドによりコンテナを起動しましょう。

コマンド4-2-2-1

```
$ docker-compose up -d
Pulling redis (redis:latest)...
latest: Pulling from library/redis
d13d02fa248d: Pulling fs layer
039f8341839e: Downloading [=====================================================>] 039f8341839e:
Download complete
21b9cdda7eb9: Downloading [>                                                      ] 21b9cdda7eb9:
Downloading [==>                                                 ] 21b9cdda7eb9: Downloading [===
==>                                      ] 21b9cdda7eb9: Downloading [=======>
] d13d02fa248d: Downloading [>                                                    ]
310.6kB/30.11MBwnloading [=========>                                 ] 195.5kB/981.7kB
21b9cdda7eb9: Downloading [=============>                            ] 21b9cdda7eb9:
Downloading [==============>                                   ] 21b9cdda7eb9: Downloading [===
=============>                    ] 21b9cdda7eb9: Downloading [==================>]
] d13d02fa248d: Pull complete
039f8341839e: Pull complete
21b9cdda7eb9: Pull complete
b696c7f97b5d: Pull complete
2fbb3f7700f1: Pull complete
bf8057ee2aa1: Pull complete
Digest: sha256:674b0c29615e8e0cc898aad1be58248485e8af4d0c5068cf7f080450c5d8ef6a
Status: Downloaded newer image for redis:latest
Creating chapter4_redis_1 ...
chapter4_mysql_1 is up-to-date
Creating chapter4_redis_1 ... done
```

redisのイメージもまだ存在しなかったため、docker imageのpullから始まります。

コンテナが起動したら、起動確認のためにtelnetコマンドで6379ポートにアクセスしてみましょう。

コマンド4-2-2-2

```
$ telnet 127.0.0.1 6379
Trying 127.0.0.1...
Connected to 127.0.0.1.
Escape character is '^]'.
^]
telnet> quit
```

Chapter 4 | 本番環境からローカルのDocker環境にポーティングする

これにより6379ポートでサービスが起動していることが確認できました。

以上でキャッシュサーバーの準備は完了です。

4-2-3 Dockerによるファイルサーバーの構築

次はAWSのS3に該当するファイルサーバーを構築します。

ファイルサーバーにはAWS S3と互換性のある**minio**を利用します。

https://github.com/minio/minio

minioは公式のDockerイメージも配布されており、こちらで確認することができます。

https://hub.docker.com/r/minio/minio/

今回はサンプルコードを作成したときに利用したバージョンである**RELEASE.2017-08-05T00-00-53Z**を使います。ファイルサーバーを含めた**docker-compose.yml**に次のように追記します（Chapter04/sampleComposeFile/docker-compose_03.ymlを参照）。

データ4-2-3-1：docker-compose.yml

```
version: '3'

services:
  mysql:
    image: mysql:5.6.35
    ports:
      - "3306:3306"
    environment:
      - MYSQL_USER=sampleUser
      - MYSQL_PASSWORD=samplePass
      - MYSQL_DATABASE=sampleDb
      - MYSQL_ROOT_PASSWORD=rootpass
    volumes:
      - "db-data:/var/lib/mysql"
  redis:
    image: redis
    ports:
      - "6379:6379"
  s3:
    image: minio/minio:RELEASE.2017-08-05T00-00-53Z
    ports:
```

```
      - "9000:9000"
    volumes:
      - "s3-data:/data"
      - "s3-config-data:/root/.minio"
    command: server /data
    environment:
      - MINIO_ACCESS_KEY=minio
      - MINIO_SECRET_KEY=minio123

volumes:
  db-data:
  s3-data:
  s3-config-data:
```

minioはサービスポートとして**9000**番を使用しており、また設定とデータの置き場所用としてvolumeマウントを指定してローカルディスク、または自分で作成したdocker volumeに保存することができます。

また起動にはcommandを指定して起動する必要があるため、"**server /data**"という内容が実行されるように記述しています。これで準備ができましたので、早速**docker-compose up -d**コマンドによりコンテナを起動しましょう。

コマンド4-2-3-1

```
$ docker-compose up -d
Creating volume "chapter4_s3-config-data" with default driver
Creating volume "chapter4_s3-data" with default driver
Pulling s3 (minio/minio:RELEASE.2017-08-05T00-00-53Z)...
RELEASE.2017-08-05T00-00-53Z: Pulling from minio/minio
019300c8a437: Downloading [>                                           ]
019300c8a437: Downloading [===>                                        ]
019300c8a437: Downloading [======>                                     ]
019300c8a437: Downloading [=========>                                  ]
019300c8a437: Downloading [============>                               ]
019300c8a437: Downloading [==============>                             ]
019300c8a437: Downloading [=================>                          ]   687kB/1.97MB
019300c8a437: Downloading [==================>                         ]
019300c8a437: Downloading [=====================>                      ]
019300c8a437: Downloading [--------------------------->                ]   990.0kB/1.97MB
019300c8a437: Downloading [==========================>                 ]
019300c8a437: Downloading [============================>               ]
019300c8a437: Downloading [==============================>             ]
019300c8a437: Pull complete
5d6c93e58681: Pull complete
12c103ee28d6: Pull complete
Digest: sha256:8d9ebba9d8451147703e897a07c8f0639dd52874852d98346a434a244ef09408
Status: Downloaded newer image for minio/minio:RELEASE.2017-08-05T00-00-53Z
chapter4_redis_1 is up-to-date
Creating chapter4_s3_1 ...
chapter4_mysql_1 is up-to-date
Creating chapter4_s3_1 ... done
```

これでローカルにてS3と同等のサービスが起動しましたので動作確認をしていきましょう。
docker-compose.ymlに記載したとおり、ホストの**9000**番とコンテナの**9000**番を接続して起動しているので下記のURLにアクセスしてみましょう。

http://127.0.0.1:9000

すると下図のようなログイン画面が表示されるはずです（minioではレスポンシブデザインに対応したものになっているため、ブラウザのサイズによっては図と少々レイアウトが異なる可能性があります）。

図4-2-3-1:minioサーバーログイン画面

ACCESS_KEYと**SECRET_KEY**は先ほどのdocker-compose.ymlで指定した**minio**と**minio123**をそれぞれ入力し、ログインボタンを押してログインします。ログインすると下図のようなトップ画面が表示されます。

図4-2-3-2:minioサーバートップ画面

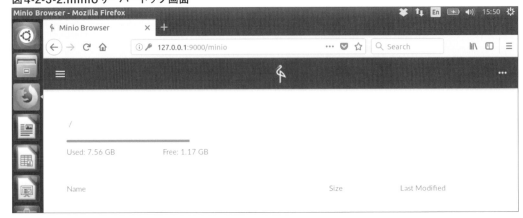

右下にある+ボタンを押して、下のほうの黄色のボタンを押しましょう。
これでS3でいう**bucket**を作ることができます。
今回サンプルとしてローカルで使うバケット名は「**docker-local-sample-bucket**」としましょう。

図4-2-3-3:bucket作成後

さて、これでファイルストレージサーバーもできあがりました。
次はいよいよ最後のアプリケーションサーバーの構築に入りましょう。

4-2-4 Dockerによるアプリケーションサーバーの構築

前節までにおいて、TODOアプリケーションを構成する4つのサーバーのうち3つのサーバーが構築できました。
環境が作成できれば後はアプリケーションコードを変更しなくても接続先を環境変数で指定してあげれば済みそうではあるのですが、今回ファイルストレージとして利用したminioでは、接続するためにコード内で接続先のエンドポイント（URL）とその他のオプションをS3の接続先を指定する際のオプションに加える必要があります。

そのため、最終的にTODOアプリケーションは次のようなコードに変更する必要があります（Chapter04/sampleCode/dockerApplicationSample/todos/routes/todos.jsを参照）。

Chapter 4 | 本番環境からローカルのDocker環境にポーティングする

データ4-2-4-1：routes/todos.js

```javascript
var express = require('express');
var Promise = require('bluebird');
var mysql = require('mysql');
var router = express.Router();
var AWS = require('aws-sdk');
var multer = require('multer');
var upload = multer({ dest: '/tmp' });
var readChunk = require('read-chunk');
var fileType = require('file-type');
var crypto = require('crypto');
var redis = require("redis");
const url = require('url');
Promise.promisifyAll(redis.RedisClient.prototype);

var pool  = Promise.promisifyAll(mysql.createPool({
  connectionLimit : 3,
  host            : process.env.MYSQL_HOST,
  port            : process.env.MYSQL_PORT,
  user            : process.env.MYSQL_USER,
  password        : process.env.MYSQL_PASS,
  database        : process.env.MYSQL_DB,
}));

var s3Config = {
  accessKeyId     : process.env.AWS_ACCESS_KEY,
  secretAccessKey : process.env.AWS_SECRET_KEY,
  region          : process.env.AWS_REGION
}
const s3Bucket = process.env.AWS_S3_BUCKET;
const imageUrlEndpoint = process.env.IMAGE_ENDPOINT;

var redisClient = redis.createClient({
  host            : process.env.REDIS_HOST,
  port            : process.env.REDIS_PORT
});

// for emulation.
if (process.env.AWS_ENDPOINT) {
  var port = process.env.AWS_PORT;
  s3Config['endpoint'] = process.env.AWS_ENDPOINT + ':' + port;
  s3Config['s3ForcePathStyle'] = true;
  s3Config['signatureVersion'] = 'v4';
}

var s3 = Promise.promisifyAll(new AWS.S3(s3Config));

// Error definition.
class InsertTodoError extends Error {
  constructor ( message, extra ) {
```

```
    super()
    Error.captureStackTrace( this, this.constructor )
    this.name = 'InsertTodoError'
    this.message = message
    if ( extra ) this.extra = extra
  }
}

class DeleteTodoNotFoundError extends Error {
  constructor ( message, extra ) {
    super()
    Error.captureStackTrace( this, this.constructor )
    this.name = 'DeleteTodoNotFoundError'
    this.message = message
    if ( extra ) this.extra = extra
  }
}

/* Create todo. */
router.get('/create', function(req, res, next) {
  res.render('todos/edit', { row: null });
});

/* Edit todo. */
router.get('/edit/:id', function(req, res, next) {
  const id = req.params.id;
  pool.queryAsync('SELECT * FROM todos WHERE id = ?', [id])
  .then(function(rows) {
    console.log("edit:" + rows);

    const row = rows[0];
    if (!row) return res.sendStatus(404);
    res.render('todos/edit', { row: row });
  })
  .catch(function(error) {
    return next(error);
  });
});

/* Create or edit todo. */
router.post('/edit', upload.single('image'), function(req, res, next) {
  console.log("file:" + JSON.stringify(req.file));
  const id = req.body.id;
  const title = req.body.title;

  if (id) {
    // edit
    const idNum = parseInt(id, 10);
    if (!(Number.isInteger(idNum) && idNum > 0)) return res.sendStatus(400);
```

```
      Promise.resolve()
      .then(function() {
        return pool.getConnectionAsync()
      })
      .then(function(connection) {
        var connectionAsync = Promise.promisifyAll(connection);
        connectionAsync.beginTransactionAsync()
        .then(function() {
          return handleUploadImage(req);
        })
        .then(function(data) {
          console.log("result of s3:" + JSON.stringify(data));
          var updateData = { title: title };
          if (data && data.Location) {
            const imageUrl = url.parse(data.Location);
            updateData['image_url'] = imageUrl.pathname;
          }
          return connectionAsync.queryAsync('UPDATE todos SET ? WHERE id = ?', [updateData,
idNum])
        })
        .then(function(results) {
          if (results.affectedRows != 1) {
            console.log("nothing updated!");
            connection.rollback();
            return res.sendStatus(400);
          }

          connection.commit();
          redisClient.del(idNum);
          res.redirect('/todos/' + idNum);
        })
        .catch(function(error) {
          console.log("edit:" + error);
          connection.rollback();
          console.log("data rollbacked.");
          return next(error);
        })
        .finally(function() {
          connection.release();
          console.log("connection released");
        });
      })
      .catch(function(error) {
        console.log("error:" + error);
        return next(error);
      });
    } else {
      // create
      Promise.resolve()
      .then(function() {
```

```javascript
        return handleUploadImage(req);
      })
    .then(function(data) {
      console.log("result of s3:" + JSON.stringify(data));
      pool.getConnectionAsync()
      .then(function(connection) {
        var connectionAsync = Promise.promisifyAll(connection);

        connectionAsync.beginTransactionAsync()
        .then(function() {
          var insertData = { title: title };
          if (data && data.Location) {
            const imageUrl = url.parse(data.Location);
            insertData['image_url'] = imageUrl.pathname;
          }
          return connectionAsync.queryAsync('INSERT INTO todos SET ?', insertData);
        })
        .then(function(results) {
          if (results.insertId) {
            connection.commit();
            redisClient.del(results.insertId);
            res.redirect('/todos/' + results.insertId);
          } else {
            throw new InsertTodoError("Insert record failed.");
          }
        })
        .catch(function(error) {
          console.log("error:" + error);
          connection.rollback();
          console.log("data rollbacked.");
          if (error instanceof InsertTodoError) {
            console.log("something wrong!");
            return res.sendStatus(500);
          } else {
            return next(error);
          }
        })
        .finally(function() {
          connection.release();
          console.log("connection released");
        });
      });
    })
    .catch(function(error) {
      console.log("aws upload error:" + error);
      next(error);
    });
  }
});
```

```
      return handleUploadImage(req);
    })
  .then(function(data) {
    console.log("result of s3:" + JSON.stringify(data));
    pool.getConnectionAsync()
    .then(function(connection) {
      var connectionAsync = Promise.promisifyAll(connection);

      connectionAsync.beginTransactionAsync()
      .then(function() {
        var insertData = { title: title };
        if (data && data.Location) {
          const imageUrl = url.parse(data.Location);
          insertData['image_url'] = imageUrl.pathname;
        }
        return connectionAsync.queryAsync('INSERT INTO todos SET ?', insertData);
      })
      .then(function(results) {
        if (results.insertId) {
          connection.commit();
          redisClient.del(results.insertId);
          res.redirect('/todos/' + results.insertId);
        } else {
          throw new InsertTodoError("Insert record failed.");
        }
      })
      .catch(function(error) {
        console.log("error:" + error);
        connection.rollback();
        console.log("data rollbacked.");
        if (error instanceof InsertTodoError) {
          console.log("something wrong!");
          return res.sendStatus(500);
        } else {
          return next(error);
        }
      })
      .finally(function() {
        connection.release();
        console.log("connection released");
      });
    });
  })
  .catch(function(error) {
    console.log("aws upload error:" + error);
    next(error);
  });
  }
});
```

```javascript
function handleUploadImage(req) {
  if (req.file) {
    const buffer = readChunk.sync(req.file.path, 0, req.file.size);
    const uploadFileType = fileType(buffer);
    console.log("type: " + JSON.stringify(uploadFileType));

    if (uploadFileType && uploadFileType.ext) {
      const fileName = (new Date()).getTime() + '-' + crypto.randomBytes(8).toString('hex') +
'.' + uploadFileType.ext;
      console.log("fileName: " + fileName);
      return s3.uploadAsync({
        Bucket: s3Bucket,
        Key: fileName,
        Body: buffer,
        ACL: 'public-read'
      });
    }
  }

  return null
}

/* Delete todo. */
router.delete('/:id', function(req, res, next) {
  const id = req.params.id;
  pool.getConnectionAsync()
  .then(function(connection) {
    var connectionAsync = Promise.promisifyAll(connection);

    connectionAsync.beginTransactionAsync()
    .then(function() {
      return connectionAsync.queryAsync('DELETE FROM todos WHERE id = ?', [id])
    })
    .then(function(results) {
      if (results.affectedRows < 1) {
        throw new DeleteTodoNotFoundError("No target record found.");
      }
      connection.commit();
      res.json({message: 'success to delete'});
    })
    .catch(function(error) {
      console.log("delete:" + error);
      connection.rollback();
      console.log("data rollbacked.");
      if (error instanceof DeleteTodoNotFoundError) {
        return res.sendStatus(404);
      } else {
        return next(error);
      }
    })
```

Chapter 4

261

```
Chapter 4 | 本番環境からローカルのDocker環境にポーティングする
```

```javascript
function handleUploadImage(req) {
  if (req.file) {
    const buffer = readChunk.sync(req.file.path, 0, req.file.size);
    const uploadFileType = fileType(buffer);
    console.log("type: " + JSON.stringify(uploadFileType));

    if (uploadFileType && uploadFileType.ext) {
      const fileName = (new Date()).getTime() + '-' + crypto.randomBytes(8).toString('hex') +
'.' + uploadFileType.ext;
      console.log("fileName: " + fileName);
      return s3.uploadAsync({
        Bucket: s3Bucket,
        Key: fileName,
        Body: buffer,
        ACL: 'public-read'
      });
    }
  }

  return null
}

/* Delete todo. */
router.delete('/:id', function(req, res, next) {
  const id = req.params.id;
  pool.getConnectionAsync()
  .then(function(connection) {
    var connectionAsync = Promise.promisifyAll(connection);

    connectionAsync.beginTransactionAsync()
    .then(function() {
      return connectionAsync.queryAsync('DELETE FROM todos WHERE id = ?', [id])
    })
    .then(function(results) {
      if (results.affectedRows < 1) {
        throw new DeleteTodoNotFoundError("No target record found.");
      }
      connection.commit();
      res.json({message: 'success to delete'});
    })
    .catch(function(error) {
      console.log("delete:" + error);
      connection.rollback();
      console.log("data rollbacked.");
      if (error instanceof DeleteTodoNotFoundError) {
        return res.sendStatus(404);
      } else {
        return next(error);
      }
    })
```

262

```javascript
      .finally(function() {
        console.log("connection released");
        connection.release();
      });
    });
});

/* Show single todo. */
router.get('/:id', function(req, res, next) {
  const id = req.params.id;

  redisClient.getAsync(id)
  .then(function(response) {
    console.log("get:" + JSON.stringify(response));
    if (response) {
      console.log("render from cache.");
      const row = JSON.parse(response);
      res.render('todos/show', { row: row, imageUrlEndpoint: imageUrlEndpoint });
    } else {
      pool.queryAsync('SELECT * FROM todos WHERE id = ?', [id])
      .then(function(rows) {
        const row = rows[0];
        if (!row) return res.sendStatus(404);

        redisClient.set(id, JSON.stringify(row));
        res.render('todos/show', { row: row, imageUrlEndpoint: imageUrlEndpoint });
      })
      .catch(function(error) {
        return next(error);
      });
    }
  })
  .catch(function(error) {
    console.log("redis error:" + error);
  });
});

/* Show all todo. */
router.get('/', function(req, res, next) {
  pool.queryAsync('SELECT * FROM todos')
  .then(function(rows) {
    res.render('todos/index', { rows: rows });
  })
  .catch(function(error) {
    console.log("show all:" + error);
    return next(error);
  });
});

module.exports = router;
```

今まで利用した環境変数に加えて**AWS_ENDPOINT**と**AWS_PORT**という環境変数を設定する必要があります。また、今まではアプリケーションコードをElastic Beanstalk上のNode.jsサーバーに直接デプロイしていましたが、今度はローカル環境にDockerだけで環境を構築するため、このアプリケーションサーバーが動作するDockerコンテナも作成する必要があります。

コンテナを作成するため、アプリケーションのルートディレクトリに下記のような**Dockerfile**を作成します（Chapter04/sampleCode/dockerApplicationSample/todos/Dockerfileを参照）。

データ4-2-4-2：Dockerfile

```
FROM node:8.5.0

WORKDIR /app
COPY ./package.json /app/
RUN apt-get update && apt-get install -y vim curl && npm install

COPY . /app

ENTRYPOINT ["npm", "start"]
```

併せて、Dockerイメージを作成する際に含まれてほしくないファイルを記述する**.dockerignore**も下記のように記述します（Chapter04/sampleCode/dockerApplicationSample/todos/.dockerignoreを参照）。

データ4-2-4-3：.dockerignore

```
# For docker
Dockerfile

# For node.js
node_modules
```

このとき下記のようなディレクトリ構成になっているとします。

この状態でDockerイメージを作成しましょう。

データ4-2-4-4：ディレクトリ構造

```
.
├──app.js
├──bin
│   └──www
├──Dockerfile
├──.dockerignore
├──.ebextensions
│   └──nodecommand.config
├──.elasticbeanstalk
│   └──config.yml
├──.gitignore
├──package.json
├──package-lock.json
├──public
│   ├──images
│   ├──javascripts
│   └──stylesheets
│       └──style.css
├──routes
│   ├──index.js
│   └──todos.js
└──views
    ├──error.ejs
    └──todos
        ├──edit.ejs
        ├──index.ejs
        └──show.ejs
```

Dockerイメージの作成にはdocker buildコマンドを使います。

今回のイメージ名はsample_todos:1.0として、下記のようにコマンドを実行しましょう（インストールログが大量に流れるので省略）。

コマンド4-2-4-1

```
$ docker build -t sample_todos:1.0 .
```

これでアプリケーションサーバーのイメージの準備もできました。

それでは**docker-compose.yml**にアプリケーションサーバーの設定も追加しましょう（Chapter04/sampleComposeFile/docker-compose_04.ymlを参照）。

Chapter 4 | 本番環境からローカルのDocker環境にポーティングする

データ4-2-4-5：docker-compose.yml

```yaml
version: '3'

services:
  mysql:
    image: mysql:5.6.35
    ports:
      - "3306:3306"
    environment:
      - MYSQL_USER=sampleUser
      - MYSQL_PASSWORD=samplePass
      - MYSQL_DATABASE=sampleDb
      - MYSQL_ROOT_PASSWORD=rootpass
    volumes:
      - "db-data:/var/lib/mysql"
  redis:
    image: redis
    ports:
      - "6379:6379"
  s3:
    image: minio/minio:RELEASE.2017-08-05T00-00-53Z
    ports:
      - "9000:9000"
    volumes:
      - "s3-data:/data"
      - "s3-config-data:/root/.minio"
    command: server /data
    environment:
      - MINIO_ACCESS_KEY=minio
      - MINIO_SECRET_KEY=minio123
  application:
    image: sample_todos:1.0
    ports:
      - "3000:3000"
    environment:
      - MYSQL_HOST=mysql
      - MYSQL_PORT=3306
      - MYSQL_USER=sampleUser
      - MYSQL_PASS=samplePass
      - MYSQL_DB=sampleDb
      - AWS_ACCESS_KEY=minio
      - AWS_SECRET_KEY=minio123
      - AWS_REGION=us-east-1
      - AWS_ENDPOINT=http://s3
      - AWS_PORT=9000
      - AWS_S3_BUCKET=docker-local-sample-bucket
      - IMAGE_ENDPOINT=http://127.0.0.1:9000
      - REDIS_HOST=redis
      - REDIS_PORT=6379
    depends_on:
```

266

```
      - mysql
      - redis
      - s3

volumes:
  db-data:
  s3-data:
  s3-config-data:
```

今回追加になった**AWS_ENDPOINT**と**AWS_PORT**の環境変数も加えて設定を記述します。

コンテナを**docker-compose up -d**で起動します。

コマンド4-2-4-2

```
$ docker-compose up -d
chapter4_s3_1 is up-to-date
chapter4_mysql_1 is up-to-date
chapter4_redis_1 is up-to-date
Creating chapter4_application_1 ...
Creating chapter4_application_1 ... done
```

正常に終了したらコンテナがちゃんと起動しているかを確認してみます。

コマンド4-2-4-3

```
$ docker ps
CONTAINER ID       IMAGE                                    COMMAND                CREATED
STATUS                    PORTS                 NAMES
b00498d6f96b       sample_todos:1.0                         "npm start"            2
minutes ago        Up About a minute         0.0.0.0:3000->3000/tcp   chapter4_application_1
e6b12373e4ec       redis                                    "docker-entrypoint..." 24 hours
ago        Up 2 minutes          0.0.0.0:6379->6379/tcp   chapter4_redis_1
43f23365ffce       minio/minio:RELEASE.2017-08-05T00-00-53Z "/usr/bin/docker-e..." 24 hours
ago        Up 2 minutes (healthy)  0.0.0.0:9000->9000/tcp   chapter4_s3_1
2914d61ee56d       mysql:5.6.35                             "docker-entrypoint..." 24 hours
ago        Up 2 minutes          0.0.0.0:3306->3306/tcp   chapter4_mysql_1
```

ブラウザで、**http://127.0.0.1:3000**のアプリケーションサーバーにアクセスしてみましょう。

ここまで特に問題がなければ、リモートに構築しているアプリケーションと同じ画面が表示されます。

図4-2-4-1:アプリケーショントップページ

実際にTodoを登録してみましょう。

図4-2-4-2:Todo作成(画像なし)

問題なく登録できますね。

図4-2-4-3:Todo作成成功(画像なし)

次に画像も含めて登録してみましょう。

図4-2-4-4:TODO作成(画像あり)

Todoデータの作成は成功しますが、肝心の画像が表示されません。

これはs3のフェイクサービスであるminioで作成したbucketの可視化設定がまだできていないからです。

図4-2-4-5:TODO詳細(画像表示されず)

minioは**mc**という設定用のツールをリリースしており、mcを使うことでbucketの可視化設定を行うことができます。mcもminioと同様にDockerイメージが配布されています。今回は**RELEASE.2017-06-15T03-38-43Z**というバージョンを使いましょう。

起動方法についてはminioの公式ページにも記載があります。

https://docs.minio.io/docs/minio-client-complete-guide

個別にコンテナを起動してもよいのですが、**mc**コマンドは**minioサーバー**に対してネットワーク越しに実行する必要があるため、ここでは**docker-compose**で実行します。

entrypointとして**/bin/sh**を指定しているため、**docker-compose.yml**は次のように記述します(Chapter04/sampleComposeFile/docker-compose_05.ymlを参照)。

stdin_openと**tty**はそれぞれ**docker run**を実行する際に**-it**オプションをつけるのと同じ意味となり、このオプションを付けることで仮想コンソールが開いたままの状態となりプロセスが残りコンテナが起動した状態を保つことができます。

269

Chapter 4 | 本番環境からローカルのDocker環境にポーティングする

データ4-2-4-6：docker-compose.yml

```
version: '3'

services:
  mysql:
    image: mysql:5.6.35
    ports:
      - "3306:3306"
    environment:
      - MYSQL_USER=sampleUser
      - MYSQL_PASSWORD=samplePass
      - MYSQL_DATABASE=sampleDb
      - MYSQL_ROOT_PASSWORD=rootpass
    volumes:
      - "db-data:/var/lib/mysql"
  redis:
    image: redis
    ports:
      - "6379:6379"
  s3:
    image: minio/minio:RELEASE.2017-08-05T00-00-53Z
    ports:
      - "9000:9000"
    volumes:
      - "s3-data:/data"
      - "s3-config-data:/root/.minio"
    command: server /data
    environment:
      - MINIO_ACCESS_KEY=minio
      - MINIO_SECRET_KEY=minio123
  application:
    image: sample_todos:1.0
    ports:
      - "3000:3000"
    environment:
      - MYSQL_HOST=mysql
      - MYSQL_PORT=3306
      - MYSQL_USER=sampleUser
      - MYSQL_PASS=samplePass
      - MYSQL_DB=sampleDb
      - AWS_ACCESS_KEY=minio
      - AWS_SECRET_KEY=minio123
      - AWS_REGION=us-east-1
      - AWS_ENDPOINT=http://s3
      - AWS_PORT=9000
      - AWS_S3_BUCKET=docker-local-sample-bucket
      - IMAGE_ENDPOINT=http://127.0.0.1:9000
      - REDIS_HOST=redis
      - REDIS_PORT=6379
    depends_on:
```

270

```
      - mysql
      - redis
      - s3
  mc:
    image: minio/mc:RELEASE.2017-06-15T03-38-43Z
    entrypoint: /bin/sh
    stdin_open: true
    tty: true
    depends_on:
      - s3

volumes:
  db-data:
  s3-data:
  s3-config-data:
```

それでは**docker-compose**コマンドでコンテナを立ち上げましょう。

コマンド4-2-4-4

```
$ docker-compose up -d
                              ～ 省略 ～


Digest: sha256:5a169390003e31201e9b7fa344105838fd8a5f395e5d4b0ecd4202c09d9aa4f2
Status: Downloaded newer image for minio/mc:RELEASE.2017-06-15T03-38-43Z
chapter4_s3_1 is up-to-date
chapter4_redis_1 is up-to-date
chapter4_mysql_1 is up-to-date
Creating chapter4_mc_1 ... done
Recreating chapter4_application_1 ... done
```

Chapter 4 | 本番環境からローカルのDocker環境にポーティングする

mcコマンドを実行するためにはコンテナの仮想コンソールを開く必要があるため、**docker ps**でコンテナIDを確認してdocker execを実行します。

コマンド4-2-4-5

```
$ docker ps
$ docker exec -it f4e /bin/sh
CONTAINER ID        IMAGE                                       COMMAND               CREATED
STATUS              PORTS                       NAMES
0d2bfb9f17c0        sample_todos:1.0                            "npm start"           25 hours
ago        Up About an hour          0.0.0.0:3000->3000/tcp   chapter4_application_1
f4e3ef36f792        minio/mc:RELEASE.2017-06-15T03-38-43Z       "/bin/sh"             25 hours
ago        Up About an hour                     chapter4_mc_1
34567ec83fb6        mysql:5.6.35                                "docker-entrypoint..." 25 hours
ago        Up About an hour          0.0.0.0:3306->3306/tcp   chapter4_mysql_1
67e7d0bcde6e        minio/minio:RELEASE.2017-08-05T00-00-53Z    "/usr/bin/docker-e..." 25 hours
ago        Up About an hour (healthy) 0.0.0.0:9000->9000/tcp   chapter4_s3_1
f2172b708644        redis                                       "docker-entrypoint..." 25 hours
ago        Up About an hour          0.0.0.0:6379->6379/tcp   chapter4_redis_1

/ #
```

仮想コンソールが開いたら**mc**コマンドを実行していきましょう。まずは**mc ls**というコマンドを実行します。

コマンド4-2-4-6

```
/ # mc ls
mc: Configuration written to `/root/.mc/config.json`. Please update your access credentials.
mc: Successfully created `/root/.mc/share`.
mc: Initialized share uploads `/root/.mc/share/uploads.json` file.
mc: Initialized share downloads `/root/.mc/share/downloads.json` file.
[2017-12-18 14:01:48 UTC]     0B .dockerenv
[2017-05-25 15:18:25 UTC] 4.0KiB bin/
[2017-12-18 14:01:48 UTC]   360B dev/
[2017-12-18 14:01:48 UTC] 4.0KiB etc/
[2017-05-25 15:18:25 UTC] 4.0KiB home/
[2017-05-25 15:18:25 UTC] 4.0KiB lib/
[2017-05-25 15:18:25 UTC] 4.0KiB media/
[2017-05-25 15:18:25 UTC] 4.0KiB mnt/
[2017-12-18 14:01:48 UTC]     0B proc/
[2017-12-18 14:02:59 UTC] 4.0KiB root/
[2017-05-25 15:18:25 UTC] 4.0KiB run/
[2017-05-25 15:18:25 UTC] 4.0KiB sbin/
[2017-05-25 15:18:25 UTC] 4.0KiB srv/
[2017-12-18 14:01:48 UTC]     0B sys/
[2017-05-25 15:18:23 UTC] 4.0KiB tmp/
[2017-05-25 15:18:25 UTC] 4.0KiB usr/
[2017-05-25 15:18:25 UTC] 4.0KiB var/
```

初回実行のため各種設定ファイルが作成された後、コマンドが実行されます。

この場合は**ls**コマンドと同じく現在のディレクトリの内容が表示されます。

次に先ほど作成された設定ファイル**/root/.mc/config.json**を下記のように編集します（Chapter04/
sampleConfig/mc/config.jsonを参照）。変えるのはhostsの下にあるlocalとあるブロックの部分です。

データ4-2-4-7：config.json

```
{
        "version": "8",
        "hosts": {
            "gcs": {
                "url": "https://storage.googleapis.com",
                "accessKey": "YOUR-ACCESS-KEY-HERE",
                "secretKey": "YOUR-SECRET-KEY-HERE",
                "api": "S3v2"
            },
            "local": {
                "url": "http://s3:9000",
                "accessKey": "minio",
                "secretKey": "minio123",
                "api": "S3v4"
            },
            "play": {
                "url": "https://play.minio.io:9000",
                "accessKey": "Q3AM3UQ867SPQQA43P2F",
                "secretKey": "zuf+tfteSlswRu7BJ86wekitnifILbZam1KYY3TG",
                "api": "S3v4"
            },
            "s3": {
                "url": "https://s3.amazonaws.com",
                "accessKey": "YOUR-ACCESS-KEY-HERE",
                "secretKey": "YOUR-SECRET-KEY-HERE",
                "api": "S3v4"
            }
        }
}
```

urlを**http://s3:9000**、accessKeyを**minio**、secretKeyを**minio123**というようにminioのコンテナの設定
に合わせて変更します。

変更したら、下記のように**mc ls**コマンドを実行します。

コマンド4-2-4-7

```
/ # mc ls local
[2017-12-17 15:42:36 UTC]     0B docker-local-sample-bucket/
```

今度は結果が変わり、minioに作成されたbucketが表示されます。
これは先ほど設定したファイルのlocal項目を使ったとき、つまりminioのルートディレクトリの内容を表示しています。

次にこのbucketを外部からでもアクセスできるよう設定変更を行います。

> コマンド4-2-4-8

```
/ # mc policy public local/docker-local-sample-bucket
Access permission for `local/docker-local-sample-bucket` is set to `public`
```

先ほど画像付きのTodoとして登録したものを編集し、新しく画像を登録しなおしてみましょう（既存の画像のURLは既存の設定を持ってしまっていてbucketの可視化変更をしてもまだファイル自体のアクセス権限までは変わっていないため）。

図4-2-4-6: 画像付きTodoの更新

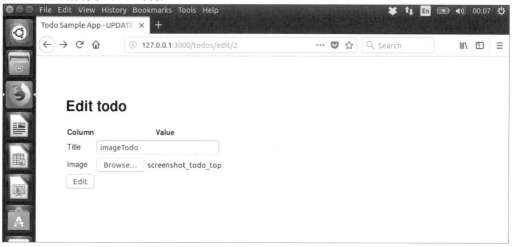

Editボタンを押すと今度は正しくアップロードした画像が表示されました。

図4-2-4-7: 画像付きTodo

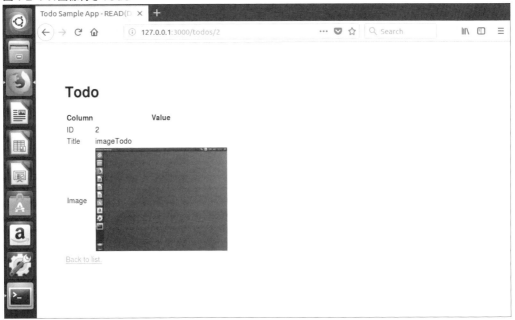

これでAWS上にあったアプリケーションをローカルのDockerだけで構築することができました。

アプリケーションの変更をローカルのソースコードで行う

前節まででAWSにデプロイしたTODOアプリケーションをローカル環境にDockerのみで構築できました。
その際にアプリケーションサーバーはDockerイメージをビルドして使っていたので、このままではアプリケーションの内容を変更したいと思った際には毎回docker execでコンテナに接続して変更しなければならなかったり、ローカルのソースコードをGitなどのバージョン管理ツールで管理しているときに、その変更を改めてローカルにも反映しなければならなかったりして面倒になってしまいます。
そこでdockerの**volume mount**機能を使ってローカルのソースコードディレクトリをコンテナにマウントさせて、ローカルのコードがあたかもコンテナ内にあったかのように動作させていきます。

Chapter 4 | 本番環境からローカルのDocker環境にポーティングする

volume mountを使った場合の最終的なdocker-compose.ymlは下記のようになります（Chapter04/
sampleComposeFile/docker-compose_06.ymlを参照）。

データ4-2-4-8：docker-compose.yml

```
version: '3'

services:
  mysql:
    image: mysql:5.6.35
    ports:
      - "3306:3306"
    environment:
      - MYSQL_USER=sampleUser
      - MYSQL_PASSWORD=samplePass
      - MYSQL_DATABASE=sampleDb
      - MYSQL_ROOT_PASSWORD=rootpass
    volumes:
      - "db-data:/var/lib/mysql"
  redis:
    image: redis
    ports:
      - "6379:6379"
  s3:
    image: minio/minio:RELEASE.2017-08-05T00-00-53Z
    ports:
      - "9000:9000"
    volumes:
      - "s3-data:/data"
      - "s3-config-data:/root/.minio"
    command: server /data
    environment:
      - MINIO_ACCESS_KEY=minio
      - MINIO_SECRET_KEY=minio123
  application:
    image: sample_todos:1.0
    ports:
      - "3000:3000"
    environment:
      - MYSQL_HOST=mysql
      - MYSQL_PORT=3306
      - MYSQL_USER=sampleUser
      - MYSQL_PASS=samplePass
      - MYSQL_DB=sampleDb
      - AWS_ACCESS_KEY=minio
      - AWS_SECRET_KEY=minio123
      - AWS_REGION=us-east-1
      - AWS_ENDPOINT=http://s3
      - AWS_PORT=9000
      - AWS_S3_BUCKET=docker-local-sample-bucket
```

```
      - IMAGE_ENDPOINT=http://127.0.0.1:9000
      - REDIS_HOST=redis
      - REDIS_PORT=6379
    volumes:
      - "/path/to/Chapter04/sampleCode/editDockerApplicationSample/todos:/app"
      - "/app/node_modules"
    depends_on:
      - mysql
      - redis
      - s3
  mc:
    image: minio/mc:RELEASE.2017-06-15T03-38-43Z
    entrypoint: /bin/sh
    stdin_open: true
    tty: true
    depends_on:
      - s3

volumes:
  db-data:
  s3-data:
  s3-config-data:
```

ここで気をつけてほしいのが、applicationのディレクティブに記載したvolumesのマウントの記述が2行あることです。最初の1行目でカレントディレクトリをコンテナの/appとしてマウントしていますが、このままですとコンテナ内に存在するnode_modulesがなくなってしまい、アプリケーションの動作に必要なライブラリが存在しなくなってしまいます。
そこで2行目の**/app/node_modules**という行では、一度カレントディレクトリの内容をコンテナの/appにマウントしたあとに再度コンテナの**/app/node_modules**をマウントしなおすことで問題を解決しています。

ローカルの**views/todos/index.ejs**ファイルの中のh1見出しの内容を変更してみましょう（Chapter04/sampleCode/editDockerApplicationSample/todos/views/todos/index.ejsを参照）。

▍データ4-2-4-9：views/todos/index.ejs

```
<!DOCTYPE html>
<html>
  <head>
    <title>Todo Sample App - READ(List) -</title>
    <link rel='stylesheet' href='/stylesheets/style.css' />
    <script src="//code.jquery.com/jquery-2.1.3.min.js"></script>
  </head>
  <body>
    <h1>Changed Todos</h1>
    <table>
      <tr>
        <th>ID</th>
```

Chapter 4 | 本番環境からローカルのDocker環境にポーティングする

```
        <th>Title</th>
        <th>Edit link</th>
        <th>Delete button</th>
      </tr>
      <% rows.forEach(function(row) { %>
        <tr>
          <td><a href="/todos/<%= row.id %>"><%= row.id %></a></td>
          <td><%= row.title %></td>
          <td><a href="/todos/edit/<%= row.id %>">Edit</a></td>
          <td><a href="javascript:void(0);" onclick="confirmDeleteAndExec(<%= row.id
%>)">Delete?</a></td>
        </tr>
      <% }) %>
    </table>
    <a href="todos/create">Add new todo</a>
    <script>
      function confirmDeleteAndExec(id) {
        if (confirm('Delete todo ok?')) {
        $.ajax({
          url: '/todos/' + id,
          type: 'DELETE'
        })
          .done(function() {
              location.reload();
          })
          .fail(function(error) {
            console.log(error);
            alert("Failed to delete todo.");
          });
        }
      }
    </script>
  </body>
</html>
```

再度ブラウザをリロードすると変更したとおりの内容が表示されます。

図4-2-4-8:マウントファイルの変更に成功

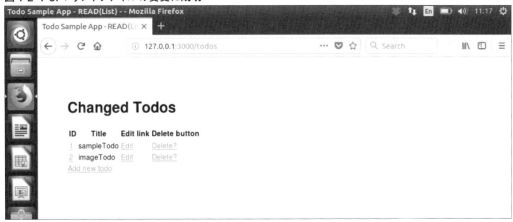

これはnodemonによりファイルの変更を検知して、プロセスを再起動してくれているためです。

nodemonはjsやejsファイルの変更を監視して変更があったタイミングでnodeのプロセスを自動で再起動してくれます。これでローカルのファイルを変更するだけでアプリケーション変更をローカルの開発環境でも確認できるようになりました。

それでは改めてこの内容を本番の環境にも反映させてみましょう。

Elastic Beanstalkへのデプロイを**eb deploy**コマンドにて行いましょう。

コマンド4-2-4-9

```
$ eb deploy
Creating application version archive "app-180112_003157".
Uploading docker-sample/app-180112_003157.zip to S3. This may take a while.
Upload Complete.
INFO: Environment update is starting.
INFO: Deploying new version to instance(s).
INFO: New application version was deployed to running EC2 instances
INFO: Environment update completed successfully.
```

上記コマンド実行後に改めてElastic Beanstalkの画面のURLにアクセスしてみます。

下記のように表示が変わっていることが確認できます。

図4-2-4-9: デプロイ完了後の画面

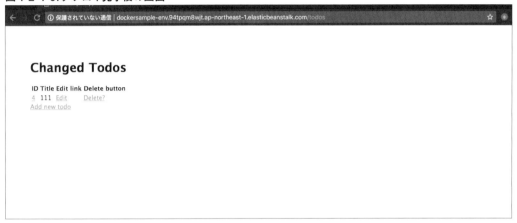

無事ローカルの開発環境で行ったものと同じ変更がリモートの本番環境にも反映されました。
これで本番環境と同等の環境をローカルの環境に用意して開発を行い、その後に本番環境にデプロイまでのサイクルを回すことができるようになりました。

Chapter 5

ローカルのDocker環境を本番環境にデプロイする

本章では最初からローカル環境でDockerを使って開発環境を作り、それを本番のクラウド環境に対してデプロイするような流れでサービスを作成していく場合の説明をしていきます。

今回は2017年にDockerに公式サポートされたKubernetesを使ってローカルの開発環境と本番環境を作っていきたいと思います。

また本書で使う各種ツールのバージョン情報は以下のとおりとなります。

- minikube 0.25.2
- kubernetes-cli 1.9.3
- virtualbox 5.2.8 r121009
- Homebrew 1.5.4

5-1

Kubernetesとは

Kubernetes（クーベネティス）はオープンソースで開発が進められているDockerのオーケストレーションツール（複数のDockerコンテナをまとめて設定・立ち上げ・停止・削除したりできるツール）です。

2章、4章で出てきた**docker-compose**コマンドは実行するマシン上でのオーケストレーションを行うツールではありますが、Kubernetesはリモート環境（ローカル環境も含む）に対してオーケストレーションを実行できるツールとなります。

また、Kubernetesは複数のサーバー（クラスターに参加するサーバーをノードと呼びます）をクラスターとしてあたかも1つの大きなサーバーのように見せて、その環境をDockerのホストとして動作させるという特徴を持っています。

そのため、たとえばCPUやメモリのリソースが不足してきたなと思ったらサーバーをクラスターに追加することでDockerを動作させる環境を増強させることが可能となります。

複数のサーバーから成り立つとなるとCPUやメモリのリソース配分やネットワークの問題はどうなるの? となりそうですが、そういったところもKubernetesが担当して解決してくれます。

ただし注意が必要なのがクラスターといっても物理的な1台のサーバーになるわけではないので、ノードのスペックを超えるようなコンテナを動かすことはできません。

たとえば1.5GBのメモリを要するコンテナがあったとして、メモリが1.0GBのノードと0.5GBのノードがあるとクラスター全体ではメモリが1.5GBあることになりますが、あくまでコンテナはどちらかのノードに割り当てられることになるので結果的に失敗してしまいます。

5-2

Kubernetesの概念

KubernetesはあくまでDockerコンテナをクラスタ上で扱うためのツールなので、概念の中心にはコンテナが存在します。

とはいえほとんどの仕組みはコンテナをサービスとして安定して提供するかを支えるための仕組みとなります。

またコンテナのランタイムについてもDockerだけでなくcri-o (https://github.com/kubernetes-incubator/cri-o) などいくつかのランタイムをサポートしていますが、この本ではあくまでDockerのみを説明の対象とします。

5-2-1 Pod

Podはコンテナを入れるためのハコです。

ハコということで1つのコンテナだけではなく、複数のコンテナをまとめて1つのPodに入れることもできますが、理由は後述しますが通常は1Podに1コンテナを入れて動かすこととなります。

KubernetesではこのPodという概念を基本となる最小単位として扱い、Podを何個動作させる、この条件にマッチしたノードにPodを配置したりします。

5-2-2 Deployment

Deploymentは次のようなことを表します。

・Podを何個動作させるかを定義する
　・Podが落ちてしまった場合に必要個数まで立ち上げなおす
・新しいバージョンのイメージをデプロイするときのアップデート方法を定義する
　・ローリングアップデートを行う

Chapter 5 | ローカルのDocker環境を本番環境にデプロイする

5-2-3 Service

Serviceは複数（または単一）の**Pod**へアクセスするためのロードバランサ的な存在です。指定したラベルを持つ複数（または単一）のPodに対してのアクセスを提供します。Serviceは自身でPodと同様にIPを持ち、自身に来たアクセスを指定された条件のいずれかのPodに対して転送します。たとえばServiceは次のような記述で作成されます。

データ5-2-3-1：Service

```
kind: Service
apiVersion: v1
metadata:
  name: my-service
spec:
  selector:
    app: MyApp
  ports:
  - protocol: TCP
    port: 80
    targetPort: 9376
```

この場合はmy-serviceという名前のServiceを作成して、自身にTCPの80番ポートにアクセスがきたら**app＝MyApp**というラベルを持つPodのTCPの9376番ポートに転送するという意味合いになります。また、Podへの転送以外にも指定したエンドポイントへのブリッジとして定義することも可能ですが、この本ではPodへのアクセスのみを扱います。

5-2-4 Volume

Pod内で作成されるコンテナの中にあるファイルは、Pod（コンテナ）が終了すると消えてしまうもののため、ログファイルといったような永続性を求められるファイルを扱いたい場合にはKubernetesのVolumeの仕組みを使って解決する必要があります。
4章でデータベースサーバーを作成する際にdocker-composeでvolumeを使用しましたが、それに対応するKubernetesの仕組みとなります。

284

5-2-5 ConfigMap

ConfigMapはコンテナで使いたい環境変数のセットを格納するための仕組みです。

ConfigMapは複数のkeyとvalueの組み合わせからなり、PodでConfigMapの一部の設定を参照したり、まとめて全ての設定をPodに対して行うことができます。

ただし、ConfigMapは平文で保存する内容であるため、秘密情報を格納する場合には次に説明するSecretを使うことを推奨します。

5-2-6 Secret

SecretはパスワードやOAuthのトークンやSSHの鍵などの秘密情報をKubernetes上のPodで利用できるようにするための仕組みです。また、Private registryからDockerイメージをpullしたいときの認証情報を格納したりします。keyとvalueのペアからなり、valueにはbase64でエンコードした値を指定します。

5-2-7 Ingress

IngressはインターネットからServiceに対してアクセスするための橋渡しをするための仕組みです。

Ingressでは単純に外部アクセス可能なURLをルーティングするだけではなくSSLターミネーションや負荷分散、ホスト名やURLのパスごとに別々のServiceにルーティングするような設定をすることもできます。

Serviceでも同様に外部アクセス可能なIPをもってPodに対してのアクセスを提供することもできますが、あくまで特定のIPにきたアクセスをバックエンドのPodに対して負荷分散しつつルーティングするまでであり、Ingressはさらに柔軟なアクセスを提供することが可能です。

5-2-8 Namespace

Namespaceは利用目的やシステムごとにPodやService、Deployment、Secret、Ingressなどを持つことができる仕組みです。たとえばAとBという2つのチームが存在し、それぞれのチームで独自にPodやServiceなどを利用したいときにNamespaceで分割して利用したりします。ユーザーは自分たちのネームスペースのPodやServiceの管理だけに集中すれば良く、他のチームのPodなどを意識することなく作業することができるようになります。

デフォルトではKubernetesには下記の3つのNamespaceが存在します。

Namespace	説明
default	Namespaceを指定せずにPodやServiceなどのリソースを作成した場合には全てdefaultのNamespaceに所属することとなります。
kube-system	Kubernetesのシステムが自動で作るPodなどが所属するNamespace。Kubernetes内で名前解決をするためのDNSであるkube-dnsなどが入っている。
kube-public	全てのユーザが参照できるNamespace。

5-3

minikubeで始めるKubernetes

本節では実際にKubernetesのクラスタを作って実際にKubernetesでアプリケーションを作っていきましょう。Kubernetesでは公式のツールとして**minikube**という単一ノードのKubernetes環境を整えた仮想マシン（以後、**VM**と記載）を用意してくれるツールがあります。

https://github.com/kubernetes/minikube

minikubeがサポートするVMのソフトウェアはOSごとに異なり、2018年3月現在では以下のようになっています。

・macOS
　　・Hyperkit
　　・xhyve
　　・VirtualBoxVMWare Fusion
・Linux
　　・Virtual Box
　　・KVM
・Windows
　　・Virtual Box
　　・Hyper-V

また本書で使用するminikubeは執筆時点（2018年3月）での最新版である*v0.25.2*を使用します。

5-3-1　minikubeのインストールとQuick Start

本節ではmacOS環境（macOS High Sierra 10.13.1（17B48））を例にとり、minikubeのインストールと公式のQuick Startを動かしてみます。

brewとminikubeのインストール

Macの場合はhomebrew-caskというパッケージ管理ツールを使うことで簡単にインストールすることができます。
homebrew-caskをインストールする前にHomebrewをインストールする必要があります。
Homebrewは下記のサイトにインストール方法が詳細に記載されています。

https://brew.sh/index_ja.html

Homebrewのインストールができたら**brew cask install**コマンドを使って**minikube**をインストールします。
この際に後から必要となる**kubectl**というKubernetesを操作するためのツールも併せてインストールされます。

コマンド5-3-1-1

```
$ brew cask install minikube
==> Satisfying dependencies
==> Installing Formula dependencies: kubernetes-cli
==> Installing kubernetes-cli
==> Downloading https://homebrew.bintray.com/bottles/kubernetes-cli-1.9.3.high_s
######################################################################## 100.0%
==> Pouring kubernetes-cli-1.9.3.high_sierra.bottle.tar.gz
==> Caveats
Bash completion has been installed to:
  /usr/local/etc/bash_completion.d

zsh completions have been installed to:
  /usr/local/share/zsh/site-functions
==> Summary
/usr/local/Cellar/kubernetes-cli/1.9.3: 172 files, 65.4MB
==> Downloading https://storage.googleapis.com/minikube/releases/v0.25.2/minikub
######################################################################## 100.0%
==> Verifying checksum for Cask minikube
==> Installing Cask minikube
==> Linking Binary 'minikube-darwin-amd64' to '/usr/local/bin/minikube'.
minikube was successfully installed!
```

完了したら**minikube**と**kubectl**のバージョンを確認します。

コマンド5-3-1-2

```
$ minikube version
minikube version: v0.25.2
$ kubectl version --client
Client Version: version.Info{Major:"1", Minor:"9", GitVersion:"v1.9.3", GitCommit:"d2835416544f2
98c919e2ead3be3d0864b52323b", GitTreeState:"clean", BuildDate:"2018-02-09T21:51:54Z",
GoVersion:"go1.9.4", Compiler:"gc", Platform:"darwin/amd64"}
```

バージョンを確認後、minikubeが使うIPを確認します。

コマンド5-3-1-3

```
$ minikube ip
192.168.99.100
```

上記で出力されたIP（この例では**192.168.99.100**）が本書のminikubeのサンプルで使用するIPとなります。
**このIPは環境によって異なる場合もあり、別のIPが表示されている場合には以後の192.168.99.100のIPはこ
のコマンドによって表示されたIPを使用してください。**

minikubeのVMを起動

それではさっそく**minikube**を起動させてみましょう。

minikube startを実行することでKubernetesのVMが立ち上がります。

VMの立ち上げと一緒にkubectlというKubernetesを操作するコマンドの設定も一緒に行ってくれます。

コマンド5-3-1-4

```
$ minikube start
Starting local Kubernetes v1.9.4 cluster...
Starting VM...
Downloading Minikube ISO
 142.22 MB / 142.22 MB [============================================] 100.00% 0s
Getting VM IP address...
Moving files into cluster...
Downloading localkube binary
 163.02 MB / 163.02 MB [============================================] 100.00% 0s
 0 B / 65 B [----------------------------------------------------------]   0.00%
 65 B / 65 B [=============================================] 100.00% 0sSetting up
certs...
Connecting to cluster...
Setting up kubeconfig...
Starting cluster components...
Kubectl is now configured to use the cluster.
Loading cached images from config file.
```

Chapter 5 | ローカルのDocker環境を本番環境にデプロイする

まずは**kubectl version**でコマンドが正常に動作するかを確認してみましょう。
Client Versionと**Server Version**の両方が表示されたら無事起動している状態となります。

コマンド5-3-1-5

```
$ kubectl version
Client Version: version.Info{Major:"1", Minor:"9", GitVersion:"v1.9.3", GitCommit:"d2835416544f2
98c919e2ead3be3d0864b52323b", GitTreeState:"clean", BuildDate:"2018-02-09T21:51:54Z",
GoVersion:"go1.9.4", Compiler:"gc", Platform:"darwin/amd64"}
Server Version: version.Info{Major:"", Minor:"", GitVersion:"v1.9.4", GitCommit:"bee2d1505c4fe82
0744d26d41ecd3fdd4a3d6546", GitTreeState:"clean", BuildDate:"2018-03-21T21:48:36Z",
GoVersion:"go1.9.1", Compiler:"gc", Platform:"linux/amd64"}
```

minikubeのQuickStart

それではminikube公式のQuick Startを実行していきましょう。

まずは**hello-minikube**という名前のDeploymentをKubernetes公式のサンプルイメージを使って作成します。

コマンド5-3-1-6

```
$ kubectl run hello-minikube --image=k8s.gcr.io/echoserver:1.4 --port=8080
deployment "hello-minikube" created
```

Deploymentを作成した後は**kubectl expose**コマンドでServiceを作成します。

Serviceが作成されたことにより、サンプルアプリケーションにアクセスするためのエンドポイントが作成されました。

コマンド5-3-1-7

```
$ kubectl expose deployment hello-minikube --type=NodePort
service "hello-minikube" exposed
```

それでは最初に作成したDeploymentに紐づくPodの状態を確認してみましょう。

コマンド5-3-1-8

```
$ kubectl get pod
NAME                             READY     STATUS             RESTARTS   AGE
hello-minikube-7844bdb9c6-4m7r8   0/1       ContainerCreating  0
```

現状はまだコンテナイメージを取得中のため、**ContainerCreating**のStatusとなっています。

イメージ取得までしばらく待ってもう一度**kubectl get pod**を実行してみましょう。

290

コマンド5-3-1-9

```
$ kubectl get pod
NAME                              READY    STATUS     RESTARTS   AGE
hello-minikube-7844bdb9c6-4m7r8   1/1      Running    0          5m
```

上記のように**Running**のStatusとなったら起動完了です。

curlコマンドと**minikube service**コマンドを組み合わせてアプリケーションのエンドポイントにアクセスしてみましょう。

コマンド5-3-1-10

```
$ curl $(minikube service hello-minikube --url)
CLIENT VALUES:
client_address=172.17.0.1
command=GET
real path=/
query=nil
request_version=1.1
request_uri=http://192.168.99.100:8080/

SERVER VALUES:
server_version=nginx: 1.10.0 - lua. 10001

HEADERS RECEIVED:
accept=*/*
host=192.168.99.100:32745
user-agent=curl/7.54.0
BODY:
-no body in request-
```

上記のような出力結果が表示されれば成功です。

念のため、次のコマンドを使ってURLを調べ、ブラウザでも確認してみましょう。

コマンド5-3-1-11

```
$ minikube service hello-minikube --url
http://192.168.99.100:32745
```

先ほどのcurlコマンドの結果と同じ内容が表示されることが確認できます。

図5-3-1-1:Kubernetes QuickStart

Kubernetesの管理画面

QuickStartも終わりサンプルのアプリケーションも動いたので、次はコマンドラインだけではなく管理画面からもKubernetesの状態を見ていきましょう。
kubectl proxyコマンドを使うことで**kubectl**コマンドで接続設定されているリモートのKubernetes（今回はローカルのVirtualBox上で動作するminikubeのVMですが）とローカルのポートをプロキシ接続したサービスを起動することができます。

> コマンド5-3-1-12

```
$ kubectl proxy
Starting to serve on 127.0.0.1:8001
```

ブラウザで**http://127.0.0.1:8001/api/v1/namespaces/kube-system/services/http:kubernetes-dashboard:/proxy/**にアクセスします。
すると、次のような画面が表示されます。

図5-3-1-2:Kubernetes管理画面

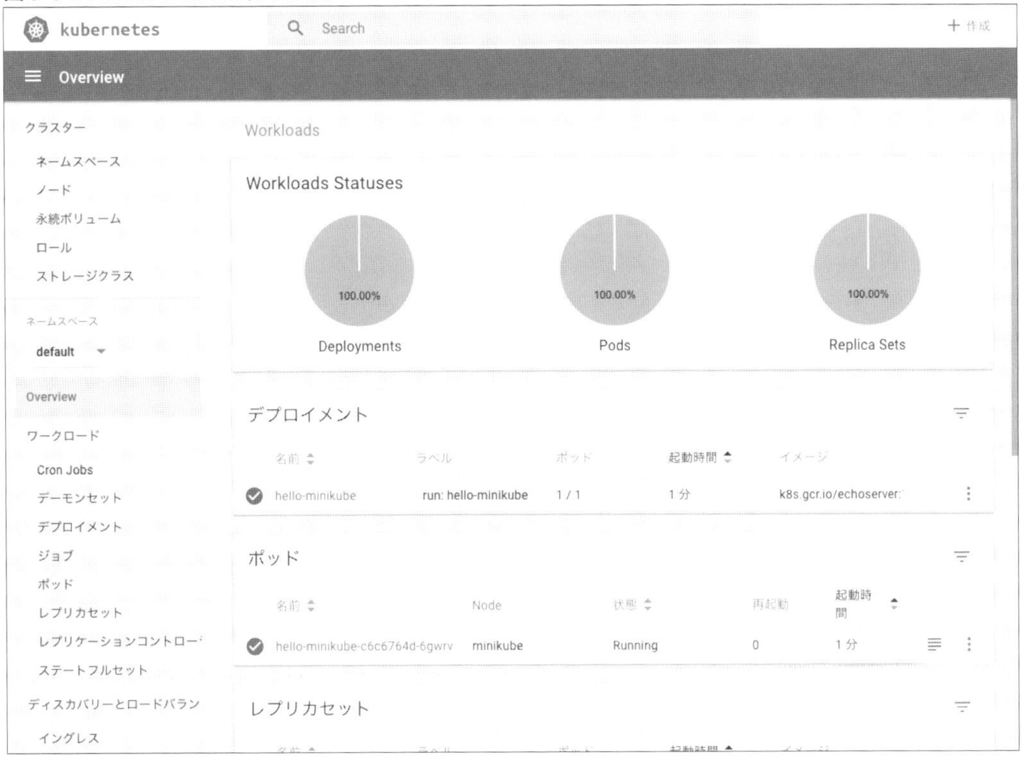

先ほど作成したデプロイメントとサービスを確認してみましょう。

5-3-2 minikubeで4章で作成した環境をローカルに作成

前節では簡単なminikubeでのQuick Startを行いKubernetesを実際に触ってみました。
本節では4章で作ったTODOアプリケーションをKubernetes上に作ってみます。

キャッシュサーバーをたてる

まず最初にRedisのキャッシュサーバーを作成します。
docker-compose.ymlを作成したときのものを参考に下記のようなymlを作成します（Chapter5/
kubernetes_sample/minikube/cache.ymlを参照）。

データ 5-3-2-1：cache.yml

```
apiVersion: extensions/v1beta1
kind: Deployment
metadata:
  labels:
    role: cache
  name: todo-cache
  namespace: default
spec:
  replicas: 1
  selector:
    matchLabels:
      role: cache-instance
  strategy:
    rollingUpdate:
      maxSurge: 1
      maxUnavailable: 0
    type: RollingUpdate
  template:
    metadata:
      labels:
        role: cache-instance
    spec:
      containers:
      - name: redis-cache
        image: redis
        imagePullPolicy: Always
        ports:
        - containerPort: 6379
        resources:
          requests:
            memory: "64Mi"
          limits:
            memory: "128Mi"
---
apiVersion: v1
kind: Service
metadata:
  name: todo-cache-service
  labels:
    role: cache-service
  namespace: default
spec:
  ports:
  - port: 6379
    targetPort: 6379
  selector:
    role: cache-instance
  type: NodePort
```

① ②

前記のymlファイルについて説明すると、まず最初のブロック（①）でキャッシュサーバーのDeploymentを作成しています。

この内容を解説すると下記となります。

- **todo-cache**という名前の**Deployment**をNamespace **default**に作成する
- **role: cache**というラベルをDeploymentに持つ
- Podの最大可動台数は1台
- アップデートはRollingUpdateを行う
    - アップデートの際には利用不能となるインスタンスを作らない（maxUnavailable = 0）
    - Podの最大台数は1台まで超えてよい（maxSurge = 1）
- Podのテンプレートは下記の内容とする
    - **redis-cache**という名前のコンテナ1台から成り立つPod
    - **role: cache-instance**というラベルをPodに持つ
    - docker imageは**redis:latest**を使う（latestは記載としては省略されている）
    - docker imageはPodが作成される際には毎回pullする
    - コンテナの6379番ポートをPodの6379番ポートとして利用する
    - メモリの最低容量を64MB、最大容量を128MBとする

2番目のブロック（②）でこのDeploymentをKubernetes内の他のServiceから利用するためにServiceとして定義しています。

この内容を解説すると下記となります。

- **todo-cache-service**という名前のServiceをNamespace defaultに作成する
- **role: cache-service**というラベルを持つ
- 他Serviceからアクセスされる際のポートは6379番とし、そのポートにアクセスされた際にはPodの6379番ポートにアクセスを転送する
- **role: cache-instance**というラベルを持つPodの集合に対してのServiceとする
- 今回は裏側のPodは1つだが、複数のPodがあった場合にはServiceのアクセスは複数のPodに対して分散される

それでは実際にこのファイルをもとにDeploymentとServiceを作ってみましょう。

純粋に作成だけを行う時は**kubectl create**を使うのですが、作成または変更の適用を行いたい時は**kubectl apply**が使えます。今回は**kubectl apply**コマンドのほうを使っていきましょう。

ymlファイルを指定して環境を構築する場合には**-f**オプションをつけて次のように実行します。

コマンド5-3-2-1

```
$ kubectl apply -f cache.yml
deployment "todo-cache" created
service "todo-cache-service" created
```

解説に記載したとおり、**todo-cache**という名前のDeploymentと**todo-cache-service**という名前のServiceが作成されました。
それでは管理画面にアクセスしてどのように表示されるかを見てみましょう。
管理画面へは**kubectl proxy**コマンドでサーバーへのプロキシを張ってからアクセスします。

コマンド5-3-2-2

```
$ kubectl proxy &

[1] 94676
$ Starting to serve on 127.0.0.1:8001
```

それでは**http://127.0.0.1:8001/api/v1/namespaces/kube-system/services/http:kubernetes-dashboard:/proxy/**にアクセスしてみましょう。
下図のような画面が表示されminikubeで動作している内容の全体を確認できます。
次図のように緑色のチェックマークと共にDeployment、Pod、Serviceが表示されていれば無事に動作しています。

図5-3-2-1:Kubernetes管理画面

次に本当にredisサービスが動作していてアクセス可能な状態になっているかを確認します。

下記コマンドでサービスへアクセスする際のIPとポート番号を確認します。

コマンド5-3-2-3

```
$ minikube service todo-cache-service --url
http://192.168.99.100:30421
```

表示されるIP番号やポート番号は環境によって異なります。

IPとポート番号がわかったら、**redis-cli**コマンドで接続が可能かを確認しましょう。

まずはHomebrewでredisをインストールします。

コマンド5-3-2-4

```
$ brew install redis
==> Downloading https://homebrew.bintray.com/bottles/redis-4.0.9.high_sierra.bot
####################################################################### 100.0%
==> Pouring redis-4.0.9.high_sierra.bottle.tar.gz
==> Caveats
To have launchd start redis now and restart at login:
  brew services start redis
Or, if you don't want/need a background service you can just run:
  redis-server /usr/local/etc/redis.conf
==> Summary
🍺/usr/local/Cellar/redis/4.0.9: 13 files, 2.8MB
```

インストールが完了したら、下記のようにredis-cliで接続の確認をしましょう。

無事接続できたらOKです。

コマンド5-3-2-5

```
$ redis-cli -h 192.168.99.100 -p 30421
192.168.99.100:30421>
```

データベースサーバーをたてる

それでは次にデータベースサーバーをKubernetes上にたてましょう。

キャッシュサーバーの時と同様にデータベースサーバーに関する設定情報を**docker-compose.yml**から
Kubernetes用のymlファイルに書き換えて用意します（Chapter5/kubernetes_sample/minikube/
db.ymlを参照）。

Chapter 5 | ローカルの Docker 環境を本番環境にデプロイする

データ5-3-2-2：db.yml

```
apiVersion: v1                                              ①
kind: Secret
metadata:
  name: db-secret
  namespace: default
data:
  mysql-password: c2FtcGxlUGFzcw==
  mysql-root-password: cm9vdFBhc3M=
---
apiVersion: extensions/v1beta1                              ②
kind: Deployment
metadata:
  labels:
    role: db
  name: todo-db
  namespace: default
spec:
  replicas: 1
  selector:
    matchLabels:
      role: db-instance
  strategy:
    rollingUpdate:
      maxSurge: 1
      maxUnavailable: 0
    type: RollingUpdate
  template:
    metadata:
      labels:
        role: db-instance
    spec:
      containers:
      - name: mysql-db
        image: mysql:5.6.35
        imagePullPolicy: Always
        ports:
        - containerPort: 3306
        env:
        - name: MYSQL_USER
          value: sampleUser
        - name: MYSQL_PASSWORD
          valueFrom:
            secretKeyRef:
              name: db-secret
              key: mysql-password
        - name: MYSQL_DATABASE
          value: sampleDb
        - name: MYSQL_ROOT_PASSWORD
          valueFrom:
```

298

```
            secretKeyRef:
              name: db-secret
              key: mysql-root-password
        volumeMounts:
        - name: db-volume
          mountPath: "/var/lib/mysql"                    ②
        volumes:
        - name: db-volume
          hostPath:
            path: "/home/docker/db-data"
---
apiVersion: v1
kind: Service
metadata:
  name: todo-db-service
  labels:
    role: db-service
  namespace: default
spec:                                                    ③
  ports:
  - port: 3306
    targetPort: 3306
  selector:
    role: db-instance
  type: NodePort
```

上記のymlファイルについて説明すると、まず最初のブロック（①）でデータベースサーバー用のSecretを作成しています。

この内容を解説すると下記となります。

- **db-secret**という名前のSecretをNamespace **default**に作成する
- 2つのキー・バリューを持つ
  - **mysql-password**というキー名で、**samplePass**という値をbase64エンコードした**c2FtcGxlUGFzcw==**という値を設定
  - **mysql-root-password**というキー名で、**rootPass**という値をbase64エンコードした**cm9vdFBhc3M=**という値を設定

Chapter 5 | ローカルのDocker環境を本番環境にデプロイする

2番目のブロック（②）でデータベースサーバーのDeploymentを作成しています。
この内容を解説すると下記となります。

- **todo-db**という名前のDeploymentをNamespace **default**に作成する
- **role: db**というラベルをDeploymentに持つ
- Podの最大可動台数は1台
- アップデートは**RollingUpdate**を行う
    - アップデートの際には利用不能となるインスタンスを作らない（maxUnavailable = 0）
    - Podの最大台数は1台まで超えてよい（maxSurge = 1）

Podのテンプレートは下記の内容とします。

- **mysql-db**という名前のコンテナ1台から成り立つPod
- **role: db-instance**というラベルをPodに持つ
- **docker image**は**mysql:5.6.35**を使う
- docker imageはPodが作成される際には毎回pullする
- コンテナの3306番ポートをPodの3306番ポートとして利用する
- 下記の環境変数を持つ
    - **MYSQL_USER**という名前で、**sampleUser**という値を持つ
    - **MYSQL_PASSWORD**という名前で、**db-secret**の**mysql-password**というキーの値を持つ
    - **MYSQL_DATABASE**という名前で、**sampleDb**という値を持つ
    - **MYSQL_ROOT_PASSWORD**という名前で、**db-secret**の**mysql-root-password**というキーの値を持つ

下記のボリュームマウントを行います。

- Kubernetesのホストの**/home/docker/db-data**というパスをコンテナの**/var/lib/mysql**にマウントする

注意

今回は説明をするためにあえて**volumes**の定義で**hostPath**を使いましたが通常は使わないようにしましょう。
理由としてはKubernetesは複数ノードをクラスタ化する仕組みであり、hostPathは動作するノードに依存する話になるため、Podが別のノードに配備されてしまった場合、対象のディレクトリが存在しないか対象のパスにあるデータが想定と異なってしまう場合があるためです。
今回はminikubeで単一のノード上で動作するものなので上記の問題にあたることはなく使えますが、いずれにせよあまり使わないほうがよいです。

300

3番目のブロック（③）でこのDeploymentをKubernetes内の他のServiceから利用するためにServiceとして
定義しています。
この内容を解説すると下記となります。

- **todo-db-service**という名前のServiceをNamespace **default**に作成する
- **role: db-service**というラベルを持つ
- 他Serviceからアクセスされる際のポートは3306番とし、そのポートにアクセスされた際にはPodの3306番
  ポートにアクセスを転送する
- **role: db-instance**というラベルを持つPodの集合に対してのServiceとする

それでは先ほどと同様に**kubectl apply**コマンドを実行し、ymlファイルの定義に従ってコンテナを起動させてみま
しょう。

コマンド5-3-2-6

```
$ kubectl apply -f db.yml
secret "db-secret" created
deployment.extensions "todo-db" created
service "todo-db-service" created
```

次に**http://127.0.0.1:8001/api/v1/namespaces/kube-system/services/http:kubernetes-
dashboard:/proxy/**にアクセスしてみましょう。
図のように緑色のチェックマークと共にDeployment, Pod, Service,そしてSecretが表示されていれば無事に
動作しています。

301

Chapter 5 ローカルのDocker環境を本番環境にデプロイする

図5-3-2-2:Kubernetes管理画面

図5-3-2-3:Kubernetes管理画面

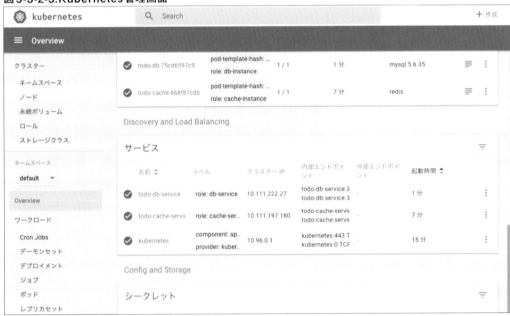

次に本当に**minio**サービスが動作していてアクセス可能な状態になっているかを確認します。

下記コマンドでサービスへアクセスする際のIPとポート番号を確認します。

コマンド5-3-2-7

```
$ minikube service todo-db-service --url
http://192.168.99.100:32065
```

IPとポート番号がわかったらmysqlコマンドで接続が可能かを確認しましょう。

まずは**Homebrew**でmysqlをインストールします。

コマンド5-3-2-8

```
$ brew install mysql
==> Installing dependencies for mysql: openssl
==> Installing mysql dependency: openssl
==> Downloading https://homebrew.bintray.com/bottles/openssl-1.0.2o_1.high_sierr
######################################################################## 100.0%
==> Pouring openssl-1.0.2o_1.high_sierra.bottle.tar.gz
==> Caveats
A CA file has been bootstrapped using certificates from the SystemRoots
keychain. To add additional certificates (e.g. the certificates added in
the System keychain), place .pem files in
  /usr/local/etc/openssl/certs

and run
  /usr/local/opt/openssl/bin/c_rehash

This formula is keg-only, which means it was not symlinked into /usr/local,
because Apple has deprecated use of OpenSSL in favor of its own TLS and crypto libraries.

If you need to have this software first in your PATH run:
  echo 'export PATH="/usr/local/opt/openssl/bin:$PATH"' >> ~/.bash_profile

For compilers to find this software you may need to set:
    LDFLAGS:  -L/usr/local/opt/openssl/lib
    CPPFLAGS: -I/usr/local/opt/openssl/include
For pkg-config to find this software you may need to set:
    PKG_CONFIG_PATH: /usr/local/opt/openssl/lib/pkgconfig

==> Summary
 /usr/local/Cellar/openssl/1.0.2o_1: 1,791 files, 12.3MB
==> Installing mysql
==> Downloading https://homebrew.bintray.com/bottles/mysql-5.7.21.high_sierra.bo
######################################################################## 100.0%
==> Pouring mysql-5.7.21.high_sierra.bottle.tar.gz
```

Chapter 5 | ローカルのDocker環境を本番環境にデプロイする

```
==> /usr/local/Cellar/mysql/5.7.21/bin/mysqld --initialize-insecure --user=saku
==> Caveats
We've installed your MySQL database without a root password. To secure it run:
    mysql_secure_installation

MySQL is configured to only allow connections from localhost by default

To connect run:
    mysql -uroot

To have launchd start mysql now and restart at login:
  brew services start mysql
Or, if you don't want/need a background service you can just run:
  mysql.server start
==> Summary
 /usr/local/Cellar/mysql/5.7.21: 323 files, 233.9MB
```

インストールが完了したら、次のようにmysqlで接続の確認をしましょう。

コマンド5-3-2-9

```
$ mysql -h 192.168.99.100 -P 32065 -usampleUser -psamplePass
Warning: Using a password on the command line interface can be insecure.
Welcome to the MySQL monitor.  Commands end with ; or \g.
Your MySQL connection id is 3
Server version: 5.6.35 MySQL Community Server (GPL)

Copyright (c) 2000, 2015, Oracle and/or its affiliates. All rights reserved.

Oracle is a registered trademark of Oracle Corporation and/or its
affiliates. Other names may be trademarks of their respective
owners.

Type 'help;' or '\h' for help. Type '\c' to clear the current input statement.

mysql> use sampleDb;
Database changed
mysql> CREATE TABLE `todos` (
    ->   `id` int(11) NOT NULL AUTO_INCREMENT,
    ->   `title` varchar(128) DEFAULT NULL,
    ->   `image_url` varchar(256) DEFAULT NULL,
    ->   PRIMARY KEY (`id`)
    -> ) ENGINE=InnoDB DEFAULT CHARSET=utf8;
Query OK, 0 rows affected (0.01 sec)

mysql> show tables;
```

```
+-------------------+
| Tables_in_sampleDb |
+-------------------+
| todos             |
+-------------------+
1 row in set (0.00 sec)

mysql>
```

以上でデータベースサーバーの準備は完了です。

ファイルサーバーをたてる

それでは次にファイルサーバーをKubernetes上にたてましょう。
キャッシュサーバーの時と同様にファイルサーバーに関する設定情報をdocker-compose.ymlからKubernetes用のymlファイルに書き換えて用意します（Chapter05/kubernetes_sample/minikube/file.ymlを参照）。

データ5-3-2-3：file.yml

```
apiVersion: v1
kind: Secret
metadata:
  name: s3-secret
  namespace: default
data:
  secret-key: bWluaW8xMjM=
---
apiVersion: v1
kind: PersistentVolumeClaim
metadata:
  name: minio-pv-claim
spec:
  accessModes:
    - ReadWriteOnce
  resources:
    requests:
      storage: 10Gi
---
apiVersion: extensions/v1beta1
kind: Deployment
metadata:
  labels:
    role: s3
  name: todo-s3
  namespace: default
```

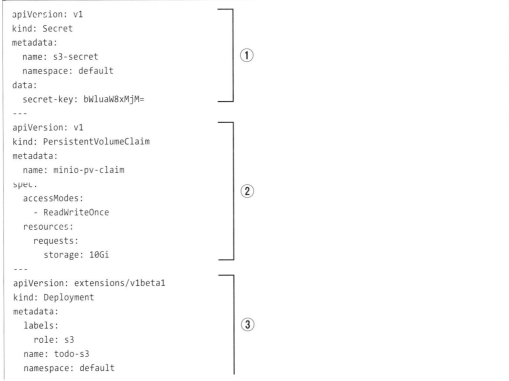

```
spec:
  replicas: 1
  selector:
    matchLabels:
      role: s3-instance
  strategy:
    rollingUpdate:
      maxSurge: 1
      maxUnavailable: 0
    type: RollingUpdate
  template:
    metadata:
      labels:
        role: s3-instance
    spec:
      containers:
      - name: minio-s3
        image: minio/minio:RELEASE.2018-01-02T23-07-00Z
        args: ["server", "/data"]
        ports:
        - containerPort: 9000
        env:
        - name: MINIO_ACCESS_KEY
          value: minio
        - name: MINIO_SECRET_KEY
          valueFrom:
            secretKeyRef:
              name: s3-secret
              key: secret-key
        volumeMounts:
        - name: s3-data
          mountPath: "/data"
        - name: s3-config-data
          mountPath: "/root/.minio"
      volumes:
        - name: s3-data
          persistentVolumeClaim:
            claimName: minio-pv-claim
        - name: s3-config-data
          hostPath:
            path: "/home/docker/s3-config-data"
---
apiVersion: v1
kind: Service
metadata:
  name: todo-s3-service
  labels:
    role: s3-service
  namespace: default
spec:
```
③

④

```
    ports:
    - port: 80
      targetPort: 9000
    selector:
      role: s3-instance
    type: NodePort
```
④

上記のymlファイルについて説明すると、まず最初のブロック（①）でファイルサーバー用のSecretを作成しています。この内容を解説すると下記となります。

- **s3-secret**という名前のSecretをNamespace **default**に作成する
- 1つのキー・バリューを持つ
  - **s3-secret**というキー名で、**minio123**という値をbase64エンコードした**bWluaW8xMjM=**という値を設定

次のブロック（②）でファイルサーバー用のPersistentVolumeClaimを作成しています。
この内容を解説すると下記となります。

- **minio-pv-claim**という名前の**PersistentVolumeClaim**を作成する
- Namespaceの指定は省略されているため、**default**に作成される
- 今回はminikubeでの単一ノードからのアクセスでもあるため、**accessModes**は**ReadWriteOnce**を指定
- 容量は10GBを使用

3番目のブロック（③）でデータベースサーバーのDeploymentを作成しています。
この内容を解説すると下記となります。

- **todo-s3**という名前のDeploymentをNamespace **default**に作成する
- **role: s3**というラベルをDeploymentに持つ
- Podの最大可動台数は1台
- アップデートはRollingUpdateを行う
  - アップデートの際には利用不能となるインスタンスを作らない（maxUnavailable = 0）
  - Podの最大台数は1台まで超えてよい（maxSurge = 1）
- Podのテンプレートは下記の内容とする
  - **minio-s3**という名前のコンテナ1台から成り立つPod
  - **role: s3-instance**というラベルをPodに持つ
  - docker imageは**minio/minio:RELEASE.2018-01-02T23-07-00Z**を使う
  - コンテナのCMDを**server /data**に書き換えて実行

- KubernetesではDockerでいうCMDを**args**で定義し、ENTRYPOINTを**command**という名前で定義する

  （**https://kubernetes.io/docs/tasks/inject-data-application/define-command-argument-container/**）
- コンテナの9000番ポートをPodの9000番ポートとして利用する
- 下記の環境変数を持つ
  - **MINIO_ACCESS_KEY**という名前で、**minio**という値を持つ
  - **MINIO_SECRET_KEY**という名前で、**s3-secret**の**secret-key**というキーの値を持つ
- 下記のボリュームマウントを行う
  - persistentVolumeClaimで要求した**minio-pv-claim**というボリュームをコンテナの**/data**にマウントする
  - Kubernetesのホストの**/home/docker/s3-config-data**というパスをコンテナの**/root/.minio**にマウントする

4番目のブロック（④）でこのDeploymentをKubernetes内の他のServiceから利用するためにServiceとして定義しています。
この内容を解説すると下記となります。

- **todo-s3-service**という名前のServiceをNamespace **default**に作成する
- **role: s3-service**というラベルを持つ
- 他Serviceからアクセスされる際のポートは9000番とし、そのポートにアクセスされた際にはPodの9000番ポートにアクセスを転送する
- **role: s3-instance**というラベルを持つPodの集合に対してのServiceとする

先ほどと同様に**kubectl apply**コマンドを実行し、ymlファイルの定義に従ってコンテナを起動させてみます。

コマンド5-3-2-10

```
$ kubectl apply -f file.yml
secret "s3-secret" created
persistentvolumeclaim "minio-pv-claim" created
deployment.extensions "todo-s3" created
service "todo-s3-service" created
```

再び**http://127.0.0.1:8001/api/v1/namespaces/kube-system/services/http:kubernetes-dashboard:/proxy/**にアクセスしてみましょう。
図のように緑色のチェックマークと共にDeployment, Pod, Service,そしてPersistentVolumeClaimとSecretが表示されていれば無事に動作しています。

図5-3-2-4:Kubernetes管理画面

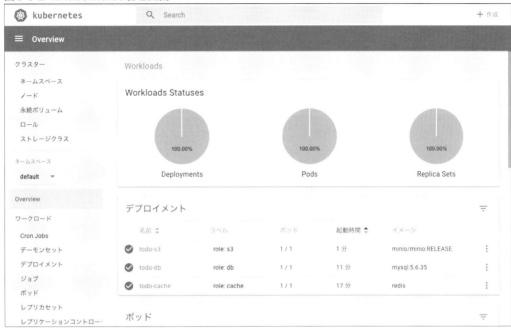

図5-3-2-5:Kubernetes管理画面

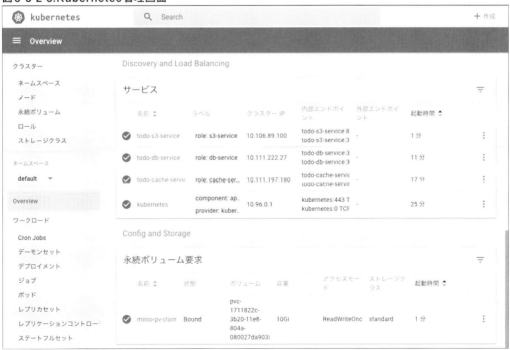

図5-3-2-6:Kubernetes管理画面

次に本当にminioサービスが動作していてアクセス可能な状態になっているかを確認します。

下記コマンドでサービスへアクセスする際のIPとポート番号を確認します。

コマンド5-3-2-11

```
$ minikube service todo-s3-service --url
http://192.168.99.100:30109
```

IPとポート番号がわかったらブラウザでアクセスしてみましょう。

次のように無事minioの画面が表示されれば成功です。

図5-3-2-7:minioログイン画面

併せてアプリケーションに必要となるバケットとポリシーの設定も先に行ってしまいましょう。
まずは設定した**MINIO_ACCESS_KEY**と**MINIO_SECRET_KEY**を使ってログインします。
ログインした後、今回は**kubernetes-sample-bucket**という名前のバケットを作成しましょう。

図5-3-2-8:minioバケットの作成

Chapter 5 | ローカルのDocker環境を本番環境にデプロイする

ローカル環境にminioサーバーを設定するためのmcクライアントをdockerで起動しましょう。
/root/.mc/config.jsonのlocal節で設定する**YOUR_FILE_SERVER_ENDPOINT**には**$ minikube service todo-s3-service --url**のコマンドの結果のURLを指定しましょう。

コマンド5-3-2-12

```
$ docker run --rm -it --entrypoint /bin/sh minio/mc:RELEASE.2017-06-15T03-38-43Z
Unable to find image 'minio/mc:RELEASE.2017-06-15T03-38-43Z' locally
RELEASE.2017-06-15T03-38-43Z: Pulling from minio/mc
6f821164d5b7: Pull complete
5808ec8d741e: Pull complete
Digest: sha256:5a169390003e31201e9b7fa344105838fd8a5f395e5d4b0ecd4202c09d9aa4f2
Status: Downloaded newer image for minio/mc:RELEASE.2017-06-15T03-38-43Z

/ # mc ls
mc: Configuration written to `/root/.mc/config.json`. Please update your access credentials.
mc: Successfully created `/root/.mc/share`.
mc: Initialized share uploads `/root/.mc/share/uploads.json` file.
mc: Initialized share downloads `/root/.mc/share/downloads.json` file.
[2018-01-27 05:46:13 UTC]     0B .dockerenv
[2017-05-25 15:18:25 UTC] 4.0KiB bin/
[2018-01-27 05:46:13 UTC]   360B dev/
[2018-01-27 05:46:13 UTC] 4.0KiB etc/
[2017-05-25 15:18:25 UTC] 4.0KiB home/
[2017-05-25 15:18:25 UTC] 4.0KiB lib/
[2017-05-25 15:18:25 UTC] 4.0KiB media/
[2017-05-25 15:18:25 UTC] 4.0KiB mnt/
[2018-01-27 05:46:13 UTC]     0B proc/
[2018-01-27 05:46:15 UTC] 4.0KiB root/
[2017-05-25 15:18:25 UTC] 4.0KiB run/
[2017-05-25 15:18:25 UTC] 4.0KiB sbin/
[2017-05-25 15:18:25 UTC] 4.0KiB srv/
[2018-01-27 05:46:13 UTC]     0B sys/
[2017-05-25 15:18:23 UTC] 4.0KiB tmp/
[2017-05-25 15:18:25 UTC] 4.0KiB usr/
[2017-05-25 15:18:25 UTC] 4.0KiB var/

/ # vi /root/.mc/config.json
{
        "version": "8",
        "hosts": {
                "gcs": {
                        "url": "https://storage.googleapis.com",
                        "accessKey": "YOUR-ACCESS-KEY-HERE",
                        "secretKey": "YOUR-SECRET-KEY-HERE",
                        "api": "S3v2"
                },
                "local": {
                        "url": "YOUR_FILE_SERVER_ENDPOINT",
```

```
                        "accessKey": "minio",
                        "secretKey": "minio123",
                        "api": "S3v4"
                },
                "play": {
                        "url": "https://play.minio.io:9000",
                        "accessKey": "Q3AM3UQ867SPQQA43P2F",
                        "secretKey": "zuf+tfteSlswRu7BJ86wekitnifILbZam1KYY3TG",
                        "api": "S3v4"
                },
                "s3": {
                        "url": "https://s3.amazonaws.com",
                        "accessKey": "YOUR-ACCESS-KEY-HERE",
                        "secretKey": "YOUR-SECRET-KEY-HERE",
                        "api": "S3v4"
                }
        }
}
/ # mc ls local
[2018-01-27 05:37:47 UTC]     0B kubernetes-sample-bucket/

/ # mc policy public local/kubernetes-sample-bucket
Access permission for `local/kubernetes-sample-bucket` is set to `public`
```

以上でファイルサーバーの準備は完了です。

アプリケーションサーバーをたてる

最後にアプリケーションサーバーを**Kubernetes**上にたてましょう。

アプリケーションサーバーでは**Kubernetesの概念**の節で説明したIngressという機能を使います。これは
minikubeではアドオンと呼ばれる機能拡張によって提供されており、次のコマンドでアドオンの有効・無効状態を
確認することができます。

コマンド5-3-2-13

```
$ minikube addons list
- addon-manager: enabled
- coredns: disabled
- dashboard: enabled
- default-storageclass: enabled
- efk: disabled
- freshpod: disabled
- heapster: disabled
- ingress: disabled
```

Chapter 5 | ローカルのDocker環境を本番環境にデプロイする

```
- kube-dns: enabled
- registry: disabled
- registry-creds: disabled
- storage-provisioner: enabled
```

上記の出力結果のingressの行がdisabledになっている場合はまず有効にする必要があるため、下記のコマンドを実行してください（enabledになっている場合には飛ばして次の説明に移ってください）。

コマンド5-3-2-14

```
$ minikube addons enable ingress
ingress was successfully enabled
```

改めてアドオンのリストを表示して、有効になったことを確認しておいてください。
minikubeのアドオンを有効にしたら、今まで同様にアプリケーションサーバーに関する設定情報をdocker-compose.ymlからKubernetes用のymlファイルに書き換えて用意します（Chapter05/kubernetes_sample/minikube/application.ymlを参照）。

データ5-3-2-4：application.yml

```
apiVersion: extensions/v1beta1
kind: Deployment
metadata:
  labels:
    role: application
  name: todo-application
  namespace: default
spec:
  replicas: 2
  selector:
    matchLabels:
      role: application-instance
  strategy:
    rollingUpdate:
      maxSurge: 1
      maxUnavailable: 0
    type: RollingUpdate
  template:
    metadata:
      labels:
        role: application-instance
    spec:
      containers:
      - name: node-application
        image: sampledocker1234/todo_application:minikube
```

①

```
        imagePullPolicy: Always
        ports:
        - containerPort: 3000
        env:
        - name: MYSQL_HOST
          value: todo-db-service
        - name: MYSQL_PORT
          value: "3306"
        - name: MYSQL_USER
          value: sampleUser
        - name: MYSQL_PASS
          valueFrom:
            secretKeyRef:
              name: db-secret
              key: mysql-password
        - name: MYSQL_DB
          value: sampleDb
        - name: AWS_ACCESS_KEY
          value: minio
        - name: AWS_SECRET_KEY
          valueFrom:
            secretKeyRef:
              name: s3-secret
              key: secret-key
        - name: AWS_REGION
          value: us-east-1
        - name: AWS_ENDPOINT
          value: http://todo-s3-service
        - name: AWS_PORT
          value: "80"
        - name: AWS_S3_BUCKET
          value: kubernetes-sample-bucket
        - name: REDIS_HOST
          value: todo-cache-service
        - name: REDIS_PORT
          value: "6379"
        - name: IMAGE_ENDPOINT
          value: "YOUR_FILE_SERVER_ENDPOINT"
---
apiVersion: v1
kind: Service
metadata:
  name: todo-application-service
  labels:
    role: application-service
  namespace: default
spec:
  ports:
  - port: 8080
    targetPort: 3000
```

① ②

Chapter 5 | ローカルのDocker環境を本番環境にデプロイする

```
  selector:
    role: application-instance
  type: NodePort                              ②
---
apiVersion: extensions/v1beta1
kind: Ingress
metadata:
  name: reverse-proxy
spec:
  rules:
  - host: todo-application-service
    http:                                     ③
      paths:
      - backend:
          serviceName: todo-application-service
          servicePort: 8080
```

上記のymlファイルについて説明すると、まず最初のブロック（①）でアプリケーションサーバーのDeploymentを作成しています。

この内容を解説すると下記となります。

- **todo-application**という名前のDeploymentをNamespace **default**に作成する
- **role: application**というラベルをDeploymentに持つ
- Podの最大可動台数は2台
- アップデートはRollingUpdateを行う
  - アップデートの際には利用不能となるインスタンスを作らない（maxUnavailable = 0）
  - Podの最大台数は1台まで超えてよい（maxSurge = 1）
- Podのテンプレートは下記の内容とする
  - **node-application**という名前のコンテナ1台から成り立つPod
  - **role: application-instance**というラベルをPodに持つ
  - docker imageは**sampledocker1234/todo_application:minikube**を使う
  - docker imageはPodが作成される際には毎回pullする
  - コンテナの3000番ポートをPodの3000番ポートとして利用する
  - 下記の環境変数を持つ
    - **MYSQL_HOST**という名前で、**todo-db-service**という値を持つ
    - **MYSQL_PORT**という名前で、**3306**という値を持つ
    - **MYSQL_USER**という名前で、**sampleUser**という値を持つ
    - **MYSQL_PASS**という名前で、**db-secret**の**mysql-password**というキーの値を持つ
    - **MYSQL_DB**という名前で、**sampleDb**という値を持つ
    - **AWS_ACCESS_KEY**という名前で、**minio**という値を持つ

316

- MINIO_SECRET_KEYという名前で、**s3-secret**の**secret-key**というキーの値を持つ
- AWS_REGIONという名前で、**us-east-1**という値を持つ
- AWS_ENDPOINTという名前で、**http://todo-s3-service**という値を持つ
- AWS_PORTという名前で、**80**という値を持つ
- AWS_S3_BUCKETという名前で、**kubernetes-sample-bucket**という値を持つ
- REDIS_HOSTという名前で、**REDIS_HOST**という値を持つ
- REDIS_PORTという名前で、**6397**という値を持つ
- IMAGE_ENDPOINTという名前で、**YOUR_FILE_SERVER_ENDPOINT**という値を持つ
  - この値は先ほど下記のコマンドで確認したファイルサーバーのURLと同じ値にする

    $ minikube service todo-s3-service --url

2番目のブロック（②）でこのDeploymentをKubernetes内の他のServiceから利用するためにServiceとして定義しています。この内容を解説すると下記となります。

- **todo-application-service**という名前のServiceをNamespace **default**に作成する
- **role: application-service**というラベルを持つ
- 他Serviceからアクセスされる際のポートは8080番とし、そのポートにアクセスされた際にはPodの3000番ポートにアクセスを転送する
- **role: s3-instance**というラベルを持つPodの集合に対してのServiceとする

3番目のブロック（③）でこのServiceを外部ブラウザからもアクセスできるようにIngressを定義しています。この内容を解説すると下記となります。

- **reverse-proxy**という名前のIngressを作成する
- **todo-application-service**というホスト名でアクセスされた時には**todo-application-service**というServiceの8080番ポートにアクセスを転送する

先ほどと同様にkubectl applyコマンドを実行し、ymlファイルの定義に従ってコンテナを起動させてみましょう。

コマンド5-3-2-15

```
$ kubectl apply -f application.yml
deployment "todo-application" created
service "todo-application-service" created
ingress "reverse-proxy" created
```

再び**http://127.0.0.1:8001/api/v1/namespaces/kube-system/services/http:kubernetes-dashboard:/proxy/**にアクセスしてみましょう。

図のように緑色のチェックマークと共にDeployment、Pod、Service、そしてIngressが表示されていれば無事に動作しています。

図5-3-2-9:Kubernetes管理画面

図5-3-2-10:Kubernetes管理画面

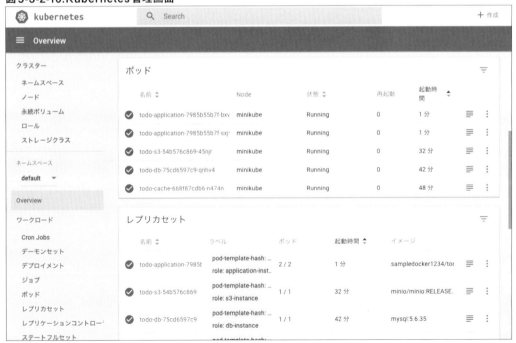

図5-3-2-11:Kubernetes管理画面

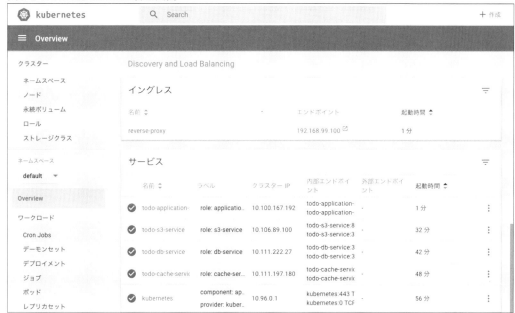

本当にアプリケーションが動作しているかを確認します。

下記コマンドでサービスへアクセスする際のIPとポート番号を確認します。

コマンド5-3-2-16

```
$ minikube service todo-application-service --url
http://192.168.99.100:31928
```

それではブラウザでアクセスして、無事表示されることを確認してみましょう。

Chapter 5 | ローカルのDocker環境を本番環境にデプロイする

図5-3-2-12:Todoアプリケーション画面

ですが、今のままではサービスを起動し直してしまうとポート番号が変わってしまうことや同じKubernatesクラスタで80番ポートで動作するサービスを複数ホストしたいとなった時に困ってしまいます。

そこでIngressを使ってホストにアクセスされる名前によって裏側のサービスへのルーティングを定義します。

今回は**todo-application-service**というホスト名でKubenrnetesにアクセスされた場合にはIngressによって**todo-application-service**の8080番ポートに転送するようになってます。

KubernetesのIPはというと先ほどから**$ minikube service xxx --url**で表示されているIPの**192.168.99.100**となります(このIPは環境によって異なります)。

そのため、PCの/etc/hostsに**todo-application-service**というホスト名を**192.168.99.100**と設定しましょう。

データ5-3-2-5:/etc/hosts

```
##
# Host Database
#
# localhost is used to configure the loopback interface
# when the system is booting.  Do not change this entry.
##
127.0.0.1       localhost
255.255.255.255 broadcasthost
::1             localhost

192.168.99.100  todo-application-service
```

それでは改めてブラウザで**http://todo-application-service**にアクセスしてみます。

図5-3-2-13:Ingressを使ってアクセスした画面

Todos

ID Title Edit link Delete button
Add new todo

無事ルールどおり転送されてアプリケーションサーバーのページが見れました。

動作確認でいくつかTODOを作成してみましょう。

まずはタイトルだけのTODOを作ってみましょう。

図5-3-2-14:画像なしTODOの作成

Todo

Column	Value
ID	1
Title	sampleTodo
Image	No image.

Back to list.

問題なく作成できますね。

次に画像ありのTODOも作ってみましょう。

図5-3-2-15:画像付きTODOの作成

こちらも問題なく作成できました。

これでKubernetesでも4章と同じ構成のアプリケーション環境を構築することができました。
次節ではGoogle Cloud Platformでも同じ環境を作成し、AWSでもGCPでも同じアプリケーションを構築できるマルチクラウドを実現していきましょう。

5-4
Google Cloud Platform（GCP）を使う

前節ではminikubeでKubernetes環境を作成し、4章で作ったアプリケーションをKubernetes上で動作させました。

本節ではいよいよ本番環境となるクラウド上にアプリケーションをデプロイしていきます。

5-4-1 GCPとは？

GCPはGoogleが提供するクラウドサービスで、サーバーリソースを使う**Google Compute Engine（GCE）**や、アプリケーション実行基盤である**Google App Engine（GAE）**、ストレージサービスを提供する**Google Cloud Storage（GCS）**、ビッグデータ分析基盤の**BigQuery**といった多種多様なサービスを提供しています。これらのサービスはGoogleのインフラでフルマネージドサービスとして提供されているため、AWSと同様に開発者はアプリケーション開発に集中することができます。

図5-4-1-1:Google Cloud Platformサービス一覧画面

5-4-2 Googleアカウントの作成とGCPアカウントの作成

Google Cloud Platformでは(2018年3月時点)無料トライアルとして12ヶ月以内であれば$300のクレジットをGCPの豊富なサービス群で利用することが可能です。
また12ヶ月を越えても無料で利用できる枠が存在します。
詳細はこちらのページから最新情報を確認してください。

https://cloud.google.com/free/?hl=ja

図5-4-2-1:Google Cloud Platform無料枠の説明

それではGoogle Cloud Platform(以下、GCP)のアカウントを作成しましょう。
既にGmailなどでGoogleのアカウントを持っている人はそのアカウントをそのまま使って始められますが、一応説明のためにGoogleアカウントの作成から始めます。

アカウント作成のページをWebブラウザで開く
https://accounts.google.com/SignUp?hl=jaをWebブラウザで開きます。
名前やアカウント名など必要な情報を入力して次へを押します。

図5-4-2-2:Googleアカウントの作成

 利用規約の確認
利用規約を確認して同意するを押すと、下図のようなアカウント作成完了画面が表示されますので「次へ」ボタンを押します。

図5-4-2-3:アカウント作成完了画面

アカウント情報ページの確認

アカウント作成完了画面で「次へ」ボタンを押すとアカウント情報ページに遷移します。
必要に応じて二段階認証などはこの画面から登録を行いますが、本書では割愛します。
セキュリティ対策として是非登録しておくことをオススメします。

図5-4-2-4:アカウント情報画面

以上でGoogleアカウントの作成は完了です。
次のステップからはGCPアカウントの作成となります。

 GCPのトップページを開く

https://cloud.google.com/?hl=ja をWebブラウザで開いて、「無料トライアル」のボタンをクリックします。

図5-4-2-5:GCPのトップページ

利用規約の同意および通知等の選択

画面のとおり、国情報の入力とお知らせに関するメール通知の選択と利用規約の同意をします。
GCPの製品通知やお知らせをメールで受け取りたい方は「はい」の方を選択しましょう。

図5-4-2-6:利用規約の同意および通知等の選択

 詳細情報の入力

この画面ではアカウントの種類、名前と住所、支払い情報の入力などを入力します。

図5-4-2-7:詳細情報の入力

GCPコンソール画面の確認
「無料トライアルを開始」ボタンを押すと登録処理が完了し、GCPコンソール画面が表示されます。

図5-4-2-8:Google Cloud Platformコンソール画面

以上でGCPアカウントの作成は完了です。

5-4-3 Google Container Engine（GKE）の環境を作ろう

さっそくGCP上のサービスであるGKEでKubernetesのクラスタ環境を作成していきましょう。
GCPコンソール画面の左上にあるメニューボタンをクリックし、左から現れるメニューの「Kubernetes Engine」をポイントし、「**Kubernetesクラスタ**」のリンクをクリックします。

図5-4-3-1:Google Cloud Platformコンソール画面

「Kubernetesクラスタ」のリンクをクリックすると下図のようなKubernetesクラスタ管理画面が表示されます。

図5-4-3-2:Kubernetesクラスタ管理画面

「クラスタを作成」ボタンをクリックすると、Kubernetesクラスタの作成画面が表示されます。

図5-4-3-3:Kubernetesクラスタ作成画面

入力項目には以下のような設定をします。

表示名	設定値
名前	sample-kubernetes
説明	Sample application for GKE
ロケーション	ゾーンを選択
ゾーン	asia-northeast1-aを選択（東京のゾーン）
クラスタのバージョン	1.9.6-gke.0を選択（2018.04現在）
マシンタイプ	small（共有vCPU x 1,メモリ1.7GB、g1-small）
ノードイメージ	コンテナ用に最適化されたOS（cos）
サイズ	3 GKEのコンテナを作成する際には3つ以上のインスタンスを求められます（2018年3月現在）
ノードの自動アップグレード	無効を選択
ノードの自動修復	無効を選択 2018年3月現在はベータ版の機能で将来有償の可能性あり
以前の承認	無効を選択
Stackdriver Logging	有効を選択
Stackdriver Monitoring	有効を選択
その他	今回は特に詳細指定はせずそのままとする

入力が完了し「作成」ボタンをクリックすると、Kubernetesクラスター覧画面に遷移し作成中の様子が確認できます。

図5-4-3-4:Kubernetesクラスター覧画面

しばらく待っているとクラスタの作成が完了し、名前の隣に緑のチェックマークが付きます。

図5-4-3-5:Kubernetesクラスター覧画面

以上でGKEの環境作成は完了です。

Chapter 5 | ローカルのDocker環境を本番環境にデプロイする

5-5

GCP上に4章で作った アプリケーションをデプロイしよう

4章で作成したアプリケーションを実際のGCP環境にデプロイしていきましょう。

通常ファイルサーバー部分に関してAWSのS3に対応するGCPのサービスはGoogle Cloud Storage（GCS）なのですが、今回はAWSにデプロイしたものと同じコードでGCP上でも動作させるというコンセプトで作りたいため、あえてGCSを使わずにSingle Node File Serverという別のファイルストレージシステムを使っていきたいと思います。

5-5-1 Single Node File Serverの環境を作成する

Single Node File Serverは単一のGoogle Compute Engineインスタンスで実行されるZFSファイルサーバーで、**NFS (Network File System)**が使えるため、Kubernetes上のコンテナからボリュームマウントを行うことができます。

https://cloud.google.com/launcher/docs/single-node-fileserver?hl=ja

それによりminikubeの節ではPersistentVolumeClaimを使っていましたがその代わりにNFSを直接指定してVolume設定を行います。

さっそくSingle Node File Serverのインスタンスを作っていきましょう。

332

Cloud Launcherを開く

Google Cloud Pratformのコンソール画面で、左上のメニューを開いて「Cloud Launcher」をクリックします。

図5-5-1-1:Google Cloud Platformコンソール画面

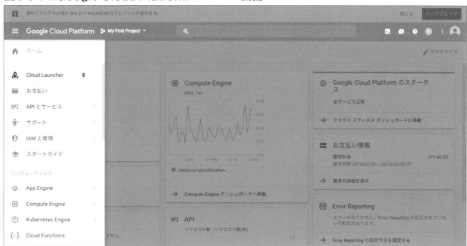

Single node file serverを選択する

Cloud Launcherの画面を開いたら「ソリューションを検索」をクリックし、「single」と入力します。

図5-5-1-2:Cloud Launcher画面

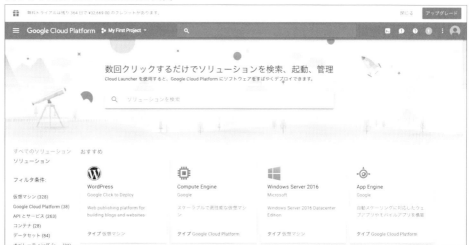

キーワードを含むソリューションが表示されるので「Single node file server」をクリックします。

図 5-5-1-3:Single node file serverをクリック

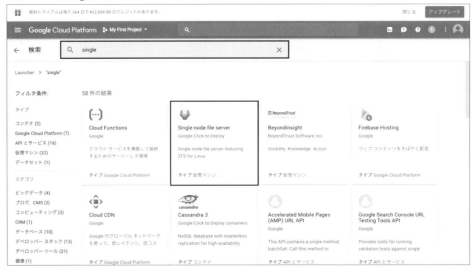

03 **Single node file serverの設定を行う**
Single node file serverの作成画面が表示されますので、次の表のように入力し、「デプロイ」をクリックしましょう。

図 5-5-1-4:Single node file serverの設定

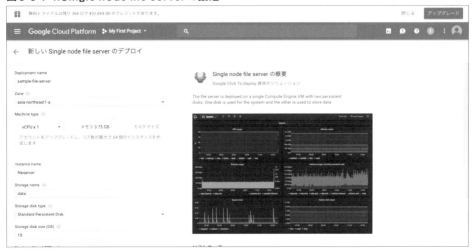

表示名	設定値
Deployment name	sample-file-server
Zone	asia-northeast1-aを選択
Machine type	vCPU x 1
Instance name	fileserver
Storage name	data
Storage disk type	Standard Persistent Disk
Storage disk size	10GB
Numbr of local SSDs	0
Enable NFS sharing	チェックあり
Enable SMB sharing	チェックあり
Network name	default
Subnetwork name	default

デプロイを押すと下図のような作成画面が表示されます。

図5-5-1-5:Single node file server作成中画面

作成が完了すると下図のように緑色のチェックマークが付きます。
それでは作成したサーバーにSSHでログインしてデータ用のディレクトリを作成していきましょう。
現在の画面にある「SSH to sample-file-server-vm」のボタンをクリックしましょう。

図5-5-1-6:Single node file server作成完了画面

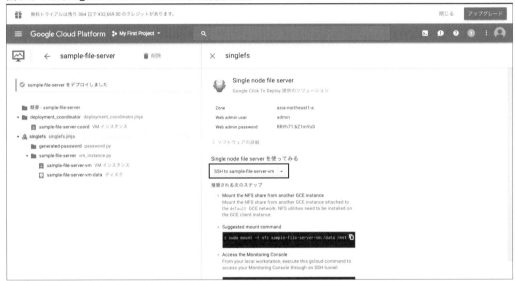

すると新しくブラウザのタブかウィンドウが開き、たった今作成したサーバーにSSHした状態でコンソールが開きますので、minio用のデータマウント先となるディレクトリを作ります。
データ用には**/data/minio/data**を作成し、設定用には**/data/minio/config**を作成します。
作成が成功したかどうかを**ls**コマンドで確認し、下記のように表示されれば成功です。

コマンド5-5-1-1

```
sampledocker1234@sample-file-server-vm:~$ mkdir -p /data/minio/data && mkdir -p /data/minio/config
sampledocker1234@sample-file-server-vm:~$ chmod -R 777 /data/minio
sampledocker1234@sample-file-server-vm:~$ ls -alR /data/
/data/:
total 4
drwxrwxrwx  3 root            root              18 Feb  3 16:48 .
drwxr-xr-x 24 root            root            4096 Feb  3 14:13 ..
drwxr-xr-x  4 sampledocker1234 sampledocker1234  30 Feb  3 16:48 minio
/data/minio:
total 0
drwxr-xr-x 4 sampledocker1234 sampledocker1234 30 Feb  3 16:48 .
drwxrwxrwx 3 root            root             18 Feb  3 16:48 ..
drwxr-xr-x 2 sampledocker1234 sampledocker1234  6 Feb  3 16:48 config
```

```
drwxr-xr-x 2 sampledocker1234 sampledocker1234  6 Feb  3 16:48 data
/data/minio/config:
total 0
drwxr-xr-x 2 sampledocker1234 sampledocker1234  6 Feb  3 16:48 .
drwxr-xr-x 4 sampledocker1234 sampledocker1234 30 Feb  3 16:48 ..
/data/minio/data:
total 0
drwxr-xr-x 2 sampledocker1234 sampledocker1234  6 Feb  3 16:48 .
drwxr-xr-x 4 sampledocker1234 sampledocker1234 30 Feb  3 16:48 ..
```

次にMySQL用のデータ格納ディレクトリを作ります。
minioの例にならって`/data/mysql`に作成します。

コマンド5-5-1-2

```
sampledocker1234@sample-file-server-vm:~$ mkdir -p /data/mysql
sampledocker1234@sample-file-server-vm:~$ chmod -R 777 /data/mysql
sampledocker1234@sample-file-server-vm:~$ ls -al /data
total 4
drwxrwxrwx  4 root             root                30 Feb  3 16:50 .
drwxr-xr-x 24 root             root              4096 Feb  3 14:13 ..
drwxr-xr-x  4 sampledocker1234 sampledocker1234    30 Feb  3 16:48 minio
drwxr-xr-x  2 sampledocker1234 sampledocker1234     6 Feb  3 16:50 mysql
```

これでSingle node file serverの作成と、KubernetesのアプリケーションからNFSを利用するための準備は完了です。

5-5-2 GKEのKubernetesにアプリケーションをデプロイする

本節では前節までに作成したサーバーを使い、4章で作成したアプリケーションをデプロイしていきます。

Kubernetesの管理画面へのアクセス

前節で作成したKubernetes環境の管理画面を表示するにはminikubeの時と同様ローカルマシン上でkubectl proxyを実行する必要があります。

kubectlコマンドはminikubeの際にインストール済みですが、GCP環境を操作するための**gcloud**コマンドを新しくインストールする必要があります。

まずは下記ページを参照しながらgcloudコマンドをインストールしましょう。

https://cloud.google.com/sdk/docs/quickstarts?hl=ja

ここではmacOS環境(macOS High Sierra 10.13.1 (17B48))のインストール手順を紹介していきます。

01 **Python 2.7がインストールされていることを確認する**
次のコマンドを入力してPython 2.7がインストールされているか確認します。

コマンド5-5-2-1

```
$ python -V
Python 2.7.10
```

02 **インストール用のアーカイブファイルのダウンロードと解凍**
下記ファイルをダウンロードします。

https://dl.google.com/dl/cloudsdk/channels/rapid/downloads/google-cloud-sdk-180.0.0-darwin-x86_64.tar.gz?hl=ja

ファイルをダウンロードしたらダブルクリックして解凍し、ダウンロードディレクトリ(~/Download)に配置します。

03 **インストール用Shellの実行**
下記のようにインストール用のShellを実行します。

コマンド5-5-2-2

```
$ ~/Downloads/google-cloud-sdk/install.sh
Welcome to the Google Cloud SDK!

To help improve the quality of this product, we collect anonymized usage data
and anonymized stacktraces when crashes are encountered; additional information
is available at <https://cloud.google.com/sdk/usage-statistics>. You may choose
to opt out of this collection now (by choosing 'N' at the below prompt), or at
any time in the future by running the following command:

    gcloud config set disable_usage_reporting true

Do you want to help improve the Google Cloud SDK (Y/n)?  Y

                         ~~省略~~
```

```
To install or remove components at your current SDK version [180.0.0], run:
  $ gcloud components install COMPONENT_ID
  $ gcloud components remove COMPONENT_ID

To update your SDK installation to the latest version [196.0.0], run:
  $ gcloud components update

==> Source [/Users/saku/Downloads/google-cloud-sdk/completion.bash.inc] in your profile
to enable shell command completion for gcloud.
==> Source [/Users/saku/Downloads/google-cloud-sdk/path.bash.inc] in your profile to add
the Google Cloud SDK command line tools to your $PATH.

For more information on how to get started, please visit:
  https://cloud.google.com/sdk/docs/quickstarts
```

PATHの設定とbash用の補完設定

03までの手順では、gcloudコマンドはPATHが通っていないためそのままではターミナルから実行することができません。03の手順での最後に出力がありますが、PATHの設定とgcloud用のコマンド補完の設定を行いましょう（/Users/saku/Downloadsの部分はご自身の環境に合わせて変えてください）。

コマンド5-5-2-3

```
$ source /Users/saku/Downloads/google-cloud-sdk/completion.bash.inc
$ source /Users/saku/Downloads/google-cloud-sdk/path.bash.inc
```

gcloudコマンドでのログイン

次にgcloud auth loginにてコマンドラインツールと利用対象となるGoogleアカウントの接続を行います。

コマンド5-5-2-4

```
$ gcloud auth login
Your browser has been opened to visit:

https://accounts.google.com/o/oauth2/auth?redirect_uri=http%3A%2F%2Flocalhost%3A8085%2F
&prompt=select_account&response_type=code&client_id=32555940559.apps.googleusercontent.
com&scope=https%3A%2F%2Fwww.googleapis.com%2Fauth%2Fuserinfo.email+https%3A%2F%2Fwww.
googleapis.com%2Fauth%2Fcloud-platform+https%3A%2F%2Fwww.googleapis.
com%2Fauth%2Fappengine.admin+https%3A%2F%2Fwww.googleapis.com%2Fauth%2Fcompute+https%3A
%2F%2Fwww.googleapis.com%2Fauth%2Faccounts.reauth&access_type=offline
```

コマンドを実行すると下図のようにブラウザでGoogleのログイン画面が表示されます。
接続したいGoogleアカウントをクリックします。

図5-5-2-1:gcloud auth認証画面

アカウントを選択すると次に要求される権限についての確認画面が表示されますので、「許可」ボタンをクリックします。

図5-5-2-2:gcloud auth認証確認画面

許可をすると下図のように最後に接続完了画面が表示されます。

図5-5-2-3:gcloud auth認証完了画面

上図が表示された後に先ほどのコンソールに戻ると下記のような出力が出ており、接続完了したことがわかります。

```
WARNING: `gcloud auth login` no longer writes application default credentials.
If you need to use ADC, see:
  gcloud auth application-default --help

You are now logged in as [sampledocker1234@gmail.com].
Your current project is [None].  You can change this setting by running:
  $ gcloud config set project PROJECT_ID


Updates are available for some Cloud SDK components.  To install them,
please run:
  $ gcloud components update
```

GKEクラスタと接続設定

それでは次に前節で作成したGKEクラスタと接続をしていきます。
GKEの管理画面を開き、一覧画面に表示されている先ほど作成したクラスタの名前のとなりにある「接続」ボタンをクリックします。

図5-5-2-4:GKEクラスタと接続設定

接続ボタンをクリックするとgcloudコマンドでKubernetesクラスタに接続するためのコマンドが表示されますので、コマンドの右隣にあるコピーボタンをクリックしてコマンドをコピーしてコンソールで実行します。

図5-5-2-5:GKEクラスタと接続設定

proxyが起動したらブラウザから**http://localhost:8001/ui**にアクセスして管理画面を表示しましょう。
すると下図のような画面が表示されます。

図5-5-2-6:Kubernetes管理画面

これはKubernetes 1.8以降からできた認証画面で、今までは管理画面にアクセスすると誰でもなんでもできるようになっていたため、認証を用いて誰がどのような操作が可能かを制御できるようにしたためです。
Tokenについてはデフォルトでkubernetesが持っているものがあるため、今回はTokenを使ってログインしていきます。
Tokenは**kube-system**という名前のNamespaceのSecretに入っているため、まずは下記のコマンドでどのようなTokenが存在するのかを見てみます。

コマンド5-5-2-5
```
$ kubectl -n kube-system get secret
```

今回は**deployment-controller-token**という名前のTokenを使っていきます。
Tokenの内容を取得するには次のコマンドを実行します。

Chapter 5 | ローカルのDocker環境を本番環境にデプロイする

コマンド5-5-2-6

```
$ kubectl -n kube-system describe secret $(kubectl -n kube-system get secret | awk
'/^deployment-controller-token-/{print $1}') | awk '$1=="token:"{print $2}'
eyJhbGciOiJSUzI1NiIsInR5cCI6IkpXVCJ9.eyJpc3MiOiJrdWJlcm5ldGVzL3NlcnZpY2VhY2NvdW50Iiwia3
ViZXJuZXRlcy5pby9zZXJ2aWNlYWNjb3VudC9uYW1lc3BhY2UiOiJrdWJlLXN5c3RlbSIsImt1YmVybmV0ZXMua
W8vc2VydmljZWFjY291bnQvc2VjcmV0Lm5hbWUiOiJkZXBsb3ltZW50LWNvbnRyb2xsZXItdG9rZW4tN3JxZmIi
LCJrdWJlcm5ldGVzLmlvL3NlcnZpY2VhY2NvdW50L3NlcnZpY2UtYWNjb3VudC5uYW1lIjoiZGVwbG95bWVudC1
jb250cm9sbGVyIiwia3ViZXJuZXRlcy5pby9zZXJ2aWNlYWNjb3VudC9zZXJ2aWNlYWFjY291bnQudWlkIjoiNz
ZhZTZhN2UtMGVkZC0xMWU4LThhMmItNDIwMTBhOTIwMDkzIiwic3ViIjoic3lzdGVtOnNlcnZpY2VhY2NvdW50O
mt1YmUtc3lzdGVtOmRlcGxveW1lbnQtY29udHJvbGxlciJ9.GPPeGMs6tvF5YgJK3qeavCU2kDmjKhMiATYJ9Pz
BrSwKMosIo9IQVifnxj0AjT0MlPSYhPip33_wKLMlQJIN0eaEZ35DJrV3GJmMglR2amE7M7IgYCgPfWHQ_
uCUynpKFJrX4T-cvljd40xJap_ilxfgzyXwKsAf9JZazmvotDnaS2hjYjFRgqIFHAB_od43qwIGeZuDa97WXf91
v28gidOVsK4IJW6xK7rzFRXc_Vy7APeIRX3Xq19KTKvggQoi-IQPWnkSP-fVYFjlXozOvqPh_vDO7O8jVnCxpB4
hFUMx1UPxpWgBqrA1uI_cmJV8ljJU2IyW47XGIqrDxhMNaA
```

表示されたTokenを入力して「Sign in」をクリックすると下図のようにKubernetesの管理画面が表示されます。

アラートとして表示されているのは、今回使ったTokenのアカウントにない権限のものですが、今回のサンプルを動かす上では特に問題はありません。

図5-5-2-7:Kubernetes管理画面

以上で管理画面へのアクセスは完了です。

344

Google Cloud Shellを使ったkubectlコマンドの実行

次に**Google Cloud Shell**を使って**kubectl**コマンドを実行する方法を説明します。

Google Cloud Shellはブラウザ上でシェルが使えるもので今まで使ってきたdockerやkubectl、そしてGCPのサービスを使うための**gcloud**コマンドがプリインストールされています。

そのため、管理画面が必要でなければGKEの設定やサーバーの立ち上げkubectlコマンドの実行など全てをブラウザ上だけで行うことができます。

それではさっそく使っていきましょう。

Cloud ShellはGCPコンソール画面の右上にある「Google Cloud Shellを有効化」のボタンを押すと起動します。

図5-5-2-8:GCPコンソール画面

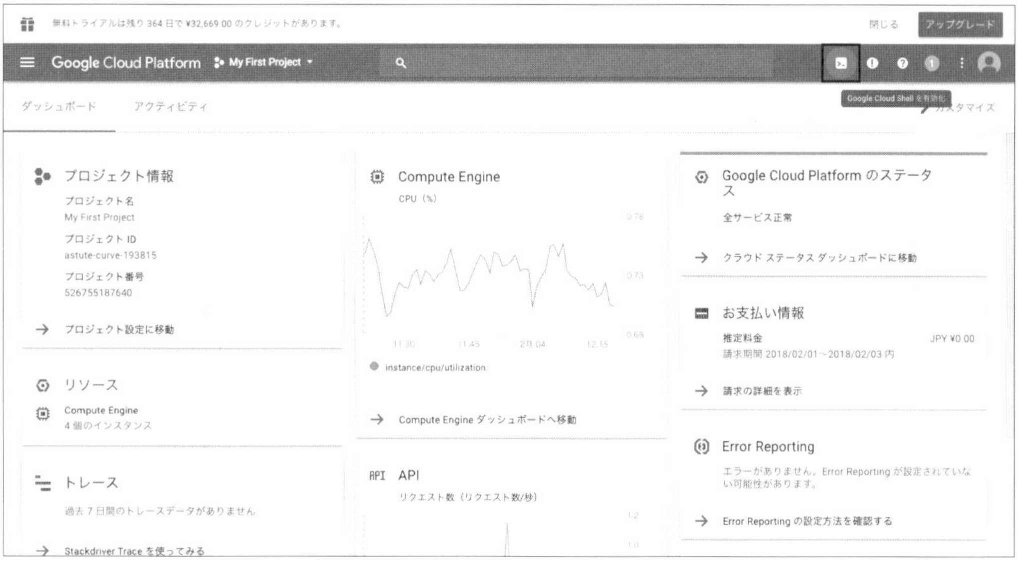

ボタンを押すと、初回起動時にはGoogle Cloud Shellについての簡単な説明ウィンドウが出ます。

「Cloud Shellの起動」をクリックしてGoogle Cloud Shellを起動しましょう。

図5-5-2-9:Google Cloud Shell起動画面

Google Cloud Shellは画面の下半分に表示されます。

図5-5-2-10:Google Cloud Shell起動完了画面

Kubernetesクラスタに接続するために再度GKEの管理画面を開きます。
クラスター覧画面の対象のクラスタ名の右側にある「接続」ボタンをクリックします。

図5-5-2-11:Kubernetesクラスター覧画面

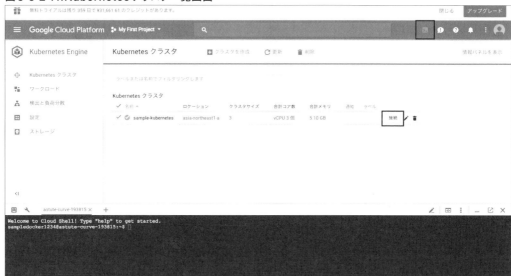

コマンド表示画面が表示されたら、以下のどちらかの操作をすることでCloud ShellからKubernetesに接続を行うことができます。

1. コマンド右にあるコピーボタンを押し、すでに開いているCloud Shellにペーストして実行する
2. 「Cloud Shellで実行」ボタンを押すと、コマンドが入力された状態で新しいShellが開く

今回は1の方法でKubernetesに接続しましょう。

コマンド5-5-2-7

```
sampledocker1234@astute-curve-193815:~$ gcloud container clusters get-credentials sample-kubernetes --zone asia-northeast1-a --project astute-curve-193815
Fetching cluster endpoint and auth data.
kubeconfig entry generated for sample-kubernetes.
```

図 5-5-2-12:Kubernetes クラスタ接続画面

接続後に**kubectl cluster-info**コマンドを実行して接続が正しく行われているかを確認します。
下記のように全ての情報が表示されれば接続は成功です（使用環境によってIPの記載は変わります）。

コマンド5-5-2-8

```
$ kubectl cluster-info
Kubernetes master is running at https://35.200.73.43
GLBCDefaultBackend is running at https://35.200.73.43/api/v1/namespaces/kube-system/services/
default-http-backend/proxy
Heapster is running at https://35.200.73.43/api/v1/namespaces/kube-system/services/heapster/
proxy
KubeDNS is running at https://35.200.73.43/api/v1/namespaces/kube-system/services/kube-dns/proxy
kubernetes-dashboard is running at https://35.200.73.43/api/v1/namespaces/kube-system/services/
kubernetes-dashboard/proxy
Metrics-server is running at https://35.200.73.43/api/v1/namespaces/kube-system/services/
metrics-server/proxy
To further debug and diagnose cluster problems, use 'kubectl cluster-info dump'.
```

以上でGoogle Cloud Shellを使った**kubectl**コマンドの実行は完了です。
次節からはいよいよ**minikube**と同じように**Kubernetes**クラスタにサービスを立ち上げていきます。

キャッシュサーバーをたてる

まず最初にキャッシュサーバーを立ち上げます。

minikubeの時に使用したのと同じymlファイルを使います（Chapter05/kubernetes_sample/gcp/cache.ymlを参照）。

データ5-5-2-1：cache.yml

```
apiVersion: extensions/v1beta1
kind: Deployment
metadata:
  labels:
    role: cache
  name: todo-cache
  namespace: default
spec:
  replicas: 1
  selector:
    matchLabels:
      role: cache-instance
  strategy:
    rollingUpdate:
      maxSurge: 1
      maxUnavailable: 0
    type: RollingUpdate
  template:
    metadata:
      labels:
        role: cache-instance
    spec:
      containers:
      - name: redis-cache
        image: redis
        imagePullPolicy: Always
        ports:
        - containerPort: 6379
        resources:
          requests:
            memory: "64Mi"
          limits:
            memory: "128Mi"
---
role: cache
apiVersion: v1
kind: Service
metadata:
  name: todo-cache-service
  labels:
    role: cache-service
```

```
    namespace: default
spec:
  ports:
  - port: 6379
    targetPort: 6379
  selector:
    role: cache-instance
  type: NodePort
```

上記のファイルをShell上のファイルとして作成します。

ファイルを作成するときはGoogle Cloud Shell上のエディタ(vi、emacs、nanoが利用可能)を使ってもいいですし、ローカルにあるファイルをアップロードして使うこともできます。

今回はファイルアップロードの方法を使っていきましょう。

上記のcache.ymlをローカルに作成した後、Google Cloud Shellの右上にあるオプションから「ファイルをアップロード」をクリックして作成したファイルをアップロードします。

図5-5-2-13:Google Cloud Shellファイルアップロード画面

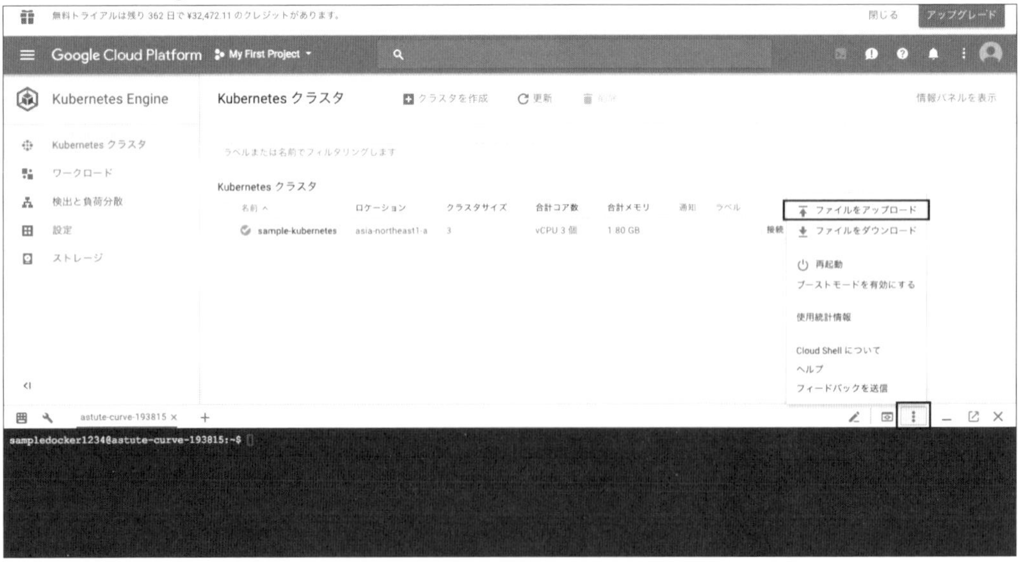

ファイルのアップロードができたら下記コマンドを実行してキャッシュサーバーを立ち上げます。

コマンド5-5-2-9

```
$ kubectl apply -f cache.yml
deployment "todo-cache" created
service "todo-cache-service" created
```

管理画面上で下図のように表示されれば成功です。

図5-5-2-14:キャッシュサーバー起動完了後画面

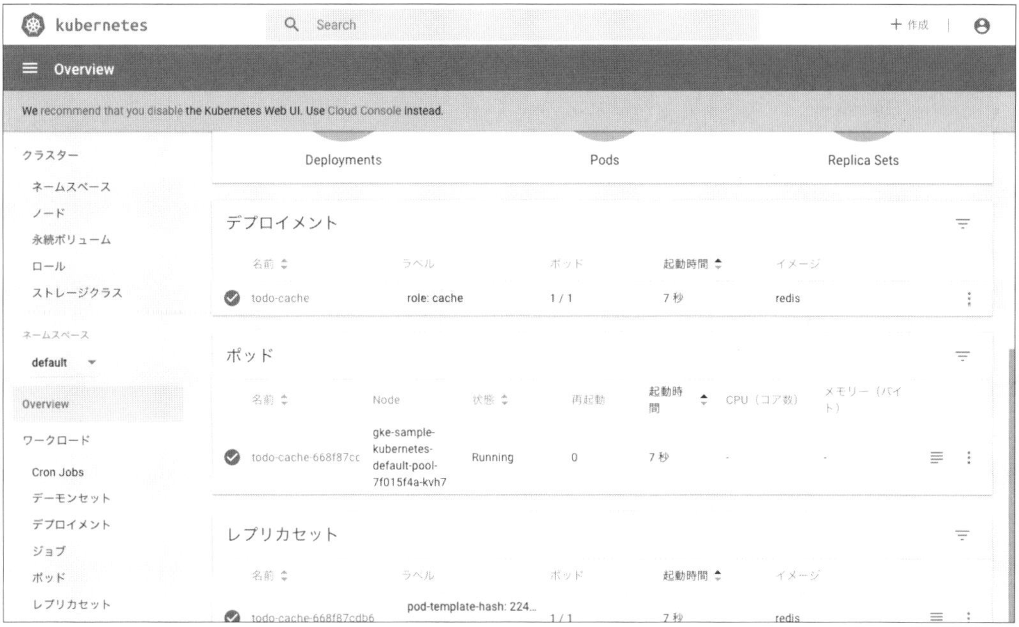

データベースサーバーを立てる

同様にデータベースサーバーも立ち上げていきます。

次はGKE用に変更したdb.ymlとなります（Chapter05/kubernetes_sample/gcp/db.ymlを参照）。

Chapter 5 | ローカルのDocker環境を本番環境にデプロイする

データ5-5-2-2：db.yml

```
apiVersion: v1
kind: Secret
metadata:
  name: db-secret
  namespace: default
data:
  mysql-password: c2FtcGxlUGFzcw==
  mysql-root-password: cm9vdFBhc3M=
---
apiVersion: extensions/v1beta1
kind: Deployment
metadata:
  labels:
    role: db
  name: todo-db
  namespace: default
spec:
  replicas: 1
  selector:
    matchLabels:
      role: db-instance
  strategy:
    rollingUpdate:
      maxSurge: 1
      maxUnavailable: 0
    type: RollingUpdate
  template:
    metadata:
      labels:
        role: db-instance
    spec:
      securityContext:
        runAsUser: 999
      containers:
      - name: mysql-db
        image: mysql:5.6.35
        imagePullPolicy: Always
        ports:
        - containerPort: 3306
        env:
        - name: MYSQL_USER
          value: sampleUser
        - name: MYSQL_PASSWORD
          valueFrom:
            secretKeyRef:
              name: db-secret
              key: mysql-password
        - name: MYSQL_DATABASE
```

```
              value: sampleDb
          - name: MYSQL_ROOT_PASSWORD
            valueFrom:
              secretKeyRef:
                name: db-secret
                key: mysql-root-password
        volumeMounts:
        - name: db-volume
          mountPath: "/var/lib/mysql"
      volumes:
        - name: db-volume
          nfs:
            server: sample-file-server-vm
            path: "/data/mysql"
---
apiVersion: v1
kind: Service
metadata:
  name: todo-db-service
  labels:
    role: db-service
  namespace: default
spec:
  ports:
  - port: 3306
    targetPort: 3306
  selector:
    role: db-instance
  type: NodePort
```

minikubeと比較した時の具体的な変更点は下記の2点となります。

1. コンテナの**securityContext**で**runAsUser: 999**を指定
   GKE上で動作させるときに、NFSボリュームをマウントした際にコンテナでMySQLコンテナを動作させるため
   にはコンテナの実行ユーザーがmysql(IDが999)である必要があるため

2. volumesの**db-volume**を**hostPath**から**nfs**に変更
   minikubeの例では1台からなるクラスタだったためhostPathを指定すると必ず毎回同じノードの同じ
   hostPathの内容を参照できました。
   しかしGKEでは3台構成のクラスタを組んでいるため、コンテナはどのノードに配置されるかわからない状態とな
   るため、どのノードからでも同じ場所にアクセスできるようなストレージが必要となります。
   ymlファイルのnfsディレクティブにあるserverには、Single node file serverの作成の際に指定した
   「Deployment name」の最後に**-vm**をつけた名前を指定します。

今回の場合は「Deployment name」が**sample-file-server**だったため、**sample-file-server-vm**が指定する値となります。

今回はNFS機能を持つSingle node file serverを利用しましたが、GCEの永続ディスクを作成してマウントさせることも可能です。

同様にコンテナ作成のコマンドを実行していきましょう。

コマンド5-5-2-10

```
sampledocker1234@astute-curve-193815:~$ kubectl apply -f db.yml
secret "db-secret" created
deployment "todo-db" created
service "todo-db-service" created
```

管理画面上で下図のように表示されれば成功です。

図5-5-2-15: データベースサーバー起動完了後画面

コンテナが起動したらアプリケーション用のテーブルを作成します。

下記のコマンドでコンテナのターミナルを起動します。

コマンド5-5-2-11

```
sampledocker1234@astute-curve-193815:~$ kubectl exec -it $(kubectl get pod | awk '/^todo-db-/
{print $1}') bash
mysql@todo-db-cc9c5cf55-xdkfq:/$ mysql -u sampleUser -p
Enter password:
Welcome to the MySQL monitor.  Commands end with ; or \g.
Your MySQL connection id is 1
Server version: 5.6.35 MySQL Community Server (GPL)
Copyright (c) 2000, 2016, Oracle and/or its affiliates. All rights reserved.
Oracle is a registered trademark of Oracle Corporation and/or its
affiliates. Other names may be trademarks of their respective
owners.
Type 'help;' or '\h' for help. Type '\c' to clear the current input statement.

mysql> use sampleDb;
Reading table information for completion of table and column names
You can turn off this feature to get a quicker startup with -A

Database changed

mysql> CREATE TABLE `todos` (
    ->   `id` int(11) NOT NULL AUTO_INCREMENT,
    ->   `title` varchar(128) DEFAULT NULL,
    ->   `image_url` varchar(256) DEFAULT NULL,
    ->   PRIMARY KEY (`id`)
    -> ) ENGINE=InnoDB DEFAULT CHARSET=utf8;
Query OK, 0 rows affected (0.02 sec)
```

kubectl execは**docker exec**に対応するコマンドです。

ターミナルを起動したら**db.yml**で指定している内容をもとに**mysql**コマンドで接続し、データベースを選択し、テーブルを作成します。

以上でデータベースサーバーの起動と準備は完了です。

ファイルサーバーを立てる

同様にファイルサーバーも立ち上げていきます。

下記はGKE用に変更した**file.yml**となります（Chapter05/kubernetes_sample/gcp/file.ymlを参照）。

Chapter 5 | ローカルのDocker環境を本番環境にデプロイする

データ5-5-2-3：file.yml

```
apiVersion: v1
kind: Secret
metadata:
  name: s3-secret
  namespace: default
data:
  secret-key: bWluaW8xMjM=
---
apiVersion: extensions/v1beta1
kind: Deployment
metadata:
  labels:
    role: s3
  name: todo-s3
  namespace: default
spec:
  replicas: 1
  selector:
    matchLabels:
      role: s3-instance
  strategy:
    rollingUpdate:
      maxSurge: 1
      maxUnavailable: 0
    type: RollingUpdate
  template:
    metadata:
      labels:
        role: s3-instance
    spec:
      containers:
      - name: minio-s3
        image: minio/minio:RELEASE.2018-01-02T23-07-00Z
        args: ["server", "/data"]
        ports:
        - containerPort: 9000
        env:
        - name: MINIO_ACCESS_KEY
          value: minio
        - name: MINIO_SECRET_KEY
          valueFrom:
            secretKeyRef:
              name: s3-secret
              key: secret-key
        volumeMounts:
        - name: s3-data
          mountPath: "/data"
        - name: s3-config-data
```

356

```
            mountPath: "/root/.minio"
      volumes:
        - name: s3-data
          nfs:
            server: sample-file-server-vm
            path: "/data/minio/data"
        - name: s3-config-data
          nfs:
            server: sample-file-server-vm
            path: "/data/minio/config"
---
apiVersion: v1
kind: Service
metadata:
  name: todo-s3-service
  labels:
    role: s3-service
  namespace: default
spec:
  ports:
  - port: 80
    targetPort: 9000
  selector:
    role: s3-instance
  type: LoadBalancer
```

minikubeの時と比較した時の具体的な変更点は下記の2点となります。

1. PersistentVolumeClaimを使わずにNFSを使う
   DBサーバーのときと同様にファイルサーバーにも永続ストレージが必要となるため、NFSを使用します。

2. ServiceのtypeをNodePortからLoadBalancerに変更
   ファイルサーバーはアプリケーションサーバーと同様にグローバルアクセス可能なIPが必要となるため、
   ServiceのtypeをNodePortからLoadBalancerに変更します。
   NodePortとLoadBalancerの違いは、簡単に説明すると下記のようになります。

   ・NodePort
     ・Serviceに対して接続可能となるPortを定められた範囲の中から割り当ててくれる
       ・デフォルトでは30000 - 32767
     ・指定した番号のPortをNoadPortとして使うことも可能

- LoadBalancer
  - Cloud Providerが外部接続可能となるLoadBalancerをサポートしていた場合に、外部接続可能なIPを払い出しPodへのアクセスを行えるLoadBalancerを作成してくれる
    - Cloud ProviderによってはloadBalancerIPの指定もサポートしており、指定された場合にはそのIPを受け付けるLoadBalancerを作成してくれる
    - loadBalancerIPの指定がなかった場合は 永続性のないIPを割り振りLoadBalancerを作成してくれる

https://kubernetes.io/docs/concepts/services-networking/service/#type-loadbalancer

コンテナ作成のコマンドを実行していきましょう。

コマンド5-5-2-12

```
sampledocker1234@astute-curve-193815:~$ kubectl apply -f file.yml
secret "s3-secret" created
deployment "todo-s3" created
service "todo-s3-service" created
```

管理画面上で下図のようにDeploymentとPodが緑チェックで表示されれば成功です。

図5-5-2-16:ファイルサーバー起動完了後画面

あわせてServiceも確認してみましょう。
今度はアラートメッセージが表示され確認できませんでした。

図5-5-2-17:Service一覧画面

これはKubernetesの認証で先ほどログインするのに使ったものが**deployment-controller-token**のものだったからです。このアカウントにはServiceを表示する権限がないため表示できなかったのです。
一度サインアウトして今度は**service-controller-token**を使ってログインしてみましょう。
サインアウトは右上のユーザアイコンをクリックして「Sign out」をクリックします。

図5-5-2-18:サインアウトメニュー画面

サインアウトできたら下記コマンドを実行し、表示されたトークンを使ってサインインして改めてサービスを表示してみましょう。

コマンド 5-5-2-13

```
$ kubectl -n kube-system describe secret $(kubectl -n kube-system get secret | awk '/^service-controller-token-/{print $1}') | awk '$1=="token:"{print $2}'
eyJhbGciOiJSUzI1NiIsInR5cCI6IkpXVCJ9.eyJpc3MiOiJrdWJlcm5ldGVzL3NlcnZpY2VhY2NvdW50Iiwia3ViZXJuZXRlcy5pby9zZXJ2aWNlYWNjb3VudC9uYW1lc3BhY2UiOiJrdWJlLXN5c3RlbSIsImt1YmVybmV0ZXMuaW8vc2VydmljZWFjY291bnQvc2VjcmV0Lm5hbWUiOiJzZXJ2aWNlLWNvbnRyb2xsZXItdG9rZW4tOGs5Z2MiLCJrdWJlcm5ldGVzLmlvL3NlcnZpY2VhY2NvdW50L3NlcnZpY2UtYWNjb3VudC5uYW1lIjoic2VydmljZS1jb250cm9sbGVyIiwia3ViZXJuZXRlcy5pby9zZXJ2aWNlYWNjb3VudC9zZXJ2aWNlLWFjY291bnQudWlkIjoiNzRjGQ1MmYtMGVkZC0xMWU4LThhMmItNDIwMTBhOTIwMDkzIiwic3ViIjoic3lzdGVtOnNlcnZpY2VhY2NvdW50Omt1YmUtc3lzdGVtOnNlcnZpY2UtY29udHJvbGxlciJ9.onDHIb_Ov8pMQf2MMbtRdt3tvnWL5auH2OupBoqTZ8kf3_6Quu3joSXZ0m5Wo5LTRs6WKjXXmCwqHK-JZengrzFrlFJyepHov3yjz8ThsIDaNx9L3g4bG2M_e3yusUTOiEbHPw2d0bPBhAaIV7uXdQfsYyoCNVTMAtIu_Is9l0GZ_4lVLlhz6bLx5j2AI6ZAiQZJPvy5tF_XLhufpCcn8fYcvieZcHU5PSaFaU3W6DWEg3ZUnHV7wG7kytN3J8kNifPHQfBFcoaOTzrsskuqd76Mw6bqTS46QYnft3q20aEzGCWaEv_5mI0KbWdkte8DjJmU6BTGYhCw903yN3orzg
```

今度は正しくServiceの一覧が表示されました。

図 5-5-2-19:Service 一覧画面

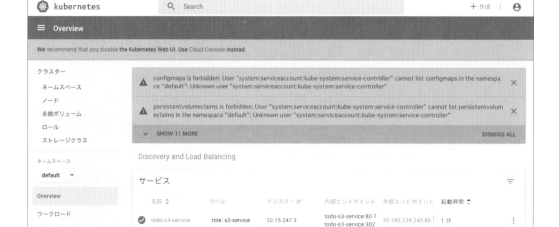

一覧に外部エンドポイントとしてURLが表示されます。
先ほどのLoadBalancerの説明でloadBalancerIPの指定がなかった場合は 永続性のないIPが割り振られると説明しましたが、今回は**35.190.239.245**が割り振られた状態となります（このIPは環境によって異なり、今後本書で**35.190.239.245**と記載のある部分はご自身の環境に割り振られたIPに読み替えてください）。
URLのリンクをクリックするとminioのログイン画面が表示されるのが確認できます。

図5-5-2-20:minioログイン画面

ymlで指定した**MINIO_ACCESS_KEY**と**MINIO_SECRET_KEY**を使ってログインします。
次の節で立ち上げる予定のバケットを先に作ってしまいましょう。
今回は**gcp-sample-bucket**という名前のバケットを作成してみましょう。

図5-5-2-21:minioトップ画面

バケットの作成準備ができたところで、今度はLoadBalancerが正しく作成されているかを確認してみましょう。
先ほどのNoadPortとLoadBalancerの説明でも触れましたが、現状のServiceは永続性のないIPが振られている状態となっています。
Serviceを作成しなおすことがなければこのIPは専有したままとなりますが、もしServiceを作成し直すことがあった場合にはIPが変わってしまいシステムにおいて諸々の修正対応をする必要が出てしまいます。
そのためこのIPを静的化します。
まずは現状を確認するために、GCPのメニューボタンから「VPCネットワーク」＞「外部IPアドレス」を開きます。

図5-5-2-22:Google Cloud Platformメニュー画面

外部IPアドレス画面を開くと、先ほどのファイルサーバーのServiceのIPとなっていたものと同じIP（この説明においては**35.190.239.245**、使用している環境によってIPの記載は変わります）が表示されていることが確認できます。
IPのタイプもたしかに「エフェメラル」（永続性ではないの意）となっています。

図5-5-2-23:外部IPアドレス一覧画面

まずはこのタイプを「エフェメラル」から「静的」に変更します。

図5-5-2-24:外部IPアドレス一覧画面

「静的」に切り替えるとダイアログが表示され、名前と説明についての入力を求められるため、以下のように入力して「予約」ボタンを押します。

名前	file-server-ip
説明	Static IP for file server

図 5-5-2-25: 静的IPアドレス予約画面

静的IPの予約に成功すると下図のように表示が変わります。

図 5-5-2-26: 外部IPアドレス一覧画面

最後に次回からファイルサーバーのServiceを作成するときにこの静的IPが利用されるようにymlファイルを変更します（使用環境に合わせてIPの記載は変えてください）。

下記のようにfile.ymlを変更します（Chapter05/kubernetes_sample/gcp/file_with_static_ip.ymlを参照）。

データ5-5-2-4：file_with_static_ip.yml

```
apiVersion: v1
kind: Secret
metadata:
  name: s3-secret
  namespace: default
data:
  secret-key: bWluaW8xMjM=
---
apiVersion: extensions/v1beta1
kind: Deployment
metadata:
  labels:
    role: s3
  name: todo-s3
  namespace: default
spec:
  replicas: 1
  selector:
    matchLabels:
      role: s3-instance
  strategy:
    rollingUpdate:
      maxSurge: 1
      maxUnavailable: 0
    type: RollingUpdate
  template:
    metadata:
      labels:
        role: s3-instance
    spec:
      containers:
      - name: minio-s3
        image: minio/minio:RELEASE.2018-01-02T23-07-00Z
        args: ["server", "/data"]
        ports:
        - containerPort: 9000
        env:
        - name: MINIO_ACCESS_KEY
          value: minio
        - name: MINIO_SECRET_KEY
          valueFrom:
            secretKeyRef:
              name: s3-secret
```

Chapter 5 | ローカルのDocker環境を本番環境にデプロイする

```
            key: secret-key
        volumeMounts:
        - name: s3-data
          mountPath: "/data"
        - name: s3-config-data
          mountPath: "/root/.minio"
      volumes:
      - name: s3-data
        nfs:
          server: sample-file-server-vm
          path: "/data/minio/data"
      - name: s3-config-data
        nfs:
          server: sample-file-server-vm
          path: "/data/minio/config"
---
apiVersion: v1
kind: Service
metadata:
  name: todo-s3-service
  labels:
    role: s3-service
  namespace: default
spec:
  ports:
  - port: 80
    targetPort: 9000
  selector:
    role: s3-instance
  loadBalancerIP: 35.190.239.245
  type: LoadBalancer
```

うっかりServiceを削除してしまった際のことをシミュレートするために、一度ServiceやPodを削除します。

コマンド5-5-2-13

```
sampledocker1234@astute-curve-193815:~$ kubectl delete -f file_with_static_ip.yml
secret "s3-secret" deleted
deployment "todo-s3" deleted
service "todo-s3-service" deleted
```

すると下図のように静的IPに割り当てられていた使用リソースの部分が「なし」に変わりましたが、IP自体はちゃんとキープされています。

図5-5-2-27:ファイルサーバー削除後画面

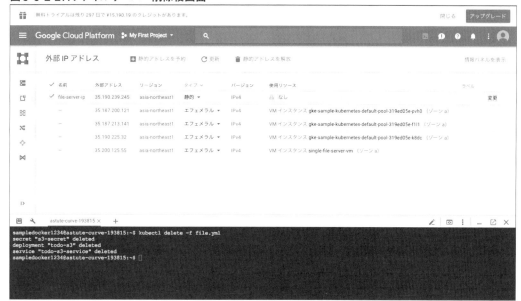

改めてファイルサーバーをたちあげなおしてみましょう。

コマンド5-5-2-15

```
sampledocker1234@astute-curve-193815:~$ kubectl apply -f file_with_static_ip.yml
secret "s3-secret" created
deployment "todo-s3" created
service "todo-s3-service" created
```

しばらくすると、再び先ほどの静的IPがLoadBalancerに割り当てられていることが確認できます。

図5-5-2-28:ファイルサーバー再作成後画面

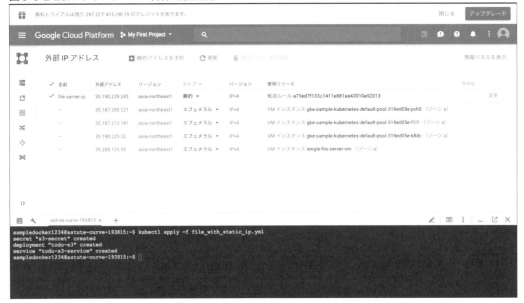

ブラウザでアクセスしなおしたところ無事アクセスできることを確認しました。

またVolumeもNFSで永続化されているため、先ほど作られた`gcp-sample-bucket`も存在することが確認できます。

今回最初からIPを指定せずに後からIPを静的化したのは、どのIPを指定したら確実に割り当てられるかが最初はわからないため、まずはエフェメラルなIPが割り振られた後に静的化をしたかったためです。

図5-5-2-29:minioトップ画面

次にminioで作成した**gcp-sample-bucket**の公開設定をします。

minikubeの際にはローカルマシン上に**minio/mc**のDockerコンテナを実行して設定しましたが、今回は Google Cloud Shellから設定してみましょう。

下記コマンドを実行して**minio/mc**のイメージの取得とコンテナの立ち上げ、実行を同時に行います。

コマンド5-5-2-16

```
sampledocker1234@astute-curve-193815:~$ docker run --rm -it --entrypoint /bin/sh minio/
mc:RELEASE.2017-06-15T03-38-43Z
Unable to find image 'minio/mc:RELEASE.2017-06-15T03-38-43Z' locally
RELEASE.2017-06-15T03-38-43Z: Pulling from minio/mc
6f821164d5b7: Pull complete
5808ec8d741e: Pull complete
Digest: sha256:5a169390003e31201e9b7fa344105838fd8a5f395e5d4b0ecd4202c09d9aa4f2
Status: Downloaded newer image for minio/mc:RELEASE.2017-06-15T03-38-43Z
/ #
```

コンテナが起動したらminikubeの時と同様にまずは**mc ls**コマンドを実行してコマンドの動作確認と設定ファイルの生成を行います。

コマンド5-5-2-17

```
/ # mc ls
mc: Configuration written to `/root/.mc/config.json`. Please update your access credentials.
mc: Successfully created `/root/.mc/share`.
mc: Initialized share uploads `/root/.mc/share/uploads.json` file.
mc: Initialized share downloads `/root/.mc/share/downloads.json` file.
[2018-02-11 10:30:37 UTC]     0B .dockerenv
[2017-05-25 15:18:25 UTC] 4.0KiB bin/
[2018-02-11 10:30:37 UTC]   360B dev/
[2018-02-11 10:30:37 UTC] 4.0KiB etc/
[2017-05-25 15:18:25 UTC] 4.0KiB home/
[2017-05-25 15:18:25 UTC] 4.0KiB lib/
[2017-05-25 15:18:25 UTC] 4.0KiB media/
[2017-05-25 15:18:25 UTC] 4.0KiB mnt/
[2018-02-11 10:30:37 UTC]     0B proc/
[2018-02-11 10:31:38 UTC] 4.0KiB root/
[2017-05-25 15:18:25 UTC] 4.0KiB run/
[2017-05-25 15:18:25 UTC] 4.0KiB sbin/
[2017-05-25 15:18:25 UTC] 4.0KiB srv/
[2018-02-11 10:30:37 UTC]     0B sys/
[2017-05-25 15:18:23 UTC] 4.0KiB tmp/
[2017-05-25 15:18:25 UTC] 4.0KiB usr/
[2017-05-25 15:18:25 UTC] 4.0KiB var/
```

Chapter 5 ┃ ローカルのDocker環境を本番環境にデプロイする

次に設定ファイル**/root/.mc/config.json**（Chapter05/kubernetes_sample/gcp/config.jsonを参照）の**gcs**の項目(url、accessKey、secretKey)を下記のように編集します（使用環境に合わせてIPの記載は変えてください）。

データ5-5-2-5：/root/.mc/config.json

```
{
        "version": "8",
        "hosts": {
                "gcs": {
                        "url": "http://35.190.239.245",
                        "accessKey": "minio",
                        "secretKey": "minio123",
                        "api": "S3v2"
                },
                "local": {
                        "url": "http://localhost:9000",
                        "accessKey": "",
                        "secretKey": "",
                        "api": "S3v4"
                },
                "play": {
                        "url": "https://play.minio.io:9000",
                        "accessKey": "Q3AM3UQ867SPQQA43P2F",
                        "secretKey": "zuf+tfteSlswRu7BJ86wekitnifILbZam1KYY3TG",
                        "api": "S3v4"
                },
                "s3": {
                        "url": "https://s3.amazonaws.com",
                        "accessKey": "YOUR-ACCESS-KEY-HERE",
                        "secretKey": "YOUR-SECRET-KEY-HERE",
                        "api": "S3v4"
                }
        }
}
```

編集を終えたら確認のために下記のコマンドを実行します。
正しく編集されていれば下記のように表示されます。

コマンド5-5-2-18

```
/ # mc ls gcs
[2018-02-11 10:03:55 UTC]     0B gcp-sample-bucket/
```

370

次に**gcp-sample-bucket**を公開設定にします。

下記のコマンドを実行しましょう。

コマンド 5-5-2-19

```
/ # mc policy public gcs/gcp-sample-bucket
Access permission for `gcs/gcp-sample-bucket` is set to `public`
```

以上でファイルサーバーの準備は完了です。

アプリケーションサーバーを立てる

それでは最後にアプリケーションサーバーをたてていきます。

いままでと同様、まず最初に作成に必要なファイルはこちらです（Chapter05/kubernetes_sample/gcp/application.ymlを参照）。

データ 5-5-2-6：application.yml

```
apiVersion: extensions/v1beta1
kind: Deployment
metadata:
  labels:
    role: application
  name: todo-application
  namespace: default
spec:
  replicas: 2
  selector:
    matchLabels:
      role: application-instance
  strategy:
    rollingUpdate:
      maxSurge: 1
      maxUnavailable: 0
    type: RollingUpdate
  template:
    metadata:
      labels:
        role: application-instance
    spec:
      containers:
      - name: node-application
        image: sampledocker1234/todo_application:minikube
        imagePullPolicy: Always
        ports:
        - containerPort: 3000
        env:
```

```
        - name: MYSQL_HOST
          value: todo-db-service
        - name: MYSQL_PORT
          value: "3306"
        - name: MYSQL_USER
          value: sampleUser
        - name: MYSQL_PASS
          valueFrom:
            secretKeyRef:
              name: db-secret
              key: mysql-password
        - name: MYSQL_DB
          value: sampleDb
        - name: AWS_ACCESS_KEY
          value: minio
        - name: AWS_SECRET_KEY
          valueFrom:
            secretKeyRef:
              name: s3-secret
              key: secret-key
        - name: AWS_REGION
          value: us-east-1
        - name: AWS_ENDPOINT
          value: http://todo-s3-service
        - name: AWS_PORT
          value: "80"
        - name: AWS_S3_BUCKET
          value: gcp-sample-bucket
        - name: REDIS_HOST
          value: todo-cache-service
        - name: REDIS_PORT
          value: "6379"
        - name: IMAGE_ENDPOINT
          value: "http://file.kubernetes.example.com"
        readinessProbe:
          httpGet:
            path: /todos
            port: 3000
          periodSeconds: 10
          timeoutSeconds: 60
          successThreshold: 1
          failureThreshold: 10
---
apiVersion: v1
kind: Service
metadata:
  name: todo-application-service
  labels:
    role: application-service
```

```
  namespace: default
spec:
  ports:
  - port: 80
    targetPort: 3000
  selector:
    role: application-instance
  type: NodePort
---
apiVersion: extensions/v1beta1
kind: Ingress
metadata:
  name: reverse-proxy
  annotations:
    kubernetes.io/ingress.global-static-ip-name: application-server-ip
    kubernetes.io/ingress.class: gce
spec:
  rules:
  - host: application.kubernetes.example.com
    http:
      paths:
      - backend:
          serviceName: todo-application-service
          servicePort: 80
```

minikubeの時と比較した時の具体的な変更点は下記の4点となります。

1. AWS_S3_BUCKETの変更

   先ほどのファイルサーバーの立ち上げの際に、作成するバケット名を変えたため

2. IMAGE_ENDPOINTの変更

   今回はグローバルにアクセスできる場所を意識するため、プライベートIPのURLではなくホスト名をつけました。ただ、読者の方によっては自分のドメインをお持ちでない方もいるであろうことと、例としてあげるためexample.comのサブドメインを例として使っています。もし自分のドメインをお持ちの場合はapplication.ymlの「example.com」の部分を自分のドメインに変えましょう。

3. readinessProbe節の追加

   今回アプリケーションサーバーにIngressを使うために追加しています。

   この設定は下記のような意味合いとなります。

   ・httpアクセスを/todosに対して3000番ポートでアクセスする

   ・HEALTHチェックの間隔は10秒ごと

Chapter 5 ローカルのDocker環境を本番環境にデプロイする

- ・リクエストタイムアウトは60秒
- ・HEALTHチェック成功判定の試行回数は10回
- ・HEALTHチェック失敗判定の試行回数は10回

GKEのIngress Controllerでは対象のPodがHEALTHY状態であることを確認しない限りルーティングしないという仕組みになっているため、この設定をいれる必要があります。
次のURLにドキュメントの抜粋があります。

https://github.com/kubernetes/ingress-gce/blob/master/README.md#health-checks

▌データ5-5-2-7：README.md#health-checks

```
Health checks

Currently, all service backends must satisfy either of the following requirements to pass the
HTTP(S) health checks sent to it from the GCE loadbalancer:

- Respond with a 200 on '/'. The content does not matter.
- Expose an arbitrary url as a readiness probe on the pods backing the Service.

The Ingress controller looks for a compatible readiness probe first, if it finds one, it adopts
it as the GCE loadbalancer's HTTP(S) health check. If there's no readiness probe, or the
readiness probe requires special HTTP headers, the Ingress controller points the GCE
loadbalancer's HTTP health check at '/'. This is an example of an Ingress that adopts the
readiness probe from the endpoints as its health check.
```

HEALTHY状態であるかどうかはルートURL（/）に対してのアクセスのレスポンスコードが200番で返ること、またはreadinessProbeで定義された内容が正常に確認できることで判定されます。
今回のサンプルアプリケーションはルートURL（/）に対してアクセスすると、302番のリダイレクトコードが返るためreadinessProbeを定義する必要があります。

4. Ingressの設定変更
   - ・annotationの追加
     - ・kubernetes.io/ingress.global-static-ip-name
       これは割り当てる静的IPを指定します
       ここで指定しているのはこれから作成予定の静的IP名となります
   - ・kubernetes.io/ingress.class
     - ・これはどのIngress Controllerを利用するかを指定します
     - ・この場合はGCP GCLB L7ロードバランサを使用するように指定しています
   - ・hostの変更
     - ・IMAGE_ENDPOINTと同様にプライベートIPのURLではなくホスト名をつけました

まずはIngressの設定で使う静的IPを作成しましょう。
ファイルサーバーの際に表示した外部IPアドレス画面を開きます。
左上のメニューを開いて「VPCネットワーク」＞「外部IPアドレス」をクリックします。
外部IPアドレス一覧画面にある「静的アドレスを予約」ボタンをクリックします。

図5-5-2-30：外部IPアドレス一覧画面

静的アドレス予約画面が表示されたら、以下のように入力して「予約」ボタンをクリックします。

名前	application-server-ip
説明	Static IP for application server
IPバージョン	IPv4
タイプ	グローバル Ingressで使うIPはグローバルを指定する必要があります

図5-5-2-31: 静的アドレス予約画面

画面にも記載がありますが、インスタンスにもロードバランサにも関連付けられていない静的IPアドレスがあった場合には課金の対象となるので、関連付け忘れのないように注意しましょう。
作成に成功すると下図のような画面が表示され静的IPが払い出されます。
今回は**35.190.28.227**が払い出されました（使用環境によってIPの記載は変わります）。

図5-5-2-32: 静的アドレス予約完了後画面

それではいよいよアプリケーションサーバーを立ち上げていきましょう。
再度Google Cloud Shellを開いて今までと同様に**kubectl apply**コマンドで環境を作成していきます。

コマンド5-5-2-20

```
sampledocker1234@astute-curve-193815:~$ kubectl apply -f application.yml
deployment "todo-application" created
service "todo-application-service" created
ingress "reverse-proxy" created
```

作成に成功してしばらくすると、前節の最後と同様に外部IPアドレス一覧画面で使用リソースが「無し」と表示されていたものから転送ルールが割り当てられた状態となります。

またkubectl describe ingressコマンドによりIngressの状態を表示してみます（使用環境によってIPの記載は変わります）。

Podを立ち上げた直後はまだPod自身の**readinessProbe**による状態確認が終わっていないため、backendsの記述はUNKNOWNの状態となっており、この状態ではIngressからServiceに対しての通信を行うことができない状態にあります。

コマンド5-5-2-21

```
$ kubectl describe ingress
Name:             reverse-proxy
Namespace:        default
Address:          35.190.28.227
Default backend:  default-http-backend:80 (10.12.0.4:8080)
Rules:
  Host                                Path  Backends
  ----                                ----  --------
  application.kubernetes.example.com
                                            todo-application-service:80 (<none>)
Annotations:
  forwarding-rule:  k8s-fw-default-reverse-proxy--94b92984f0b2333c
  target-proxy:     k8s-tp-default-reverse-proxy--94b92984f0b2333c
  url-map:          k8s-um-default-reverse-proxy--94b92984f0b2333c
  backends:         {"k8s-be-30282--94b92984f0b2333c":"Unknown","k8s-be-32652--
94b92984f0b2333c":"Unknown"}
Events:
  Type    Reason   Age            From                   Message
  ----    ------   ----           ----                   -------
  Normal  ADD      5m             loadbalancer-controller  default/reverse-proxy
  Normal  CREATE   4m             loadbalancer-controller  ip: 35.190.28.227
  Normal  Service  3m (x3 over 4m)  loadbalancer-controller  no user specified default backend,
using system default
```

Chapter 5 | ローカルのDocker環境を本番環境にデプロイする

そのため、backendsの状態がUNKNOWNからHEALTHYに変わるまで待たなければなりませんが、これには数分時間がかかります。

コマンド5-5-2-22

```
$ kubectl describe ingress
Name:            reverse-proxy
Namespace:       default
Address:         35.190.28.227
Default backend: default-http-backend:80 (10.12.0.4:8080)
Rules:
  Host                          Path  Backends
  ----                          ----  --------
  application.kubernetes.example.com
                                      todo-application-service:80 (<none>)
Annotations:
  forwarding-rule:  k8s-fw-default-reverse-proxy--94b92984f0b2333c
  target-proxy:     k8s-tp-default-reverse-proxy--94b92984f0b2333c
  url-map:          k8s-um-default-reverse-proxy--94b92984f0b2333c
  backends:         {"k8s-be-30282--94b92984f0b2333c":"HEALTHY","k8s-be-32652--
94b92984f0b2333c":"HEALTHY"}
Events:
  Type    Reason   Age                 From                   Message
  ----    ------   ----                ----                   -------
  Normal  Service  8m (x117 over 18h)  loadbalancer-controller  no user specified default
backend, using system default
```

上記のようにAnnotationsのbackendsの箇所にHEALTHYと表示されていれば成功です。
todo-applicationのPodが2台ありど、ちらもHEALTHY状態であることがわかります。

それでは実際にブラウザでTODOアプリケーションにアクセスできるかを確認してみましょう。
その前に、この例で使っているfile.kubernetes.example.comとapplication.kubernetes.example.com
は例としてあげている存在しないホスト名のため、/etc/hostsに記載を書くことで名前解決を行います
今回の例では下記の2行を/etc/hostsに追記します（使用環境に合わせてIPの記載は変えてください）。

データ5-5-2-8：/etc/hostsへの記載

```
35.190.239.245 file.kubernetes.example.com
35.190.28.227 application.kubernetes.example.com
```

その後ブラウザで**http://application.kubernetes.example.com**にアクセスして、動作確認でいくつか
TODOを作成してみましょう。

図5-5-2-33:Todoアプリケーション画面

Todos

ID Title Edit link Delete button
Add new todo

まずはタイトルだけのTodoを作ってみましょう。

問題なく作成できますね。

図5-5-2-34:画像無しTodo作成後画面

Todo

Column   Value
ID   1
Title   sampleTodo
Image   No image.
Back to list.

次に画像ありのTodoも作ってみましょう。こちらも問題なく作成できました。

図5-5-2-35:画像ありのTodo作成後画面

これでGCP上のKubernetesでも4章と同じ構成のアプリケーション環境を構築することができました。

Chapter 6

Appendix

本章では本編では説明を省略した内容や、記載しきれなかったTIPSなどを紹介していきます。

Chapter 6 | Appendix

6-1

ログ機能

コンテナの中にあるファイルはコンテナが削除されてしまうと消えてしまいます。
そのため、もしアプリケーションデータやログなどの永続化しておきたいファイルがコンテナ内に存在するのであれば別の方法で保存しておく必要があります。

6-1-1 volumeマウント機能で外部ストレージに保存する

4章のデータベースサーバーの説明の際にも使いましたが、1つめの方法はDockerのvolumeマウント機能によって保存する先をコンテナ内ではなく、永続化可能な別の場所にすることです。
その際にはdocker volumeを作成してデータ領域用のvolumeとしてマウントしましたが、ローカルファイルシステム上のファイルやディレクトリもマウント可能なため、今回は後者のローカルファイルシステム上のマウント方法を使ってログファイルを永続可能な領域に出力してみましょう。
今回は例として4章のデータベースサーバーのgeneral_logを永続可能な領域に出力してみます。
まずは下記の内容のdocker-compose.ymlを用意します（Chapter06/sampleCode/log_volume/docker-compose.ymlを参照）。

データ6-1-1-1：docker-compose.yml

```
version: '3'
services:
  mysql:
    image: mysql:5.6.35
    ports:
      - "3306:3306"
    environment:
      - MYSQL_USER=sampleUser
      - MYSQL_PASSWORD=samplePass
      - MYSQL_DATABASE=sampleDb
      - MYSQL_ROOT_PASSWORD=rootpass
    command: --general-log=true --general-log-file=/var/log/mysql/query.log
    volumes:
      - db-data:/var/lib/mysql
      - ./query.log:/var/log/mysql/query.log
volumes:
  db-data:
```

382

4章の内容との違いが2つあるので説明します。

まず1つ目の違いですが、**command: --general-log=true --general-log-file=/var/log/mysql/query. log**という記述で、起動する際のデフォルト引数を指定しています。

これはMySQLの公式Docker Hubの説明にもありますが、mysqldの起動オプションとして渡され、ログ出力の有効化とログ出力先ファイルを**/var/log/mysql/query.log**に指定しています。

2つ目は**volumes**の指定に**./query.log:/var/log/mysql/query.log**の指定が増えていることです。

これはローカルファイルの**docker-compose.yml**と同じディレクトリにある**query.log**というファイルを**/var/log/mysql/query.log**にマウントしています。

1つ目の設定で**/var/log/mysql/query.log**にログを出力するようにしたため、最終的にはローカルファイルシステム上の**query.log**にログが出力されるようになるという寸法です。

では**query.log**を作成しましょう。

コンテナにマウントされた後は、コンテナ内のユーザーIDやグループIDで出力されるため、パーミッションは**666**に設定しておきます。

下記コマンドを**docker-compose.yml**を置いた場所と同じディレクトリで実行してください。

コマンド6-1-1-1

```
$ touch ./query.log
$ chmod 666 ./query.log
```

そしてコンテナを起動しましょう。

コマンド6-1-1-2

```
$ docker-compose up -d
```

起動したあとに下記のコマンドを実行し、ローカルファイルシステム上のファイルの内容を確認すると、ログが出力されていくのがわかります。

コマンド6-1-1-3

```
$ tail -f ./query.log
Time                Id Command    Argument
mysqld, Version: 5.6.35-log (MySQL Community Server (GPL)). started with:
Tcp port: 3306  Unix socket: /var/run/mysqld/mysqld.sock
```

MySQLサーバーのログが出力されていることがわかります。

Chapter 6 | Appendix

6-1-2 外部サービスにログを送信する

永続ストレージに保存する以外にもログを記録する方法はあります。

具体的には**fluentd**（https://www.fluentd.org/）などの仕組みを使って**TreasureData**（https://www.treasuredata.co.jp/）や、fluentdのプラグインを使ってAWS S3などにデータを送信することも可能です。

また、Dockerにはlogging driverという機能が存在し、さまざまな方法でコンテナのログ処理方法を指定することが可能になっています。

その中に**fluentd**の**logging driver**も存在しますので、今回はそれを使ってみましょう。

詳細な説明はこちらのページにあります。

- Dockerによる**fluentd logging driver**の説明ページ

  https://docs.docker.com/config/containers/logging/fluentd/
- fluentdによる**logging driver**の説明ページ

  https://www.fluentd.org/guides/recipes/docker-logging

fluentdのlogging driverでは、ログを送る側と受け取る側のコンテナが必要になります。

この仕組ではまず最初に受け取る側、つまりfluentdのサービスを起動しているコンテナが起動している状態となってから、ログを送信したいコンテナを起動します。

ログを受け取る側のDockerイメージは、fluentd公式のものを使います。

コマンド6-1-2-1

```
$ docker run --name fluentd --rm -d -p 24224:24224 fluent/fluentd
```

ログを送る側のコンテナは、下記のような起動オプションと共に起動することとなります。

コマンド6-1-2-2

```
$ docker run --name nginx --rm -d -p 10080:80 --log-driver=fluentd --log-opt=fluentd-
address=localhost:24224 --log-opt=tag=docker.{{.ID}} nginx
```

上記の例ではnginxのコンテナを**localhost**のTCPポート**24224**に対してfluentdドライバを使用してログを送信するように指定しています。

また合わせてログのタグとして**docker.{コンテナID}**というタグを付けて送るようにも指示しています。

では起動したnginxのコンテナにアクセスした後、fluentdのコンテナにログが送信されているかを確認しましょう。

まずはnginxにアクセスしてみます。

384

コマンド6-1-2-3

```
$ curl localhost:10080
<!DOCTYPE html>
<html>
<head>
<title>Welcome to nginx!</title>
<style>
    body {
        width: 35em;
        margin: 0 auto;
        font-family: Tahoma, Verdana, Arial, sans-serif;
    }
</style>
</head>
<body>
<h1>Welcome to nginx!</h1>
<p>If you see this page, the nginx web server is successfully installed and
working. Further configuration is required.</p>

<p>For online documentation and support please refer to
<a href="http://nginx.org/">nginx.org</a>.<br/>
Commercial support is available at
<a href="http://nginx.com/">nginx.com</a>.</p>

<p><em>Thank you for using nginx.</em></p>
</body>
</html>
```

次にfluentdのコンテナにログが出力されているかを確認します。

今回の例ではfluentdのコンテナの**/fluentd/log/docker.log**にログが出力されているはずです。

コマンド6-1-2-4

```
$ docker exec -it fluentd cat /fluentd/log/docker.log
2018-03-09T11:55:49+00:00        docker.656586835e44        {"container id":"656586835e44e
d430a291f0eba0d356ad954ec8553098a917481c306213465ce","container_name":"/nginx","source":"std
out","log":"localhost - - [09/Mar/2018:11:55:49 +0000] \"GET / HTTP/1.1\" 200 612 \"-\"
\"curl/7.54.0\" \"-\""}
```

時刻、タグ、そしてログの内容がJSON形式にて出力されています。

nginxのコンテナではアクセスログが**stdout**に、エラーログがstderrに出力されるようになっています。

上記のログでも**source**に**stdout**と表示されているため、アクセスログが**stdout**を通ってきていることがわかります。

しかし、このままではコンテナ内にログデータがとどまってしまうため、S3にログを送信するためにはfluentdをプラグインと設定を入れた状態で起動する必要があります。

そのため、下記のようなDockerfileを用意します（Chapter06/sampleCode/log_fluentd/Dockerfileを参照）。

データ6-1-2-1：Dockerfile

```
FROM fluent/fluentd

RUN ["gem", "install", "fluent-plugin-s3", "--no-rdoc", "--no-ri"]
```

また設定ファイルとして、下記のような内容のファイルを用意します（Chapter06/sampleCode/log_fluentd/fluent.confを参照）。

データ6-1-2-2：fluent.conf

```
<source>
  @type   forward
  @id     input1
  @label @mainstream
  port   24224
</source>

<filter **>
  @type stdout
</filter>

<label @mainstream>
  <match docker.**>
    @type copy
    <store>
      @type s3

      s3_bucket YOUR_BUCKET_NAME
      s3_region YOUR_AWS_REGION
      aws_key_id YOUR_AWS_ACCESS_KEY_ID
      aws_sec_key YOUR_AWS_SECRET_KEY

      path logs/${tag}/%Y/%m/%d/
      s3_object_key_format %{path}%{time_slice}_%{index}.%{file_extension}

      <buffer tag,time>
        @type file
        path /fluentd/log/s3
        timekey 300
        timekey_wait 1m
```

```
      timekey_use_utc true # use utc
    </buffer>
    <format>
      @type json
    </format>
  </store>
</match>
<match **>
  @type file
  @id    output1
  path          /fluentd/log/data.*.log
  symlink_path /fluentd/log/data.log
  append        true
  time_slice_format %Y%m%d
  time_slice_wait   10m
  time_format       %Y%m%dT%H%M%S%z
</match>
</label>
```

下記の内容についてはご自身の環境に合わせて修正してください。

- s3_bucket
- s3_region
- aws_key_id
- aws_sec_key

上記内容をファイルに入力したら、次は下記の内容のdocker-compose.ymlファイルを作成します
（Chapter06/sampleCode/log_fluentd/docker-compose.ymlを参照）。

■ データ6-1-2-3：docker-compose.yml

```
version: '3'
services:
  nginx:
    image: nginx
    ports:
      - "10080:80"
    logging:
      driver: fluentd
      options:
        fluentd-address: localhost:24224
        tag: docker.{{.ID}}
    depends_on:
      - fluentd
```

```
    fluentd:
      image: s3-fluentd
      build: .
      ports:
        - "24224:24224"
      volumes:
        - ./fluent.conf:/fluentd/etc/fluent.conf
```

ログを入れる先となるS3のバケットを作成していきましょう。

まずはAWSコンソールを開き、S3の新規バケット作成のボタンをクリックし、バケット名を**fluentd-logging-driver**にして作成します（この場合**fluent.conf**の**YOUR_BUCKET_NAME**は**fluentd-logging-driver**とします）。

またリージョンはアジアパシフィック（東京）リージョンを選択します（この場合**fluent.conf**の**YOUR_AWS_REGION**は**ap-northeast-1**とします）。

図6-1-2-1:fluentd用S3バケットの作成

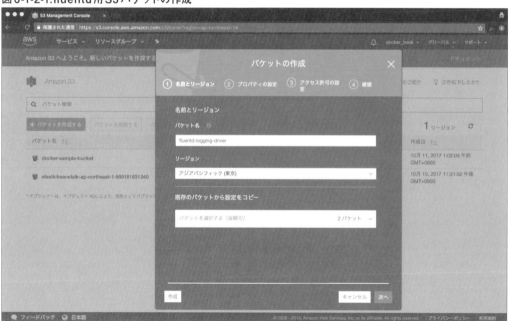

プロパティは特に何も設定せず「次へ」をクリックします。

図6-1-2-2:fluentd用S3バケットの作成

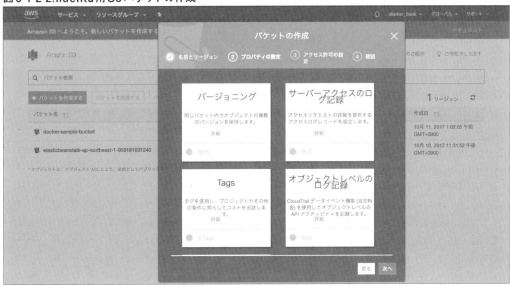

アクセス許可についても特に何も設定せず「次へ」をクリックします。

図6-1-2-3:fluentd用S3バケットの作成

最後に確認画面が出ますので「バケットを作成」ボタンをクリックします。

図6-1-2-4:fluentd用S3バケットの作成

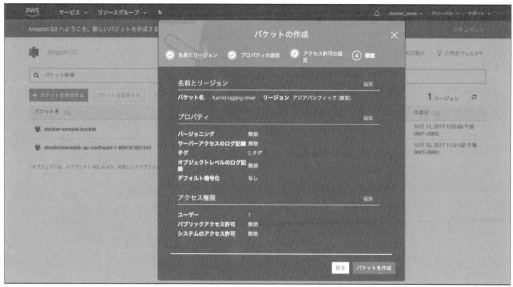

以上で準備は完了です。さっそく起動してみましょう。

本来であれば docker-compose up -d で一気に起動させたいのですが、logging driver では送信先コンテナが正しく起動していないと送信元コンテナが起動できない制約があり、現状（docker-compose version 1.18.0, build 8dd22a9）のバージョンでは起動前にスリープを自動で挟むことはできないため、順番に起動していきます。

まずはfluentdコンテナを起動します。

コマンド6-1-2-5

```
$ docker-compose up -d fluentd
Creating network "logfluentd_default" with the default driver
Creating logfluentd_fluentd_1 ... done
```

次にnginxコンテナを起動します。

コマンド6-1-2-6

```
$ docker-compose up -d nginx
logfluentd_fluentd_1 is up-to-date
Creating logfluentd_nginx_1    ... done
```

無事にどちらのコンテナも起動できました。

それではcurlでアクセスしていきましょう。

コマンド6-1-2-7

```
$ curl localhost:10080
<!DOCTYPE html>
<html>
<head>
<title>Welcome to nginx!</title>
<style>
    body {
        width: 35em;
        margin: 0 auto;
        font-family: Tahoma, Verdana, Arial, sans-serif;
    }
</style>
</head>
<body>
<h1>Welcome to nginx!</h1>
<p>If you see this page, the nginx web server is successfully installed and
working. Further configuration is required.</p>

<p>For online documentation and support please refer to
<a href="http://nginx.org/">nginx.org</a>.<br/>
Commercial support is available at
<a href="http://nginx.com/">nginx.com</a>.</p>

<p><em>Thank you for using nginx.</em></p>
</body>
</html>
```

設定では5分単位でファイルがS3に反映されるようになるので、S3の画面に表示されるようになるまでしばし待ちます。

時間が経つと下図のように指定したバケットにフォルダができているのが確認できます。
フォルダ名はコンテナのIDとなっています。

図6-1-2-5: ログの確認

実際のログファイルをダウンロードして開いてみましょう。
バケット内のフォルダの階層をたどってファイルまでたどりついたらファイルのチェックボックスにチェックを入れ、開いた右端のダイアログのダウンロードリンクをクリックします。

図6-1-2-6: ログの確認

ダウンロードしたファイルを開くと下記のようなログが残されているのがわかります。

データ6-1-2-4：ログ

```
{"container_id":"e3dec1464b749c75a2923bc388fdf244aaca08e3040da1a0e0b2c915e76dffee","container_
name":"/logfluentd_nginx_1","source":"stdout","log":"localhost - - [10/Mar/2018:11:39:40 +0000]
\"GET / HTTP/1.1\" 200 612 \"-\" \"curl/7.54.0\" \"-\""}
```

以上のような手順で外部サービスにログを送信することができました。

Chapter 6 | Appendix

6-2
複数コンテナがある場合の kubectl execについて

Kubernetesでは通常Podには1つのコンテナを入れるという説明をしましたが、複数のコンテナをまとめて1つの Podとして扱うことも可能です。

この際にPod内のコンテナに対して**kubectl exec**を実行する場合、**-c**オプションを指定してコンテナ名を指定する必要があります。

-cを省略した場合にはPodで最初に定義したコンテナに対してexecが実行されることになります。

では具体的な例を見ていきましょう。

下記のような**nginx-with-redis.yml**ファイルを作成します（Chapter06/sampleCode/log_fluentd/nginx-with-redis.ymlを参照）。

データ6-2-1-1：nginx-with-redis.yml

```
apiVersion: extensions/v1beta1
kind: Deployment
metadata:
  labels:
    role: cache
  name: nginx-with-redis
  namespace: default
spec:
  replicas: 1
  strategy:
    rollingUpdate:
      maxSurge: 1
      maxUnavailable: 0
    type: RollingUpdate
  template:
    metadata:
      labels:
        role: nginx-with-redis-instance
    spec:
      containers:
      - name: nginx
        image: nginx
        imagePullPolicy: Always
        ports:
        - containerPort: 80
      - name: redis
        image: redis
```

394

```
imagePullPolicy: Always
ports:
- containerPort: 6379
```

上記の内容は、同じPod内にnginxとredisコンテナを起動して、それぞれ80番ポートと6379番ポートをPodで
アクセスできるようにしています。

このような場合にそれぞれのコンテナに**kubectl exec**でコマンドを実行したい時にどうすべきか、見ていきましょう。

さっそくKubernetesにコンテナを作成していきます。

Podを作成する対象は5章でローカル環境に作成したminikubeでも、**GKE**で作成したクラスタでもどちらでも大
丈夫です。

まずは**kubectl apply**コマンドでDeploymentと一緒にPodを定義して作成します。

コマンド6-2-1-1

```
$ kubectl apply -f nginx-with-redis.yml
deployment "nginx-with-redis" created
```

無事作成ができたら今度はPod名を確認します。

コマンド6-2-1-2

```
$ kubectl get pods
NAME                             READY   STATUS    RESTARTS   AGE
nginx-with-redis-56bc64f55c-rbqjc   2/2     Running   0          1m
```

まずは通常のexecを実行してみましょう。

仮想ターミナルでbashを開きます。

コマンド6-2-1-3

```
$ kubectl exec -it nginx-with-redis-56bc64f55c-rbqjc bash
Defaulting container name to nginx.
Use 'kubectl describe pod/nginx-with-redis-56bc64f55c-rbqjc' to see all of the containers in
this pod.
root@nginx-with-redis-56bc64f55c-rbqjc:/#
```

このように表示され、nginxコンテナに接続されました。

これは先ほどのymlファイルの**containers**で定義された最初のコンテナがnginxとなっているからで、最初に定義
されているコンテナがデフォルトコンテナとして**kubectl exec**の対象となります。

ではredisのコンテナに同様に**kubectl exec**を実行したい場合には、どのようにすればよいでしょうか?

Chapter 6 | Appendix

この場合には-cオプションでコンテナに付けた名前を指定することで**kubectl exec**を実行する対象のコンテナを選択することができます。

では実践してみましょう。

コマンド6-2-1-4

```
$ kubectl exec -it nginx-with-redis-56bc64f55c-rbqjc -c redis bash
root@nginx-with-redis-56bc64f55c-rbqjc:/data#
```

接続できましたが、パッと見では違いがわかりにくいため**ps aux**コマンドで起動しているプロセスを確認してみます。

コマンド6-2-1-5

```
root@nginx-with-redis-56bc64f55c-rbqjc:/data# ps aux
USER       PID %CPU %MEM    VSZ   RSS TTY      STAT START   TIME COMMAND
redis        1  0.1  0.2  41644  4060 ?        Ssl  12:34   0:02 redis-server *:6379
root        13  0.0  0.1  20248  3228 ?        Ss   13:08   0:00 bash
root        18  0.0  0.1  17500  2096 ?        R+   13:08   0:00 ps aux
root@nginx-with-redis-56bc64f55c-rbqjc:/data#
```

無事にredisのコンテナに接続できていることが確認できました。

396

6-3

Dockerfileのデバッグ方法

Dockerfileを作成する際に、**docker build**でエラーが発生した場合にはどのようにトラブルシューティングをしていくのがよいでしょうか?

Dockerではbuildの途中で失敗した場合には失敗する前のレイヤーのDockerイメージが全て残っていますので、失敗したレイヤーの直前のDockerイメージからコンテナを起動して、Dockerfileに記載したコマンドと同様の操作を行うことによってデバッグ作業をすることができます。

では実際に試していきましょう。

下記のようなDockerfileを用意します(Chapter06/sampleCode/debug_build/Dockerfile_failureを参照)。

データ6-3-1-1：Dockerfile_failure

```
FROM ubuntu:16.04

EXPOSE 80
RUN apt-get install -y nginx

CMD ["nginx", "-g", "daemon=off;"]
```

まずはdocker buildしてみましょう。

コマンド6-3-1-1

```
$ cd /path/to/Chapter06/sampleCode/debug_build
$ docker build -t ubuntu nginx -f ./Dockerfile failure .
Sending build context to Docker daemon  2.048kB
Step 1/4 : FROM ubuntu:16.04
 ---> 0458a4468cbc
Step 2/4 : EXPOSE 80
 ---> Running in 7dcc2230ccc6
Removing intermediate container 7dcc2230ccc6
 ---> d6afda22b548
Step 3/4 : RUN apt-get install -y nginx
 ---> Running in 1207e15990bb
Reading package lists...
Building dependency tree...
Reading state information...
E: Unable to locate package nginx
The command '/bin/sh -c apt-get install -y nginx' returned a non-zero code: 100
```

Chapter 6 | Appendix

エラーが出てしまいました。

この時エラーが出たStepのメッセージに下記のように出力されています。

データ6-3-1-2：build log

```
Step 3/4 : RUN apt-get install -y nginx
 ---> Running in 1207e15990bb
```

ここの**Running in**の後に表示されているIDは、**中間コンテナ**と呼ばれるもので、buildのStepごとに作成される
コンテナです。

中間コンテナはStepの終了時にはデフォルトでは破棄されていくため、通常はあまり意識することはありません。

たとえばStep 2/4のEXPOSEコマンドのところには**Removing intermediate container**という出力とともに
すぐに中間コンテナが破棄されていることがわかります。

データ6-3-1-3：build log

```
Step 2/4 : EXPOSE 80
 ---> Running in 7dcc2230ccc6
Removing intermediate container 7dcc2230ccc6
```

また、失敗する前のStepの最後に作成されるDockerイメージは**中間イメージ**（または 中間レイヤー）と呼ばれます。

この例で言えば、**Step 2/4**の最後に出力されたIDがそれにあたります。

データ6-3-1-4：build log

```
Step 2/4 : EXPOSE 80
 ---> Running in 7dcc2230ccc6
Removing intermediate container 7dcc2230ccc6
 ---> d6afda22b548
```

上記の出力では**d6afda22b548**がそれにあたります。

失敗したStepの中間コンテナはその前のStepの中間イメージから作成されたコンテナになります。

docker psコマンドでそれを確認してみましょう。

コマンド6-3-1-2

```
$ docker ps -a
CONTAINER ID     IMAGE          COMMAND             CREATED          STATUS
PORTS            NAMES
1207e15990bb     d6afda22b548   "/bin/sh -c 'apt-get…"   26 minutes ago   Exited
(100) 8 minutes ago
```

Step 3/4で作られた中間コンテナ**1207e15990bb**は、中間イメージ**d6afda22b548**から作成されていることがわかります。

さて、この状況でデバッグしていくにはどうしたらよいでしょうか?
答えは成功した最後のStepの中間イメージを使ってコンテナを手動で起動し、Dockerfileに記載したコマンドを実行したりして確認すればよいのです。
ではさっそく試していきましょう。
まずは最後の中間イメージ**d6afda22b548**からコンテナを起動します。

コマンド6-3-1-3

```
$ docker run --rm -it d6afda22b548 /bin/sh
#
```

ではDockerfileにあるものと同じコマンドを実行してみましょう。

コマンド6-3-1-4

```
# apt-get install -y nginx
Reading package lists... Done
Building dependency tree
Reading state information... Done
E: Unable to locate package nginx
```

当たり前ではありますが同じエラーが出ましたね。
今回の原因は**apt-get update**を事前に実行できていないからでした。
それでは中間イメージから起動したコンテナ上で事前に確認してみましょう。

コマンド6-3-1-5

```
# apt-get update && apt-get install -y nginx

                              ～省略～

Processing triggers for libc-bin (2.23-0ubuntu10) ...
Processing triggers for sgml-base (1.26+nmu4ubuntu1) ...
Processing triggers for systemd (229-4ubuntu21) ...
```

Chapter 6 | Appendix

成功しましたね。

それでは結果をDockerfileに反映しましょう（Chapter06/sampleCode/debug_build/Dockerfile_successを参照）。

■ データ6-3-1-5：build log

```
FROM ubuntu:16.04

EXPOSE 80
RUN apt-get update && apt-get install -y nginx

CMD ["nginx", "-g", "daemon=off;"]
```

改めて**docker build**を実行します。

■ コマンド6-3-1-6

```
$ docker build -t ubuntu_nginx -f ./Dockerfile_success .
Sending build context to Docker daemon  3.072kB
Step 1/4 : FROM ubuntu:16.04
 ---> 0458a4468cbc
Step 2/4 : EXPOSE 80
 ---> Using cache
 ---> d6afda22b548
Step 3/4 : RUN apt-get update && apt-get install -y nginx

                       ～省略～

Step 4/4 : CMD ["nginx", "-g", "daemon=off;"]
 ---> Running in e5f9cf175634
Removing intermediate container e5f9cf175634
 ---> 3f54b6fbfba7
Successfully built 3f54b6fbfba7
Successfully tagged ubuntu_nginx:latest
```

無事成功しました。

このようにしてbuildに失敗したときは、失敗する直前の状態からデバッグすることができます。

またここで注目なのは、2章でも説明しましたがdocker buildではキャッシュが効くため、**Step 2/4**では**Using cache**と表示されキャッシュが使われています。

これによりデバッグ作業をしたあとのbuildも高速に回すことができるため、環境作成を効率的に進めることが可能になっています

400

6-4

継続的インテグレーションサービスによるイメージの自動ビルド

昨今さまざまな**継続的インテグレーション（Continuous Integration, CI）**サービスがあり、開発コードの変更に対してすぐにスクリプトを動作させてテスト等を行うことが容易になってきました。

Dockerコンテナの開発でもコードをGitなどでバージョン管理し、コミットやPull Requestの作成タイミングなどをフックして、そのタイミングで**docker build**して変更内容の妥当性を確認していくとコードの保守性が上がるのでオススメです。

またCIサービスによってはPull RequestのマージのタイミングでDocker HubにDockerイメージを自動でpushをしたり、サービスへのデプロイ等を行うこともできます。

本節では**CircleCI**（https://circleci.com/）というサービスを例にしてCIを利用したイメージの自動ビルドについて説明します。

6-4-1 CircleCI

CircleCIは数あるCIサービスの中の1つです。

Linuxコンテナに関しては無償にて1並列1コンテナを使うことができます（2018/03/11現在）。ただしビルド時間は1ヶ月1500分以内という取り決めもあるため、長い時間が必要なビルドを数行う場合には有償プランでの利用を検討してください。本書では無償の範囲内で試していきましょう。

料金の詳細についてはこちらをご確認ください。

https://circleci.com/pricing/

まずは利用開始するにあたってSignUpしていきます。

現状ではGithubとBitBucketのサービス連携でログインすることができます。（2018/03/11現在）

https://circleci.com/signup/

今回はGithubアカウント連携の方を使って登録してみます（Githubアカウントの作成については割愛します）。

上記URLにアクセスすると次のように表示されるので「Sign Up with GitHub」のボタンをクリックします。

図6-4-1-1:CircleCIの利用

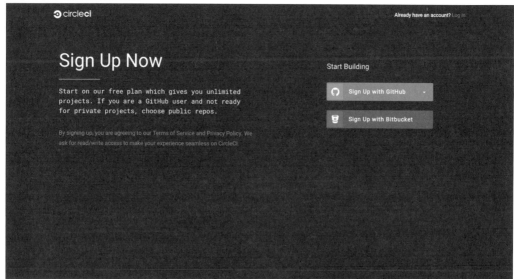

次に連携のための確認画面が表示されますので、問題なければ「Authorize circleci」をクリックします。

図6-4-1-2:CircleCIの利用

連携が完了すると、CircleCIのログイン後画面が表示されます。
現在はまだCircleCIで実行したビルドが存在しないため、空の表示となります。

図6-4-1-3:CircleCIの利用

Githubに今回のサンプル用のリポジトリとして「ci_sample」を作成してみましょう。
ライセンスは今回のサンプル用なのでMIT Licenseを選択しました。

図6-4-1-4:CircleCIの利用

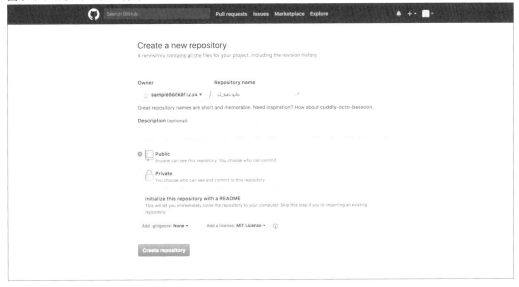

次に作成したGithubリポジトリとCircleCIを連携させてみます。
CircleCIの画面の左側の項目から「ADD PROJECTS」をクリックし、先ほど作成した「ci_sample」のリポジトリの行にある「Set Up Project」をクリックします。

図6-4-1-5:CircleCIの利用

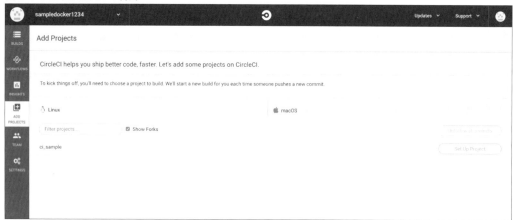

するとプロジェクト設定画面が開きますので、必要な情報を設定していきます。
OSはLinuxを選択し、言語は特に該当するものがないためOtherを選択します。
その後Next StepsのStep5にある「Start building」をクリックします。

図6-4-1-6:CircleCIの利用

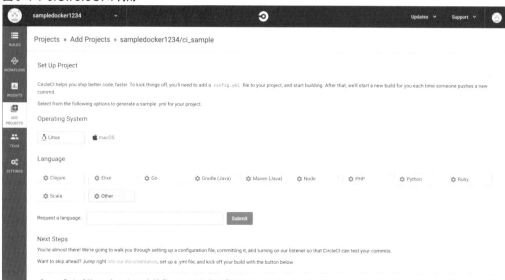

すると下図のようにbuildが始まりますが、現在は何もコードもCircleCI用の設定ファイルも配置していないため、「NO TESTS」という結果になります。

図6-4-1-7:CircleCIの利用

実際に必要なコードをリポジトリに配置していきましょう。

まずはGithubに作成したリポジトリをローカルにcloneしてきましょう。

コマンド6-4-1-1

```
$ git clone git@github.com:sampledocker1234/ci_sample.git
Cloning into 'ci_sample'...
remote: Counting objects: 3, done.
remote: Compressing objects: 100% (2/2), done.
remote: Total 3 (delta 0), reused 0 (delta 0), pack-reused 0
Receiving objects: 100% (3/3), done.
```

cloneが完了したらまずはbranchを新しく作成します。

今回はfeature/circleciというブランチ名にします。

コマンド6-4-1-2

```
$ git checkout -b feature/circleci
Switched to a new branch 'feature/circleci'
```

Chapter 6 | Appendix

そしてcloneしてきたディレクトリに下記の3つのファイルを配置します。

- Dockerfile
- index.html
- .circleci/config.yml

Dockerfileについてはこのように記述します。

データ6-4-1-1：Dockerfile

```
FROM nginx

EXPOSE 80
COPY ./index.html /usr/share/nginx/html/index.html
```

index.htmlについてはこのように記述します。

データ6-4-1-2：index.html

```
Sample circleci before edit.
```

最後に**.circleci/config.yml**には下記のように記述します。

データ6-4-1-3：config.yml

```
version: 2
jobs:
  build:
    working_directory: /app
    docker:
      - image: docker:17.05.0-ce-git
    steps:
      - checkout
      - setup_remote_docker
# If you want to use docker layer caching, please pay cost to use it to CircleCI.
#       - setup_remote_docker:
#           docker_layer_caching: true
      - run:
          name: Build docker image
          command: |
            docker build -t my_nginx .
      - deploy:
```

406

```
name: Push docker image to DockerHub
command: |
  if [ "${CIRCLE_BRANCH}" == "master" ]; then
    DATE_LABEL="$(date '+%Y%m%d%H%M')-$(echo $CIRCLE_SHA1 | cut -c -6)"
    IMAGE_NAME="sampledocker1234/ci_sample:${DATE_LABEL}"
    docker tag my_nginx ${IMAGE_NAME}
    docker login -u $DOCKERHUB_ID -p $DOCKERHUB_PASS
    docker push ${IMAGE_NAME}
  fi
```

上記の.circleci/config.ymlには下記のような設定がされています。

- WorkingDirectoryとして/appを使用
  - CircleCIにはビルド実行中のマシンにGithubなどのサービスに登録した公開鍵を元にsshログインしてデバッグできる機能を提供している
  - WorkingDirectoryはその際にコードをどこにcloneしてくるかを指定している
- Dockerイメージとしてdocker:17.05.0-ce-gitを使用
  - 下記のようなステップでビルドを実行
  - ソースコードをリポジトリからチェックアウト
  - リモートのDocker環境をセットアップ
  - コメントアウトした行は後ほど説明するdocker layer chachingの機能を有効にするための記述です
  - runステップとしてdocker imageをbuildするステップを定義
  - deployステップとして、ブランチがmasterだった場合に、runステップでbuildしたイメージにタグ名を付けてDockerhubにpush
    - deployステップでは下記の環境変数を使用している
      - CIRCLE_BRANCH：CircleCIでビルドが実行された際のGitブランチ名、CircleCIが自動で定義する
      - CIRCLE_SHA1：CircleCIでビルドが実行された際のGitコミットハッシュ、CircleCIが自動で定義する
      - DOCKERHUB_ID：DockerHubのログインID、自身で設定する
      - DOCKERHUB_PASS：DockerHubのパスワード、自身で設定する

ではこの内容で一度pushしてみましょう。

コマンド6-4-1-3

```
$ git add .
$ git status
On branch feature/circleci
Changes to be committed:
  (use "git reset HEAD <file>..." to unstage)

        new file:   .circleci/config.yml
        new file:   Dockerfile
        new file:   index.html
$ git commit -m "Add sample code before edit."
[feature/circleci fd57a58] Add sample code before edit.
 3 files changed, 31 insertions(+)
 create mode 100644 .circleci/config.yml
 create mode 100644 Dockerfile
 create mode 100644 index.html
$ git push origin feature/circleci
Counting objects: 6, done.
Delta compression using up to 8 threads.
Compressing objects: 100% (4/4), done.
Writing objects: 100% (6/6), 937 bytes | 0 bytes/s, done.
Total 6 (delta 0), reused 0 (delta 0)
To github-docker:sampledocker1234/ci_sample.git
 * [new branch]      feature/circleci -> feature/circleci
```

pushしたら再びCircleCIに戻ります。

commitに反応してビルドが実行されているのがわかります。

図6-4-1-8:CircleCIの利用

今度はテスト結果がSuccessとなりました。
今回はブランチ名が**feature/circleci**という名前だったため、deployステップの内容が実行されずにbuildだけで終わりました。

次にGithubにpushしたブランチでPullRequestを作り、masterブランチにマージしたときにdeployステップが実行されることを確認しましょう。
その前に、先ほどの**.circleci/config.yml**で説明した自身で設定する環境変数を設定しましょう。
CircleCIではパスワード情報などの秘密情報をバージョン管理するコード内に記載しなくて済むように環境変数を管理画面で定義できるようになっています。
ビルド一覧画面にある左側のリポジトリ名の隣にある設定ボタンをクリックします。

図6-4-1-9:CircleCIの利用

すると設定画面が開きますので、まず「Environment Variables」をクリックすると環境変数を設定する画面が開きます。

次に必要な環境変数を「Add Variable」をクリックして設定していきましょう。

図6-4-1-10:CircleCIの利用

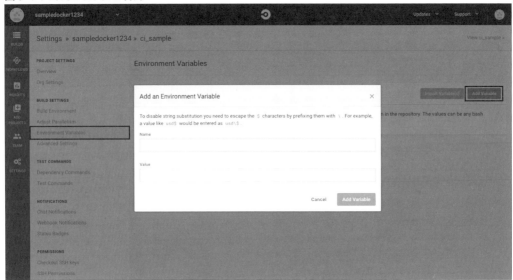

先ほどの説明にあったDOCKERHUB_IDとDOCKERHUB_PASSの2つを設定します。

設定すると下記のような画面となります。

環境変数の内容は秘匿情報であることが多いため一部の内容を除いて非表示になります。

図6-4-1-11:CircleCIの利用

GithubのPullRequestを作成してマージしてみましょう。

図6-4-1-12:CircleCIの利用

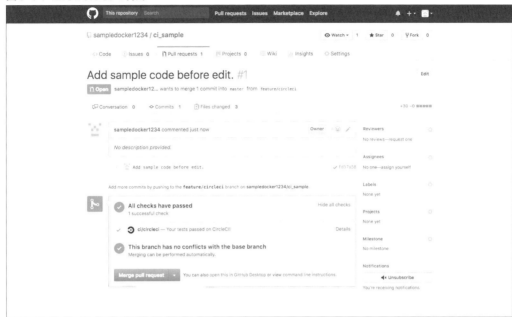

Githubの設定によってはCircleCIのビルドが通らないとマージできないようにすることも可能で、そのようにすることでビルドの成功が保証できるもののみをマージする開発サイクルを作ることができます。
上図ではコミットのテストが成功しているため緑のチェックマークが付いて、マージボタンも緑色で安全にマージできることがわかります。
マージが完了すると、下図のようにWebhookでの連携によりCircleCIのほうでもビルドが再度実行されます。

図6-4-1-13:CircleCIの利用

今度は.circleci/config.ymlのdeployブロックで定義したスクリプトが実行されて、下図のようにDockerHubにログイン後にタグが作成されイメージがpushされていることがわかります。

図6-4-1-14:CircleCIの利用

本当にDockerHubにDockerイメージがpushされたかを確認してみましょう。

DockerHubのリポジトリ一覧を見ると下図のようにci_sampleというリポジトリが増えているのが確認できます。

図6-4-1-15:CircleCIの利用

指定したタグがリポジトリにpushされていることを確認します。

図6-4-1-16:CircleCIの利用

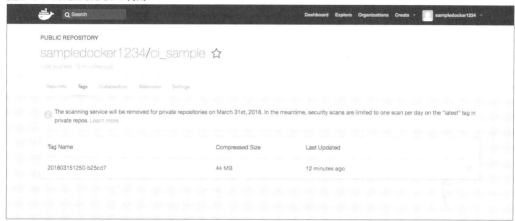

無事pushできたことが確認できました。

次にCIで作成されたDockerイメージを実行して**index.html**の内容を取得してみます。

コマンド6-4-1-4

```
$ docker run -d --rm --name ci_sample_before -p 10080:80 sampledocker1234/ci_sample:201803151250-b25cd7
Unable to find image 'sampledocker1234/ci_sample:201803151250-b25cd7' locally
201803151250-b25cd7: Pulling from sampledocker1234/ci_sample
2a72cbf407d6: Pull complete
eccc107d7abd: Pull complete
76aa3935d77c: Pull complete
9732a86d797b: Pull complete
Digest: sha256:1b90410530f5c1627f7f3a6609f468d12039c47cd0a48dc162864ad9a4291140
Status: Downloaded newer image for sampledocker1234/ci_sample:201803151250-b25cd7
f8d59c4843d9ba0e572b289aabf87e37d1fe7ca09fd7fd1bfc2b4feaf5b2e974
```

コンテナが起動しました。

次にcurlでコンテンツを取得してみましょう。

コマンド6-4-1-5

```
$ curl localhost:10080
Sample circleci before edit.
```

期待通りにindex.htmlに設定した内容がかえってきました。
次にindex.htmlの内容を下記のように変更してみましょう。

データ6-4-1-4：config.yml

```
Sample circleci after edit.
```

それでは変更してコミットしてみましょう。
先ほどと同様にCIのビルドが自動的に始まりますが、docker buildのStepに注目してみてください。

図6-4-1-17:CircleCIの利用

上記の図の出力をテキストで示すと下記のように出力されていることと思います。
ここで大事なのはStep2/3の内容はDockerのイメージキャッシュが効いてそうなはずなのにキャッシュが使われていない（Using cacheの出力がない）のがわかります。

コマンド6-4-1-6

```
#!/bin/sh -eo pipefail
docker build -t my_nginx .
Sending build context to Docker daemon  62.98kB
```

```
Step 1/3 : FROM nginx
latest: Pulling from library/nginx

Digest: sha256:f6e250eaa36af608af9ed1e4751f063f0ca0f5310b1a5d3ad9583047256f37f6
Status: Downloaded newer image for nginx:latest
 ---> 73acd1f0cfad
Step 2/3 : EXPOSE 80
 ---> Running in 46df7003f11d
 ---> 15a8d52e357f
Removing intermediate container 46df7003f11d
Step 3/3 : COPY ./index.html /usr/share/nginx/html/index.html
 ---> 1ce6e60a32b6
Successfully built 1ce6e60a32b6
Successfully tagged my_nginx:latest
```

通常ならばここではイメージキャッシュが使われるはずですが、CircleCIでは必ずしも同一Dockerホスト上でbuildが行われる保証がないため、キャッシュが効いていないのです。

ですが、CircleCIのDockerではイメージキャッシュを使えないかというとそういうわけではなく、単純にそれが有料のオプション機能となっているのです。

現在（2018/03/16時点）はまだ設定画面上からその設定を行うことができないので、イメージキャッシュの機能を使いたい場合には個別にCircleCIのサポートに連絡しこの機能を有効化してもらう必要があります。

さて、CIビルドも通ったので改めてGithubにてPull Requestをマージしましょう。

図6-4-1-18:CircleCIの利用

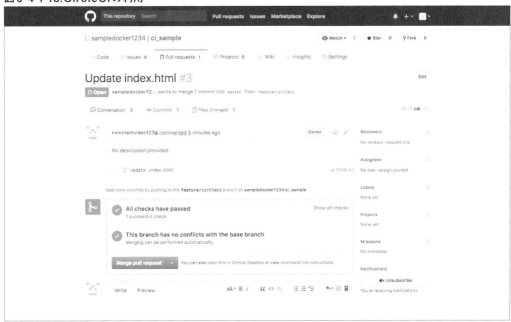

マージすると再度CircleCIでビルドが走ります。

図6-4-1-19:CircleCIの利用

今回もマージしてmasterブランチにてビルドが行われる場合にはDocker HubへのDockerイメージのpushが走りますのでDocker Hubの画面を確認してみましょう。

図6-4-1-20:CircleCIの利用

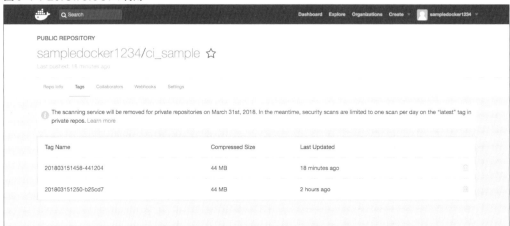

すると前図のように先ほどよりも新しいイメージがリポジトリ内にpushされていることがわかります。

コンテナの中身のindex.htmlもちゃんと変更されているかを確認してみましょう。

コマンド6-4-1-7

```
$ docker run -d --rm --name ci_sample_after -p 10081:80 sampledocker1234/ci_
sample:201803151458-441204
Unable to find image 'sampledocker1234/ci_sample:201803151458-441204' locally
201803151458-441204: Pulling from sampledocker1234/ci_sample
2a72cbf407d6: Already exists
eccc107d7abd: Already exists
76aa3935d77c: Already exists
308f9a40e551: Pull complete
Digest: sha256:fc179d2e531ae5adc4cb44fa18d03000028a14a229d87d9ebc4894cbeb953af1
Status: Downloaded newer image for sampledocker1234/ci_sample:201803151458-441204
f8865ff00188aad02755266bed5d56a3a7c17996c5469356deaf6f85a932f139
```

コンテナが起動しました。

次にcurlでコンテンツを取得してみましょう。

コマンド6-4-1-8

```
$ curl localhost:10081
Sample circleci after edit.
```

上記のとおり中身も変更されました。

以上により、Githubでのバージョン管理と連動し、CircleCIで継続ビルドを行いつつ、Pull Requestに応じて自動的にイメージをDocker Hubにpushするような仕組みが整いました。

Chapter 6 | Appendix

6-5

Docker in Docker

DockerはDockerホスト上にコンテナをたてる技術でした。

それではコンテナの中にさらにコンテナをたてることができるのでしょうか?

答えとしては可能で、それが**Docker in Docker**と呼ばれるものです。

Docker in DockerのためのDockerイメージはDocker公式がリリースしており、下記のURLで情報を見ることができます。

https://hub.docker.com/_/docker/

タグの一覧から好きなバージョンのDocker in Dockerのイメージを指定して動かしてみましょう。

今回は安定版の最新である**stable-dind**を使用します。

また、後々のためにlocalhostの**10080**ポートをDockerホストの**80**番ポートとつないでおきます。

コマンド6-5-1-1

```
$ docker run --privileged -p 10080:80 --name some-docker -d docker:stable-dind
Unable to find image 'docker:stable-dind' locally
stable-dind: Pulling from library/docker
ff3a5c916c92: Already exists
1a649ea86bca: Already exists
ce35f4d5f86a: Already exists
cf0c240eb02d: Already exists
7439decd7c8f: Already exists
4dc73468c4de: Already exists
17c8e9a61efc: Pull complete
ebf6a4606a50: Pull complete
2a8a44adaf9f: Pull complete
34c151a4762d: Pull complete
Digest: sha256:0e9021d54015d9c3b941ebf76977a00faeca203553f4cb371a6b707234b3edd4
Status: Downloaded newer image for docker:stable-dind
8414850a247f8b5c02ac28de420f26c75f34294031bffac2c75ddfe970bc3a93
```

次に起動したコンテナに接続して、その中でもコンテナをたててみましょう。

今回は**nginx**を起動してみます。

418

コマンド6-5-1-2

```
$ docker exec -it some-docker sh
/ # docker run -d --name nginx -p 80:80 nginx
Unable to find image 'nginx:latest' locally
latest: Pulling from library/nginx
2a72cbf407d6: Pull complete
eccc107d7abd: Pull complete
76aa3935d77c: Pull complete
Digest: sha256:f6e250eaa36af608af9ed1e4751f063f0ca0f5310b1a5d3ad9583047256f37f6
Status: Downloaded newer image for nginx:latest
d2eb89b31d81a8d026ffe631f752943754ba8620786e0c9e9dbe176c94d6dd04
```

Dockerコンテナ内でイメージをpullして起動することができました。

コンテナが起動しているかを確認してみましょう。

コマンド6-5-1-3

```
/ # docker ps -a
CONTAINER ID        IMAGE              COMMAND                 CREATED            STATUS
PORTS               NAMES
d2eb89b31d81        nginx              "nginx -g 'daemon of…"  45 seconds ago     Up 44
seconds         0.0.0.0:80->80/tcp   nginx
```

ちゃんと起動していますね。

次に別のターミナルを開いて下記のコマンドを打ってみましょう。

コマンド6-5-1-4

```
$ curl localhost:10080
<!DOCTYPE html>
<html>
<head>
<title>Welcome to nginx!</title>
<style>
    body {
        width: 35em;
        margin: 0 auto;
        font-family: Tahoma, Verdana, Arial, sans-serif;
    }
</style>
```

```
</head>
<body>
<h1>Welcome to nginx!</h1>
<p>If you see this page, the nginx web server is successfully installed and
working. Further configuration is required.</p>

<p>For online documentation and support please refer to
<a href="http://nginx.org/">nginx.org</a>.<br/>
Commercial support is available at
<a href="http://nginx.com/">nginx.com</a>.</p>

<p><em>Thank you for using nginx.</em></p>
</body>
</html>
```

Docker in Dockerの中にたてたnginxのコンテナからのレスポンスが帰ってきました。

これは下図のような入れ子構造のコンテナのポートを図のように接続してアクセスされています。

図6-5-1-1:Docker in Dockerのポート接続イメージ図

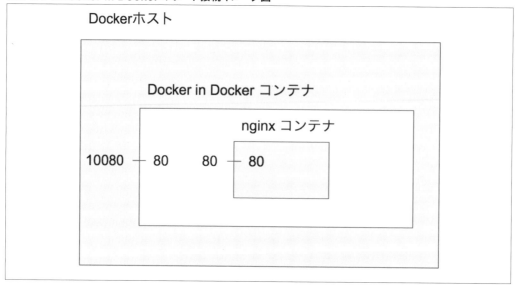

考え方としてはKubernetes内のPodにアクセスするための考え方に近いですね。

6-6

Dockerホストの容量が 少なくなってきたとき

Dockerを使っているとしばしば下記のような**no space left on device**といったエラーメッセージが出てきたり、ディスク容量が想像以上になくなってきてしまったりということがあります。

これは単純にDockerホスト上のディスク容量がなくなったことで出るエラーメッセージなので既存のイメージやコンテナや、コンテナとリンクしているvolumeを消せばよいのですが、なるべく現在動かしているものとは関係ないものを消していきたいと思います。

コマンド6-6-0-1

```
$ docker pull ubuntu:16.04
16.04: Pulling from library/ubuntu
22dc81ace0ea: Downloading [=================================================>]  42.96MB/42.96MB
1a8b3c87dba3: Download complete
91390a1c435a: Download complete
07844b14977e: Download complete
b78396653dae: Download complete
write /mnt/sda1/var/lib/docker/tmp/GetImageBlob636911521: no space left on device
```

6-6-1 TAGがnoneのものを全て削除

docker buildを利用して同じタグのイメージの作成を繰り返したりしていると、REPOSITRYやTAGが<none>と表示されるようなイメージが残っていることがあります。

コマンド6-6-1-1

```
$ docker images
REPOSITORY                      TAG                    IMAGE ID        CREATED         SIZE
my_nginx                        latest                 d927b137966e    3 seconds ago   109MB
sampledocker1234/ci_sample      201803151458-441204    79a3eb594332    2 days ago      109MB
sampledocker1234/ci_sample      201803151250-b25cd7    5d77e7e48a64    2 days ago      109MB
<none>                          <none>                 8206d41c44d9    5 days ago      109MB
<none>                          <none>                 c367c45db5b4    5 days ago      109MB
```

Chapter 6 | Appendix

この場合IMAGE IDを指定して**docker rmi**コマンドで削除していくことも可能ですが、数が多くなってくると煩雑なので一度に消せると嬉しいですよね。

そうした場合に下記のコマンドを使うと一度に消すことができます。

コマンド6-6-1-2

```
$ docker images -f dangling=true -q | xargs docker rmi
Deleted: sha256:8206d41c44d96efd5779ef7d624e06d4ec35f56779da6b816ff2aeafd1410d84
Deleted: sha256:d37bb62c5bc7e0af44a41d698677960a5d5f724bb00662bb6109bef519e068eb
Deleted: sha256:c367c45db5b4157620e58e81dce94a096e121f367d35671c7b7b4c94c4c2180d
Deleted: sha256:eb3c47c23809c46bc36c01394f685b45cba212e0e8f162d8a728b66217512b31
```

6-6-2 リンク切れボリュームの一括削除

docker runを利用してコンテナを起動し、終了済みのコンテナを削除した後に不要なDockerボリュームが残ることがあります。

具体的には**docker volume ls**コマンドで確認することができますが、しばしばこのボリュームがディスク容量を圧迫することがあります。

コマンド6-6-2-1

```
$ docker volume ls
DRIVER              VOLUME NAME
local               03f8034a9626e189721c2345f9c898d65809c56c5ae9e2fa0fdb5e15df69b0bf
local               445148f71c87b74ffe9498e45ac5b6f468191b40b770e8f2c53b40cb8694931d
local               665867aa6902daa6c18d570b08134dad8998069d78bfe480aba65d908871109f
local               8a8f611fbdbb9560d20859d45f13126df479b457891776ce9acc1416c4521628
local               logvolume_db-data
```

この場合、**docker volume rm**コマンドで削除していくことも可能ですが、数が多くなってくると煩雑なので一度に消せると嬉しいですよね。そうした場合に下記のコマンドを使うと一度に消すことができます。

コマンド6-6-2-2

```
$ docker volume ls -qf dangling=true | xargs docker volume rm
03f8034a9626e189721c2345f9c898d65809c56c5ae9e2fa0fdb5e15df69b0bf
665867aa6902daa6c18d570b08134dad8998069d78bfe480aba65d908871109f
8a8f611fbdbb9560d20859d45f13126df479b457891776ce9acc1416c4521628
logvolume_db-data
```

あくまで全てのボリュームを強制的に消すわけではなく、現在使われていないボリュームを消すコマンドとなります。

422

6-6-3 終了済みコンテナの一括削除

docker stopをしているだけでコンテナを消していないことで、ディスク容量を圧迫してしまっているケースがあります。

コマンド6-6-3-1

```
$ docker ps -a
CONTAINER ID        IMAGE               COMMAND                 CREATED         STATUS
PORTS                           NAMES
01e759d346fc        mysql:5.6.35        "docker-entrypoint.s…"  2 seconds ago   Exited
(1) 1 second ago                        eloquent_franklin
b1bfc1f98bb5        nginx               "nginx -g 'daemon of…"  7 seconds ago   Exited
(0) 4 seconds ago                       clever_heisenberg
a2deadbd947f        docker:stable-dind  "dockerd-entrypoint.…"  19 hours ago    Up 19
hours              2375/tcp, 0.0.0.0:10080->80/tcp    some-docker
```

その場合には下記のようなコマンドで一度にコンテナの削除を行うことができます。

コマンド6-6-3-2

```
$ docker ps --filter "status=exited" -q | xargs docker rm -v
01e759d346fc
b1bfc1f98bb5
```

Chapter 6 | Appendix

6-7

プロキシの設定について

インターネット接続にプロキシの設定が必要な場合、主に下記の2カ所でプロキシの設定をする必要があります。

- Dockerデーモン側の設定
- **docker build**や**docker run**で実行されるコンテナ環境

6-7-1 Dockerデーモン側の設定

Dockerデーモン側の設定は、Dockerデーモンのプロセス（dockerd）を起動する際に環境変数を設定する必要があります。この設定は**docker pull**や**docker push**で外部のレジストリサービスにアクセスする場合などで用いられます。

設定が必要な環境変数

ここではIPアドレス10.3.12.8のポート3128でHTTPプロキシ（Squidなど）が動作している場合について設定例を紹介します。

この場合、Dockerデーモン側には下記のような**HTTP_PROXY**環境変数をセットする必要があります。

コマンド6-7-1-1

```
export HTTP_PROXY=http://10.3.12.8:3128
```

環境変数の名前は全て大文字の**HTTP_PROXY**でもよいですし、全て小文字の**http_proxy**でもよいです。
SOCKSサーバーをプロキシとする場合、下記のようにURLのスキーマを**socks5**（SOCKS 5の場合）にしてください。

コマンド6-7-1-2

```
export HTTP_PROXY=socks5://10.3.12.8:1080
```

また、特にDocker Toolboxの仮想マシンなど、リモートで動作しているDockerデーモンへアクセスする場合には**NO_PROXY**を設定する必要があることに注意してください。通常、仮想マシンのアドレスへはプロキシサーバーからはアクセスできないので、プロキシを経由しないように設定しておく必要があります。

後述するDocker Toolboxをインストールした際には、下記のように**NO_PROXY環境変数**に仮想マシンのアドレスがセットされるようになっています。

コマンド6-7-1-3

```
$ export -p | grep NO_PROXY=
declare -x NO_PROXY="192.168.99.100"
```

下記のように、プロキシが設定されているのにNO_PROXYが設定されていない状態ではエラーになります。これは、dockerコマンドそのものもプロキシの設定を見るようになっていて、仮想環境の（内部ネットワークにある）**Docker**デーモンにプロキシを経由して接続しようとするためです。

コマンド6-7-1-4

```
$ NO_PROXY= HTTP_PROXY=http://10.3.12.8:3128 DOCKER_HOST=tcp://192.168.99.100:2376 docker info
error during connect: Get https://192.168.99.100:2376/v1.33/info: proxyconnect tcp: dial tcp:
lookup socks5: no such host
```

Dockerデーモンに設定されているプロキシ情報は**docker info**で確認することができます。

コマンド6-7-1-5

```
$ docker info | grep -i proxy
HTTP Proxy: http://10.3.12.8:3128
No Proxy: 192.168.99.100
```

Ubuntu 16.04 LTSの場合

Ubuntu 16.04 LTS環境の場合、Dockerデーモンはsystemdによって管理されています。

/etc/systemd/system/docker.service.d/http-proxy.confファイルを作成します。

コマンド6-7-1-6

```
$ sudo mkdir /etc/systemd/system/docker.service.d/
$ sudo nano /etc/systemd/system/docker.service.d/http-proxy.conf
```

Chapter 6 | Appendix

ファイルの内容は以下のようにしてください。

データ6-7-1-1：http-proxy.conf

```
[Service]
Environment="HTTP_PROXY=http://10.3.12.8:3128"
```

ファイルを作成した後に、systemdの設定をリロードして正しく設定されているか確認します。

コマンド6-7-1-7

```
$ sudo systemctl daemon-reload
$ sudo systemctl show docker --property Environment
Environment=HTTP_PROXY=http://10.3.12.8:3128
```

正しく設定されていることを確認したら、サービスを再起動してDockerデーモン側にも設定が反映されていることを確認します。

コマンド6-7-1-8

```
$ sudo systemctl restart docker
$ docker info | grep -i proxy
HTTP Proxy: http://10.3.12.8:3128
```

Windows（Docker Toolbox for Windows）の場合

Docker Toolbox for Windowsを使っている場合は、Docker用に動作している仮想マシン内部でプロキシの設定が必要です。インストール前に上述の環境変数が設定されている場合、仮想マシンを作成する時点でプロキシの環境変数が引き継がれるようになっています。

仮想マシンを削除して作り直してもよい場合、**docker-machine create**コマンドで仮想マシンを作成する際に環境変数を設定するオプションが用意されています。インストール直後の仮想マシン名は**default**という名前が付けられています。まずは次のコマンドで作成済みの仮想マシンを削除し、既存の仮想マシン（default）を削除します。

426

コマンド6-7-1-9

```
$ docker-machine ls
NAME      ACTIVE   DRIVER      STATE     URL                          SWARM   DOCKER
ERRORS
default   *        virtualbox  Running   tcp://192.168.99.100:2376            v18.04.0-ce
$ docker-machine rm default
About to remove default
WARNING: This action will delete both local reference and remote instance.
Are you sure? (y/n): y
Successfully removed default
```

仮想マシンを削除してから、同じ名称の仮想マシンを再び作成します。

コマンド6-7-1-10

```
$ docker-machine create -d virtualbox --engine-env "HTTP_PROXY=http://10.3.12.8:3128" --engine-
env "NO_PROXY=192.168.99.100" default
```

既存の仮想マシンを削除せずに設定を変更したい場合、docker-machine sshで仮想マシンにログインしてから、**/var/lib/boot2docker/profile**ファイルを編集してください。

コマンド6-7-1-11

```
$ docker-machine ssh
                        ##         .
                  ## ## ##        ==
               ## ## ## ## ##    ===
           /"""""""""""""""""\___/ ===
      ~~~ {~~ ~~~~ ~~~ ~~~~ ~~~ ~ /  ===- ~~~
           _____ o           __/
             \    \         __/
              _____/


  _                 _   ____     _            _
 | |__   ___   ___ | |_|___ \ __| | ___   ___| | _____ _ __
 | '_ \ / _ \ / _ \| __| __) / _` |/ _ \ / __| |/ / _ \ '__|
 | |_) | (_) | (_) | |_ / __/ (_| | (_) | (__|   < _/  |
 |_.__/ \___/ \___/ \__|_____,_|\___/ \___|_|\_\___|_|
Boot2Docker version 18.04.0-ce, build HEAD : b8a34c0 - Wed Apr 11 17:00:55 UTC 2018
Docker version 18.04.0-ce, build 3d479c0

docker@default:~$ sudo vi /var/lib/boot2docker/profile
```

Chapter 6 | Appendix

ファイルは次のようになっています。最後の**export HTTP_PROXY=…**以降の行を追加ないし編集してください。

データ6-7-1-2：/var/lib/boot2docker/profile

```
EXTRA_ARGS='
--label provider=virtualbox

'
CACERT=/var/lib/boot2docker/ca.pem
DOCKER_HOST='-H tcp://0.0.0.0:2376'
DOCKER_STORAGE=aufs
DOCKER_TLS=auto
SERVERKEY=/var/lib/boot2docker/server-key.pem
SERVERCERT=/var/lib/boot2docker/server.pem

export "HTTP_PROXY=http://10.3.12.8:3128"
export "NO_PROXY=192.168.99.100"
```

ファイルを編集した後は、サービスを再起動してDockerデーモン側にも設定が反映されていることを確認します。

コマンド6-7-1-12

```
docker@default:~$ sudo /etc/init.d/docker restart
Need TLS certs for default,127.0.0.1,10.0.2.15,192.168.99.100
-------------------

docker@default:~$ docker info | grep -i proxy
HTTP Proxy: http://10.3.12.8:3128
No Proxy: 192.168.99.100

docker@default:~$
```

6-7-2 コンテナ環境のプロキシ設定

コンテナ環境のプロキシ設定はコンテナ環境で実行するプログラムに依存します。上述の**HTTP_PROXY**や**HTTPS_PROXY**などの環境変数は、多くのプログラム（apt-getやcurlなど）でプロキシの設定として参照するようになっています。ここではこれらの環境変数の設定方法についてのみ説明します。

コンテナを実行する**docker run**の場合は**-e（もしくは--env）**オプションで環境変数がセットされるようにすればよいです。

428

コマンド6-7-2-1

```
$ docker run --rm -e 'HTTP_PROXY=http://10.3.12.8:3128' -e 'HTTPS_PROXY=http://10.3.12.8:3128'
busybox:1.28.3 env
PATH=/usr/local/sbin:/usr/local/bin:/usr/sbin:/usr/bin:/sbin:/bin
HOSTNAME=188603e553de
HTTP_PROXY=http://10.3.12.8:3128
HTTPS_PROXY=http://10.3.12.8:3128
HOME=/root
```

コンテナをビルドする際には異なった方法になります。

Dockerfileで環境変数を設定するために**ENV**コマンドを使うと、環境変数がイメージ内部に埋め込まれてしまいます。このイメージでは**docker run**で作成されたコンテナにもプロキシ設定が引き継がれてしまうので適切な方法ではありません。

コマンド6-7-2-2

```
$ (echo 'FROM busybox:1.28.3'; echo 'ENV HTTP_PROXY="${HTTP_PROXY}" HTTPS_PROXY="${HTTPS_
PROXY}"'; echo 'RUN env') | docker build --no-cache --build-arg HTTP_PROXY=http://10.3.12.8:3128
--build-arg HTTPS_PROXY=http://10.3.12.8:3128 -
Sending build context to Docker daemon  2.048kB
Step 1/3 : FROM busybox:1.28.3
 ---> 8ac48589692a
Step 2/3 : ENV HTTP_PROXY="${HTTP_PROXY}" HTTPS_PROXY="${HTTPS_PROXY}"
 ---> Running in 53c253d93ad9
Removing intermediate container 53c253d93ad9
 ---> 65d8b801f8cf
Step 3/3 : RUN env
 ---> Running in 25704a9d46ca
HTTPS_PROXY=http://10.3.12.8:3128
HOSTNAME=25704a9d46ca
SHLVL=1
HOME=/root
PATH=/usr/local/sbin:/usr/local/bin:/usr/sbin:/usr/bin:/sbin:/bin
PWD=/
HTTP_PROXY=http://10.3.12.8:3128
Removing intermediate container 25704a9d46ca
 ---> 714ee0d2e2bc
Successfully built 714ee0d2e2bc

# 出力を整形するためにjqを使っている
$ docker inspect -f '{{json .Config.Env}}' 714ee0d2e2bc | jq .
[
  "PATH=/usr/local/sbin:/usr/local/bin:/usr/sbin:/usr/bin:/sbin:/bin",
  "HTTP_PROXY=http://10.3.12.8:3128",
  "HTTPS_PROXY=http://10.3.12.8:3128"
]
```

Chapter 6 | Appendix

プロキシ設定は**docker build**の**--build-arg**オプションで設定するようにしてください。

コマンド6-7-2-3

```
$ (echo 'FROM busybox:1.28.3'; echo 'RUN env') | docker build --no-cache --build-arg HTTP_
PROXY=http://10.3.12.8:3128 --build-arg HTTPS_PROXY=http://10.3.12.8:3128 -
Sending build context to Docker daemon  2.048kB
Step 1/2 : FROM busybox:1.28.3
 ---> 8ac48589692a
Step 2/2 : RUN env
 ---> Running in c095ca0af26c
HTTPS_PROXY=http://10.3.12.8:3128
HOSTNAME=c095ca0af26c
SHLVL=1
HOME=/root
PATH=/usr/local/sbin:/usr/local/bin:/usr/sbin:/usr/bin:/sbin:/bin
PWD=/
HTTP_PROXY=http://10.3.12.8:3128
Removing intermediate container c095ca0af26c
 ---> 281d511966d6
Successfully built 281d511966d6

$ docker inspect -f '{{json .Config.Env}}' 281d511966d6 | jq .
[
  "PATH=/usr/local/sbin:/usr/local/bin:/usr/sbin:/usr/bin:/sbin:/bin"
]
```

ここで、**--build-arg**オプションで指定可能な引数名はARGコマンドで明示する必要があるのですが、コマンド例には含まれていないことに注意してください。

下記のプロキシ関連の環境変数はDocker側であらかじめ定義済みであるため、**ARG**コマンドで明示する必要はありません。

- HTTP_PROXY
- http_proxy
- HTTPS_PROXY
- https_proxy
- FTP_PROXY
- ftp_proxy
- NO_PROXY
- no_proxy

430

ARGコマンドを省略した場合は**docker history**の出力からも除外されるので、プロキシサーバーの認証情報が含まれている場合にも認証情報が漏れるリスクを減らすことができます。ただし、プロキシ設定が切り替わってもキャッシュは有効になることに注意してください。

コマンド6-7-2-4

```
$ docker history 281d511966d6
IMAGE           CREATED          CREATED BY                                      SIZE
COMMENT
281d511966d6    15 minutes ago   |0 /bin/sh -c env                               0B
8ac48589692a    6 days ago       /bin/sh -c #(nop)  CMD ["sh"]                   0B
<missing>       6 days ago       /bin/sh -c #(nop) ADD file:c94ab8f861446c74e⋯   1.15MB
```

ARGコマンドを明示した場合には通常の振る舞いになります。環境変数の値がdocker historyに含まれるようになり、値が変わるとキャッシュが無効とみなされるようになります。

コマンド6-7-2-5

```
$ (echo 'FROM busybox:1.28.3'; echo 'ARG HTTP_PROXY'; echo 'RUN env') | docker build --no-cache
--build-arg HTTP_PROXY=http://10.3.12.8:3128 -
Sending build context to Docker daemon  2.048kB
Step 1/3 : FROM busybox:1.28.3
 ---> 8ac48589692a
Step 2/3 : ARG HTTP_PROXY
 ---> Running in d5fb85b658f8
Removing intermediate container d5fb85b658f8
 ---> 797338df63dd
Step 3/3 : RUN env
 ---> Running in f1d427e0ab69
HOSTNAME=f1d427e0ab69
SHLVL=1
HOME=/root
PATH=/usr/local/sbin:/usr/local/bin:/usr/sbin:/usr/bin:/sbin:/bin
PWD=/
HTTP_PROXY=http://10.3.12.8:3128
Removing intermediate container f1d427e0ab69
 ---> 1378920adf41
Successfully built 1378920adf41

$ docker history 1378920adf41
IMAGE           CREATED          CREATED BY                                      SIZE
COMMENT
1378920adf41    33 seconds ago   |1 HTTP_PROXY=http://10.3.12.8:3128 /bin/sh ⋯   0B
797338df63dd    34 seconds ago   /bin/sh -c #(nop)  ARG HTTP_PROXY               0B
8ac48589692a    6 days ago       /bin/sh -c #(nop)  CMD ["sh"]                   0B
<missing>       6 days ago       /bin/sh -c #(nop) ADD file:c94ab8f861446c74e⋯   1.15MB
```

```
# HTTP_PROXYを空にするとキャッシュが無効になる
$ (echo 'FROM busybox:1.28.3'; echo 'ARG HTTP_PROXY'; echo 'RUN env') | docker build --build-arg
HTTP_PROXY= -
Sending build context to Docker daemon  2.048kB
Step 1/3 : FROM busybox:1.28.3
 ---> 8ac48589692a
Step 2/3 : ARG HTTP_PROXY
 ---> Using cache
 ---> 797338df63dd
Step 3/3 : RUN env
 ---> Running in 4eed27a813c3
HOSTNAME=4eed27a813c3
SHLVL=1
HOME=/root
PATH=/usr/local/sbin:/usr/local/bin:/usr/sbin:/usr/bin:/sbin:/bin
PWD=/
HTTP_PROXY=
Removing intermediate container 4eed27a813c3
 ---> 403d0c7ae7d8
Successfully built 403d0c7ae7d8
```

索引

A

ADD	073
Adminer	148
Amazon EC2 Container Registry	110
Amazon EKS	012
Amazon Elastic Compute Cloud	015
Amazon Elastic Container Service	010
Amazon Elastic Container Service for Kubernetes	012
Amazon Web Services	164
apt-get	022
ARG	430
AWS	010, 164
AWSアカウント	165
Azure Container Registry	009, 110

B

bare metal	015
Baseimage-docker	122, 123, 124
BigQuery	323
Boot2Docker	010
Borg	011
brew	288

C

cgroups	006
chroot	006
CircleCI	401
CMD	096
CNCF	011
commit	047
ConfigMap	285
Continuous Integration	401
control groups	006
COPY	078
curl	291

D

db-secret	299
Deployment	283
deployment-controller-token	359
DevOps	002
Docker	004, 022
docker build	045, 053, 397
Docker CE	025
docker commit	053
Docker Compose	009, 117
docker-compose	117
docker-compose up -d	251, 253
docker-compose version	043
Docker Engine	007
Dockerfile	053
Dockerfileのデバッグ	397
Docker for Mac	010, 037
Docker for Windows	010
Docker Hub	004, 008, 110
.dockerignore	161
Docker, Inc.	004
Docker in Docker	418
docker kill	089
Docker Machine	010
docker-machine	035, 036
docker-machine ssh	155
docker ps	398
docker rmi	422
docker run	089, 098
docker_ssh_key	161
docker stop	089
Docker Toolbox	010
Docker Toolbox for Windows	029
docker version	036
docker volume	249, 382, 422

docker volume rm	422
Dockerイメージ	114, 132
Dockerホスト	421
Dockerデーモン	424
Dockerレジストリ	110

E

eb cli	206
eb deploy	244, 279
Ebextensions	171
eb logs	245
EC2	015, 171
ElastiCache	186, 190
Elastic Beanstalk	170
ENTRYPOINT	087
ENV	060
exec	046
EXPOSE	085

F

fluentd	384
fluentd logging driver	384
FROM	055

G

GAE	323
GCE	323
gcloud	337, 339, 345
GCP	323, 332
GCPアカウント	324
GKE	328, 395
Google App Engine	323
Google Cloud Platform	323, 324
Google Cloud Shell	345
Google Cloud Storage	323
Google Conpute Engine	323

Google Container Engine	328
Google Container Registry	009, 110
Googleアカウント	324

H

Homebrew	288
homebrew-cask	288
hostPath	300
HTTP_PROXY環境変数	424
Hyper-V	005

I

immutable infrastructure	006, 014
Infrastructure as Code	003
Ingress	285

K

kubectl	288, 292, 337, 345
kubectl apply	295, 376, 395
kubectl cluster-info	348
kubectl create	295
kubectl exec	355, 394
kubectl expose	290
kubectl get pod	290
kubectl proxy	292, 296
kubectl version	290
Kubernetes	009, 011, 282, 283
Kubernetesクラスタ	328

L

LABEL	062
Linux	022
Linux Foundation	011

索引

M

mc	269
mc ls	272, 369
Microsoft Azure Container Service	009
minikube	287, 288
minikube service	291
minikube start	289
minio	252
minioサーバー	269
multi stage機能	059
MySQL	119, 155
mysql	213
mysql-cli	213
mysql-db	300
mysql-password	299
mysql-root-password	299

N

Namespace	006, 286
Network File System	332
NFS	332
nginx	102
Node.js	170, 201
NO_PROXY環境変数	425
no space left on device	421
npm start	205, 213

O

Orchestration	012

P

PersistentVolumeClaim	307
Phusion	122
Pod	283
privileged	040
ps aux	396

ps	050

R

Railsアプリケーション	014
RDS	177
ReadWriteOnce	307
redis-cache	295
redis-cli	297
redis:latest	295
Relational Database Service	177
Removing intermediate container	105
REST API	010
rmi	048
role: cache	295
role: cache-instance	295
role: cache-service	295
role: db-instance	300
rootPass	299
rpm	022
Rubyイメージ	014
RUN	065
Runit	128
runsv	129
runsvdir	129

S

samplePass	299
save	048
Secret	285
securityContext	353
Service	284
service-controller-token	359
SHELL	070
Single Node File Server	332
SSHログイン	161
ssh_keygen	161

stop	050
Supervisor	122
sv down	129
sv status	129, 131
sv up	130
Swarmモード	009

T

todo-cache	295
todo-cache-service	295
top -H	098
TreasureData	384

U

Ubuntu	018
Upstart	128

V

VirtualBox	005
Virtual Machine	005
Virtual Private Server	015, 122, 181
VM	005
VMware Fusion	005
Volume	284
volume mount	275
volumeマウント機能	382
VPC	015, 122, 181

W

WordPress	119
WORKDIR	071

X

Xen	005

Y

yaml形式	117

あ行

アプリケーションコード	201
アプリケーションサーバー	170, 255, 313, 371
オーケストレーション	009, 012, 282
オンプレミス環境	002, 015, 122

か行

外部サービス	384
外部ストレージ	382
仮想化	005
仮想プライベートサーバー	122
キャッシュサーバー	190, 250, 293, 349
環境変数	087, 232
クラウド環境	002, 016
継続的インテグレーション	401
公開鍵	161
コンソール機能	170
コンテナ	004, 045, 050, 054, 117, 122, 283, 418
コンテナ型の仮想化	005

さ行

サービス・スタブ	002
セキュリティグループ	186
全部入りコンテナ	122

た行

中間イメージ	398
中間コンテナ	398
データベースサーバー	177, 247, 351
デプロイ	003, 150, 206

索引

は行

ハイパーバイザー	005
バケット	197
秘密鍵	161
ビルド	014
ファイルサーバー	252, 305, 355
ファイルストレージ	165, 196
プロセスID	122
プロキシサーバー	020
プロキシの設定	424
プロビジョニング	135
ベアメタル	015

ら行

リポジトリ	110
レジストリサービス	008
ローカル環境	002, 016
ロードバランサ	284
ローリングアップデート	170
ログ機能	382

著者プロフィール

櫻井 洋一郎（さくらい よういちろう）

Retty株式会社　エンジニア。東京大学大学院 情報理工学系研究科 創造情報学専攻2007年卒。
NECの開発部門に7年間勤務。仕事の傍ら個人でサービスを開発し、過去に多数のWebサービス、アプリを開発。
その後Retty株式会社の創業期にJoinし2度のiOSアプリリニューアルを遂行。iOS開発以外にもサーバーサイド開発、DockerとKubernetesを使った社内開発環境の構築など幅広い業務を行う。
また業務の傍らtry! Swift Tokyoでオーガナイザを務めるなどコミュニティ活動も行っている。

村崎 大輔（むらさき だいすけ）

2016年よりフリーランスエンジニア。博士（情報理工学）。
Web系のスタートアップ企業を中心に開発支援とコンサルティングを手がける。情報工学の見識と高い適応力が強み。
「新技術は食わず嫌いしない」がモットー。

謝辞

本書籍は、下記の方々に査読を行って頂きました。
この場を借りてお礼申し上げます。

九岡 佑介（くおか ゆうすけ）

Private PaaSづくりが趣味のソフトウェアエンジニア。kube-awsやBrigade、HelmfileなどKubernetes関連OSSのメンテナでもある。

名雪 通（なゆき とおる）

ドットコムバブル黎明期よりネットベンチャーで動画配信・著作権管理システムなど数々のサービスをリリース。その経験をもとに現在はUnity Technologies Japan社にて地域の開発者コミュニティを活性化するためのWebサービスを開発中。

編集者プロフィール

樋山 淳（ひやま じゅん）

広告デザイン会社からソフトウェア会社、出版社を渡り歩き、企画・編集会社である株式会社三馬力を2010年に起業。
現在は書籍企画、編集者、テクニカルライターを兼務し、ディレクターとしてWebサイトの構築、運用も行っている。

■ STAFF
- ●編集・DTP： 株式会社三馬力
- ●ブックデザイン： Concent, inc.（深澤 充子）
- ●編集部担当： 角竹 輝紀

Dockerによる アプリケーション開発環境構築ガイド

2018年 5月25日　初版第1刷発行

著者	櫻井 洋一郎、村崎 大輔
発行者	滝口 直樹
発行所	株式会社マイナビ出版

〒101-0003　東京都千代田区一ツ橋2-6-3 一ツ橋ビル 2F
TEL：0480-38-6872（注文専用ダイヤル）
TEL：03-3556-2731（販売）
TEL：03-3556-2736（編集）
編集問い合わせ先：pc-books@mynavi.jp
URL：http://book.mynavi.jp

印刷・製本　株式会社ルナテック

Copyright © 2018 Yoichiro Sakurai, Daisuke Murasaki
Printed in Japan
ISBN978-4-8399-6458-0

- ・定価はカバーに記載してあります。
- ・乱丁・落丁についてのお問い合わせは、TEL：0480-38-6872（注文専用ダイヤル）、電子メール：sas@mynavi.jpまでお願いいたします。
- ・本書掲載内容の無断転載を禁じます。
- ・本書は著作権法上の保護を受けています。本書の無断複写・複製（コピー、スキャン、デジタル化等）は、著作権法上の例外を除き、禁じられています。
- ・本書についてご質問等ございましたら、マイナビ出版の下記URLよりお問い合わせください。お電話でのご質問は受け付けておりません。また、本書の内容以外のご質問についてもご対応できません。

https://book.mynavi.jp/inquiry_list/